国家出版基金项目
NATIONAL PUBLICATION FOUNDATION

"十四五"时期国家重点出版物出版专项规划项目
新一代人工智能理论、技术及应用丛书

虚拟现实与增强现实智能建模技术

姚俊峰　郭诗辉　杨宝容　蓝　磊　著

科学出版社

北　京

内 容 简 介

本书是介绍虚拟现实和增强现实技术在智能建模领域应用的专业书籍。全书共分为 13 章，对虚拟现实和增强现实从基础概念到具体技术应用进行了全面介绍。其中包括基于单张图片的三维建模技术、室内场景三维重建、三维人体重建、中轴网格提取方法、中轴球预测技术、中轴网格构建方法、基于中轴变换的连续碰撞检测方法、中轴驱动的皮肤变形方法研究等内容。本书通过具体的应用实例和场景，提供了模拟实操的方法、路径及实验参考结果。

本书可供高等院校计算机科技与技术、人工智能、虚拟与现实技术等专业本科生、研究生参考，也适合作为增强现实、虚拟现实领域开发人员的参考手册。本书可以为读者深入学习该领域技术提供有效的参考和帮助。

图书在版编目（CIP）数据

虚拟现实与增强现实智能建模技术 / 姚俊峰等著. —北京：科学出版社，2024.5

（新一代人工智能理论、技术及应用丛书）

"十四五"时期国家重点出版物出版专项规划项目　国家出版基金项目

ISBN 978-7-03-078202-1

Ⅰ.①虚…　Ⅱ.①姚…　Ⅲ.①虚拟现实　Ⅳ.①TP391.98

中国国家版本馆 CIP 数据核字（2024）第 056612 号

责任编辑：孙伯元 / 责任校对：崔向琳
责任印制：师艳茹 / 封面设计：陈　敬

科学出版社 出版

北京东黄城根北街 16 号
邮政编码：100717
http://www.sciencep.com

北京建宏印刷有限公司印刷

科学出版社发行　各地新华书店经销

*

2024 年 5 月第 一 版　开本：720×1000　1/16
2024 年 5 月第一次印刷　印张：14 1/2
字数：286 000

定价：128.00 元
（如有印装质量问题，我社负责调换）

"新一代人工智能理论、技术及应用丛书"序

科学技术发展的历史就是一部不断模拟和扩展人类能力的历史。按照人类能力复杂的程度和科技发展成熟的程度,科学技术最早聚焦于模拟和扩展人类的体质能力,这就是从古代就启动的材料科学技术。在此基础上,模拟和扩展人类的体力能力是近代才蓬勃兴起的能量科学技术。有了上述的成就做基础,科学技术便进展到模拟和扩展人类的智力能力。这便是 20 世纪中叶迅速崛起的现代信息科学技术,包括它的高端产物——智能科学技术。

人工智能,是以自然智能(特别是人类智能)为原型、以扩展人类的智能为目的、以相关的现代科学技术为手段而发展起来的一门科学技术。这是有史以来科学技术最高级、最复杂、最精彩、最有意义的篇章。人工智能对于人类进步和人类社会发展的重要性,已是不言而喻。

有鉴于此,世界各主要国家都高度重视人工智能的发展,纷纷把发展人工智能作为战略国策。越来越多的国家也在陆续跟进。可以预料,人工智能的发展和应用必将成为推动世界发展和改变世界面貌的世纪大潮。

我国的人工智能研究与应用,已经获得可喜的发展与长足的进步:涌现了一批具有世界水平的理论研究成果,造就了一批朝气蓬勃的龙头企业,培育了大批富有创新意识和创新能力的人才,实现了越来越多的实际应用,为公众提供了越来越好、越来越多的人工智能惠益。我国的人工智能事业正在开足马力,向世界强国的目标努力奋进。

"新一代人工智能理论、技术及应用丛书"是科学出版社在长期跟踪我国科技发展前沿、广泛征求专家意见的基础上,经过长期考察、反复论证后组织出版的。人工智能是众多学科交叉互促的结晶,因此丛书高度重视与人工智能紧密交叉的相关学科的优秀研究成果,包括脑神经科学、认知科学、信息科学、逻辑科学、数学、人文科学、人类学、社会学和相关哲学等研究成果。特别鼓励创造性的研究成果,着重出版我国的人工智能创新著作,同时介绍一些优秀的国外人工智能成果。

尤其值得注意的是,我们所处的时代是工业时代向信息时代转变的时代,也是传统科学向信息科学转变的时代,是传统科学的科学观和方法论向信息科学的科学观和方法论转变的时代。因此,丛书将以极大的热情期待与欢迎具有开创性的跨越时代的科学研究成果。

　　"新一代人工智能理论、技术及应用丛书"是一个开放的出版平台，将长期为我国人工智能的发展提供交流平台和出版服务。我们相信，这个正在朝着"两个一百年"目标奋力前进的英雄时代，必将是一个人才辈出百业繁荣的时代。

　　希望这套丛书的出版，能为我国一代又一代科技工作者不断为人工智能的发展做出引领性的积极贡献带来一些启迪和帮助。

前　言

在过去的几十年中，虚拟现实技术已经成为一个热门领域，它不仅广泛应用于游戏、电影等娱乐产业，还在医学、教育、工业等领域中发挥着越来越重要的作用。虚拟现实技术通过建立虚拟环境，使用户感受到身临其境的沉浸式体验，具有很高的可视化和互动性，为人们提供了一种更加直观的交互方式。而增强现实技术则是通过在现实世界中加入虚拟元素来提升用户的感知体验，例如通过头戴式显示设备将虚拟信息叠加在现实场景中，使用户可以同时看到现实世界和虚拟世界的信息。增强现实技术可以增强现实世界的感知能力，并且在许多领域中有着广泛的应用。

本书对虚拟现实技术和增强现实技术应用于智能建模进行了全面介绍，并给出了一系列相关技术的深入研究和应用案例的实现等内容。本书涵盖了虚拟现实和增强现实的基础知识，介绍了其技术原理和应用场景。同时，本书还重点介绍了智能建模技术的最新研究进展，包括基于单张图片的广义柱形物体BLCS(base——基、layer——层、cap——帽、side——边)结构的创建、基于单张图片的广义柱形物体三维建模技术研究、基于单张图片的广义柱形物体三维建模技术的应用、基于单幅图像的室内场景三维重建、基于稀疏柔性传感器的三维人体重建、基于最刚性方法的动态网格的中轴网格提取方法、基于卷积神经网络的稀疏点云的中轴球预测、稀疏点云的中轴网格构建方法与应用、刚体仿真中基于中轴变换的连续碰撞检测、中轴驱动的皮肤变形方法研究、中轴驱动的弹性体变形方法研究以及中轴驱动的碰撞检测方法研究等。为便于阅读，本书提供部分彩图的电子版文件，读者可自行扫描前言的二维码查阅。

本书主要面向计算机科学、计算机图形学、虚拟现实、增强现实等相关领域的专业人士和学生。希望本书能帮助读者更好地了解、应用虚拟现实和增强现实技术，并掌握智能化建模的方法和技巧。同时，也希望本书能够为相关领域的研究者提供一些启发和参考，推动这些领域的进一步发展。

限于作者水平，书中难免存在不妥之处，恳请读者批评指正。

部分彩图二维码

目　　录

第1章 虚拟现实与增强现实介绍

1.1 虚拟现实和增强现实简介

虚拟现实(virtual reality，VR)技术和增强现实(augmented reality，AR)技术是新兴的信息通信技术的关键领域。近年来，另一个概念——混合现实(mixed reality，MR)也被大家广泛接受。这三者略有差别，但又紧密相关，特别是在技术路线上很多是相通的。虚拟现实和增强现实技术具有三大特征：沉浸感(immersion)、交互性(interactivity)、想象性(imagination)。

沉浸感又称临场感、代入感，指一种主观感知，即人对计算机系统创造和显示出来的虚拟环境的感觉和认识，是衡量虚拟现实环境性能的最重要指标。人在做某件事全身心投入的时候，会忘记外物，而优秀的虚拟现实系统会让用户完全投入到虚拟世界中，甚至忘记自己是处于虚拟世界还是真实世界，这便是沉浸感。沉浸感是虚拟现实技术追求的基本目标，而视觉沉浸感、听觉沉浸感又是沉浸感中最基本的两种。显示技术是打造高视觉沉浸感的关键，硬件设备的性能、建模的精确度、模型的追踪显示等都会影响最终的显示。而听觉反馈则需要和画面同步，优秀的虚拟现实系统也会增加 3D 环绕音效来提高听觉沉浸感。未来，前沿的虚拟现实技术也会追求触觉、嗅觉，甚至是味觉的沉浸感。往往越优秀的虚拟现实系统，具备越多的感官反馈，并且这些感官反馈越贴近真实世界。

交互性在虚拟现实技术中是指，虚拟现实系统能够响应用户的行为，产生正确的变化并反馈给用户。这种交互是双向的，用户可向虚拟现实系统传递信息，虚拟现实系统也会通过不同的方式向用户传递信息。用户向虚拟现实系统传递信息的媒介一般为专业的虚拟现实设备，包括数据手套、力矩球、操纵杆、触觉反馈装置等，这些设备不仅需要向虚拟世界传递用户正确的意图，也要以自然的方式向用户反馈信息，增强系统的沉浸感。例如，用户穿戴触觉反馈装置在虚拟世界里触摸虚拟物体时，系统会反馈给用户该物体的触摸感受，包括温度、质地、光滑度等，用户是可以真实感受到这种触觉的。交互性也体现在虚拟世界的自然程度上，往往越优秀的虚拟现实系统，其虚拟物体的可操作程度越高，用户游玩的自由性也越强，更接近真实世界。

想象性又称构想性，是指虚拟现实系统可以创造出真实世界不存在的场景或不可能发生的事。想象性可使人类突破时间与空间，去体验发生过或者未发生的事情，探索宏观或微观世界；也可以实现某些受现实条件限制而未实现的东西。例如，用户可以借助虚拟现实技术穿梭在历史中，见证历史事件。

1.1.1 虚拟现实

虚拟现实是利用头戴显示器(head mounted display，HMD)完全遮盖用户眼睛的可视范围，使用户完全沉浸在头戴显示器呈现的虚拟场景中的技术。因此，虚拟现实中，用户所看到的三维场景内容都是虚拟的。这种技术的优点在于可以为用户提供完全沉浸的虚拟环境，允许用户与虚拟世界的数字内容进行自由交互。

虚拟现实技术融合了三维显示技术、计算机图形学、三维建模技术、传感测量技术和人机交互技术等多种前沿技术，旨在创造一个虚拟的世界，借助专业的输入输出设备，让用户体验虚拟世界并与之进行自然的交互，从而产生亲临等同真实环境的感受和体验。虚拟现实技术的显示原理如图 1.1 所示。

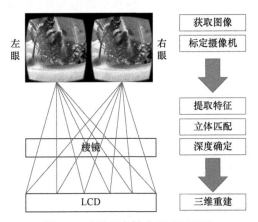

图 1.1　虚拟现实技术显示原理图

1.1.2 增强现实

增强现实能够同时看到真实场景和虚拟场景，并结合音频、触觉、气味等人为产生的反馈，向用户提供真实世界中不存在、难感知、易忽略的信息。虚拟现实与增强现实的相同点在于都需要使用计算机图形技术绘制虚拟图像。区别于虚拟现实，增强现实突出了用户通过增强现实设备观察真实世界的特征，系统呈现的主体是使用者当前所处的现实场景，而人为产生的内容则是辅助性信息，目的是服务于人在真实世界中的任务活动。增强现实[1]技术将虚拟对象叠加在真实世界之上，允许用户同时看到虚拟世界和真实世界，可以与虚拟对象进行交互[2]。

目的是通过虚拟对象将重要内容三维可视化，向用户提供真实世界中不存在、难感知、易忽略的信息，增强用户对真实世界的理解能力。

　　伴随着增强现实技术[3-5]的发展历程，它所包含的范围在不断扩大，而每个人的理解也不尽相同。增强现实最核心的特征是真实与虚拟的叠加。例如在游泳比赛的电视转播中，一般会自动增加各泳道选手的姓名和国籍信息，帮助观众更直观地感知到场上形势[图 1.2(a)]。从这个角度看，这条简单明了的图案也可以理解为增强现实的一部分。自 2012 年以来，谷歌、Magic Leap 等公司推出的增强现实眼镜[图 1.2(b)]，让企业和部分高端消费者体验到了这项黑科技。近年来，主流的移动端设备(包括手机和平板)让增强现实技术服务大众消费者。这其中包括风靡全球的《宝可梦 GO》游戏[图 1.2(c)]。

(a) 游泳比赛转播中的信息提示　　　　(b) 专业级别的增强现实眼镜

(c) 基于智能手机的增强现实游戏

图 1.2　增强现实技术在现实中的应用

1.1.3　混合现实

　　混合现实和增强现实类似，是将真实场景和虚拟场景混合在一起。但相比增强现实突出真实世界为主、虚拟世界为辅的特征，混合现实则打破了这个限制，泛指以任意的形式将真实和虚拟的场景元素进行混合(图 1.3)，终极目标是让用户无法区分虚实元素。

图 1.3　混合现实的定义

1.2 虚拟现实和增强现实的发展历史

虚拟现实和增强现实经过 60 多年的发展，已经逐步从科研实验室走向生产生活的第一线。新兴技术成熟度曲线(hype cycle)是指新技术、新概念在媒体上的曝光度随时间的变化曲线，它常被用于评估一个技术的发展规律。2017~2019 年，虚拟现实和增强现实技术都被评估为幻觉破灭的低谷期。2020 年，该曲线甚至移除了虚拟现实和增强现实技术。实际上，这不代表虚拟现实和增强现实技术不重要，反而意味着它们已经逐步成熟，并进入了具有实际应用价值的阶段，将在未来获得更广泛的应用。

虚拟现实和增强现实技术的发展最早可以追溯到 1957 年电影摄影师 Morton Heilig 开发出的多通道仿真体验系统 Sensorama[图 1.4(a)]，该系统能够提供图像显示、微风拂面、气味扑鼻，以及发动机的声音和振动等多种感官刺激，向用户提供虚拟的摩托车骑行体验。1968 年，Ivan Sutherland 研发的"达摩克利斯之剑"(The Sword of Damocles)系统[图 1.4(b)]第一次将佩戴增强现实头盔的体验带给世人。该系统使用了光学透视头戴式显示器，允许用户在真实世界中看到叠加的虚拟物体。该系统也首次使用了 6 个自由度的追踪仪，允许用户在真实世界内小范围移动、头部转动等。受限于当时计算机的处理能力，该系统只能实时显示简单的线框图形，但这在当时已经是创新之举。

(a) 多通道仿真体验系统Sensorama示意图　　(b) 增强现实头盔——达摩克利斯之剑

图 1.4　早期的增强现实发展历程

1990 年，波音公司研究员 Tom Caudell 在美国达拉斯召开的 SIGGRAPH 会议上，明确提出了增强现实这个概念。伴随光学硬件和计算机图形学算法的进步，增强现实技术有了长足发展。本章在此将这些发展大致分为若干阶段。第一个阶段是以研究人员自研的增强系统为平台进行的一系列尝试。部分案例如下：

(1) 1992 年，美国空军的 Lois Rosenberg 和哥伦比亚大学的 Steven Feiner 等分别提出了两个早期的增强现实原型系统：Virtual fixtures 虚拟辅助系统和 Karma

机械师辅助维修系统。

(2) 1999 年，第一个增强现实开源框架 ARToolKit[6]发布。ARToolKit 的出现使得增强现实技术不局限于专业的研究机构中，也为之后商业化的增强现实硬件提供了功能和框架的参考。

(3) 2009 年，平面媒体杂志 *Esquire* 推出了第一个基于增强现实技术的杂志封面。当扫描杂志的封面时，电影《大侦探福尔摩斯》主角小罗伯特·唐尼就以增强现实的方式出现，并通过语音交流的方式进行电影宣传。

自 2012 年谷歌公司推出了 Google Glass 产品后，增强现实受到大家关注。这款设备通过头戴式微型显示器将内容投影于用户眼前，具备语音输入输出、视频图像采集等功能，搭载安卓操作系统。这些功能和配置第一次让增强现实技术走进主流开发者和大众消费者。自 Google Glass 发布以来，增强现实行业受到资本市场的广泛关注。随后，微软公司也发布了增强现实头戴显示器 Hololens。2016年，增强现实领域最著名的创业公司 Magic Leap 获得一轮 7.935 亿美元的 C 轮融资，并于 2018 年发布首款产品 Magic Leap One。

虚拟现实和增强现实硬件产品在国内也是方兴未艾，华为公司等均发布了虚拟现实眼镜。HUAWEI VR Glass[图 1.5(a)]内置高分辨率屏幕，双眼可以达到3200×1600 分辨率，并且连接手机时有 70Hz 的刷新率，连接 PC 时可达到 90Hz。因为它是分体式的，与华为手机或者电脑连接进行工作，所以重量只有 166g。HUAWEI VR Glass 自带屈光调节功能，近视度数在 700 度以内摘下眼镜也能看清画面，且双眼可独立调节度数。此外，HUAWEI VR Glass 采用瞳距自适应技术，兼容的瞳距范围高达 55～71mm，覆盖人群高达 90%。苹果公司也发布了混合现实眼镜 Vision Pro[图 1.5(b)]，预期将进一步提升沉浸式体验。

 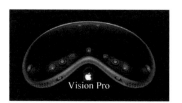

(a) HUAWEI VR Glass　　　　　(b) 苹果Vision Pro混合现实眼镜

图 1.5　代表性虚拟现实与混合现实眼镜

2015 年，任天堂公司发布了一款基于手机平台的增强现实游戏《宝可梦 GO》，这是一款宠物养成和对战游戏，玩家捕捉真实世界中出现的宠物小精灵，进行培养、交换以及战斗。数据显示，这款游戏只用了 63 天就在全球赚了 5 亿美元，成为史上赚钱速度最快的手机游戏。这款游戏的巨大成功让业界意识到，最好的增强现实平台不是以 Google Glass 为代表的高端专用设备，而恰是大家人手一部的智能手机。2017 年，苹果公司在它的全球开发者大会上推出了面向苹果移动平台的增强现实引擎 ARKit。谷歌公司也针对安卓平台发布了 ARCore。同时，华为公司也发布了自研的增强现实引擎 AR Engine。这三个引擎都提供了简单易用的开发接口，具有追踪、场景理解、渲染等功能，允许开发者可以快速开发面向手机和平板的增强现实应用。自此，基于手机和平板硬件平台的增强现实技术得到广泛应用，大量开发者加入其中，应用数量也急剧增加。

1.3　虚拟现实和增强现实的发展趋势

人工智能将是虚拟现实和增强现实应用的大脑，是允许应用与真实物理环境交互的关键。人工智能已经实现了诸如现实世界中的自动对象标记等功能，使虚拟现实和增强现实系统能够优化所呈现的信息。例如，华为 AR Engine 可识别真实世界中平面的语义，目前可以识别桌面、地板、墙壁、座位、天花板、门、窗户、床。这个功能依赖于对真实环境的理解技术。另外一个例子是宜家公司的 Place 软件，用户可以拍摄自己房间的照片，然后将三维真实比例的宜家家具模型拖放到图像中(图 1.6)。增强现实支持沉浸感体验，通过手机端屏幕就可以看到用户自己虚拟布置的房间。人工智能赋能用户，支持多维操作，从而提供了虚拟家居在真实空间中即时而准确的视觉体验。

图 1.6　宜家公司增强现实应用 Place 中家具模型拖放效果示意图

随着计算机行业的发展，5G、人工智能、大数据云计算等前沿技术不断创新，虚拟现实技术也迎来新一轮的技术革新，催生了 VR+5G、VR+人工智能、VR+Cloud 等新的虚拟现实和增强现实业态和服务，进一步促进了虚拟现实和增强现实的应用落地。人工智能作为一个庞大的领域，将从各方面赋能虚拟现实和增强现实的各个流程，包括真实场景的理解、人机交互、图像渲染、协同通信等。毫不过分地说，虚拟现实和增强现实只有搭配强大的人工智能算法，才能优秀地完成任务。本章简单描述人工智能如何从场景理解和人机交互两个方向上赋能虚拟现实和增强现实。

人工智能(artificial intelligence，AI)是基础的赋能性技术，与虚拟现实和增强现实产品技术相融合，能够提高虚拟现实的智能化水平，提升虚拟设备的效能。AI 赋能虚拟现实和增强现实产品，能提升虚拟物体的多样性、逼真性、可玩性，可以显著提高虚拟现实和增强现实产品应用的交互能力和操作效率，增加用户和虚拟物体交互的自然性。此外，边缘 AI 算法能大幅提升虚拟现实终端设备的数据处理能力。虚拟现实和增强现实产品+人工智能催生出种类丰富的虚拟现实应用，已经在零售、家装、智能制造等领域展开了应用。

例如，HoloLens 2 通过 5G 技术，将计算量大的任务在微软公司的 Azure 云服务进行，赋予增强现实应用更强大的功能。微软公司处于研究阶段的 Holoportation 项目就是利用超大带宽和云计算能力，实现高真实感的增强现实体验。在游戏、影视等娱乐行业，3D 图形计算(特别是渲染、物理仿真等)是计算量比较大的步骤。通过 5G 连接，可以利用云端强劲的计算能力进行处理，再以视频流的形式传回用户侧的移动增强现实设备上，在计算能力受限的增强现实设备上呈现高清画质。

1.4　虚拟现实和增强现实的应用领域

1.4.1　游戏领域

《宝可梦 GO》(图 1.7)是由任天堂公司、宝可梦公司和谷歌 Niantic Labs 公司联合制作开发的 AR 宠物养成对战类角色扮演手游。它使用移动设备 GPS 来定位、捕捉和训练称为"宝可梦"的虚拟生物，同时借助 AR 技术使这些虚拟生物看起来存在于玩家的真实世界中。

图 1.7　《宝可梦 GO》游戏画面

自 2016 年发布以来，《宝可梦 GO》的全球下载量已经超过 10 亿，并获得最佳 AR 游戏、年度手机游戏等多项大奖。

1.4.2 教育领域

美国俄亥俄州的凯斯西储大学基于 HoloLens 开发了一款应用——HoloAnatomy(全息解剖)。使用者可以通过该应用(图 1.8),全方位地看到虚拟人形的骨骼、血管、神经、肌肉、器官等重要的医学解剖结构。此外,使用者可以前后左右以任意角度观察研究,还可以通过手势和语音添加肌肉。

图 1.8 HoloAnatomy 示意图

1.4.3 交通领域

AR 技术用来辅助安全驾驶功能、抬头显示功能以及倒车影像功能(图 1.9),就是 AR 技术在汽车行业的最早应用。近几年,各大汽车品牌及其厂商一直都在进行 AR 技术在辅助安全驾驶技术方面的研发。例如,路虎公司推出了透明引擎盖,可以直接在车窗上显示引擎盖下方的路面;奔驰公司推出了 Vision 梅赛德斯-迈巴赫 6 概念车,搭载了 AR 挡风玻璃,提供包括仪表盘、卫星定位、实时地图等各类信息。

图 1.9 辅助安全驾驶的 AR 技术

1.4.4　工业领域

由哥伦比亚大学计算机图形学与用户交互实验室开发的增强现实维修保养系统(augmented reality for maintenance and repair，ARMAR)是 AR 在工业领域的著名应用实例[7](图 1.10)。头戴式运动跟踪显示器通过诸如子组件标签、指导性维护步骤、实时诊断数据和安全警告之类的信息增强了用户对系统的信息获取，用以提高生产率、准确性并维护人员的安全性。用户和维护环境的虚拟化允许异地协作者监视和协助维修。此外，将现实世界的知识库与详细的 3D 模型集成在一起，可以将系统用作维护模拟器/培训工具。

图 1.10　增强现实维修保养系统示意[7]

1.5　虚拟现实和虚拟现实建模

虚拟现实技术追求在"虚拟"中逼近甚至等效"现实"，这就需要一个逼真的数字模型，于是虚拟现实建模技术应运而生。虚拟现实建模是利用虚拟现实技术，在虚拟的数字空间中模拟真实世界中的事物。虚拟现实技术将数字图像处理、计算机图形学、多媒体技术、传感与测量技术、仿真与人工智能等多学科融于一体，为人们建立起一种逼真的、虚拟的、交互式的三维空间环境。

建模技术主要包括形状建模和外观建模，分别描述虚拟模型的形状(多边形、三角形和顶点)以及它们的外表(纹理材质、颜色、反射系数)。

形状建模使用边界来表示三维物体，利用点和线来构建虚拟模型的外边界，绘制出虚拟模型的轮廓。虚拟模型的表面特征可以存储在一组包围物体内部的表面多边形中，多面体的多边形可以精确存储这些信息。另外，也可以把表面嵌入到物体中生成一个多边形网格逼近曲面,将曲面分成更小的多边形加以改进存储。线框轮廓能快速显示虚拟模型的形状，因此这种表示在设计和实体模型应用中普遍采用。通过沿多边形表面进行明暗处理来消除或减少多边形边界，可以实现真实性绘制。

外观建模是基于虚拟物体独特的质地特征，根据表面反射和纹理来绘制虚拟模型。虚拟现实系统对限时计算和实时性的要求特别高，所以无法通过增加物体多边形的方法绘制出高真实感的图形表面。而外观建模较形状建模更快速,在虚拟现实系统几何建模中得到广泛应用。用纹理映射技术处理虚拟模型的外表,不仅增加了细节层次以及模型的真实感,提供了更好的三维空间线索,还减少了多边形的数目,因而提高了帧刷新率,增强了复杂场景的实时动态显示效果。

1.6 本 章 小 结

本章简要介绍了增强现实技术、虚拟现实技术和混合现实技术,区分了三者的异同点。本章介绍了增强现实技术的概念、发展历史,并介绍了主流的硬件与软件平台,以及通过已有的相关案例,阐述了增强现实技术在旅游、教育、医疗等多领域中的应用。一个成功的增强现实应用既依赖于一套优秀稳定的硬件系统,也需要融合多方面的软件算法。接下来,本章介绍了虚拟现实技术的概念、发展历史、应用领域及其三大特征,概述了虚拟现实建模技术。

参 考 文 献

[1] Hwang A D, Peli E. An augmented-reality edge enhancement application for Google Glass[J]. Optometry and Vision Science: Official Publication of the American Academy of Optometry, 2014, 91(8): 1021.

[2] Azuma R T. A survey of augmented reality[J]. Presence: Teleoperators & Virtual Environments, 1997, 6(4): 355-385.

[3] 朱淼良, 姚远, 蒋云良. 增强现实综述[J]. 中国图象图形学报, 2004, (7): 3-10.

[4] 周忠, 周颐, 肖江剑. 虚拟现实增强技术综述[J]. 中国科学: 信息科学, 2015, 45(2): 157-180.

[5] 柳祖国, 李世其, 李作清. 增强现实技术的研究进展及应用[J]. 系统仿真学报, 2003, (2): 222-225.

[6] Kato H. ARToolKit: Library for vision-based augmented reality[J]. Technical Report of IEICE PRMU, 2002, 101: 79-86.

[7] Henderson S, Feiner S. Exploring the benefits of augmented reality documentation for maintenance and repair[J]. IEEE Transactions on Visualization and Computer Graphics, 2010, 17(10): 1355-1368.

第2章 基于单张图片的广义柱形物体 BLCS 结构的创建

本章的主要内容是基于用户输入的单张图片中广义柱形物体创建 BLCS 结构，该结构是本章提出方法的基础。本章内容包括轮廓提取、轮廓对称轴提取和拟合、BLCS 结构模型的定义，以及 BLCS 结构元素的逐个创建。

2.1 轮 廓 提 取

在实际生活中，图片内容的组成部分主要分为前景和背景[1]，前景和背景的区分主要是取决于被拍摄物体距离照相机的远近。原则上，当拍摄一个物体时，该物体距离照相机较近时所形成的图像内容称为前景，反之较远的环境所形成的图像内容称为背景。本章中轮廓的提取就是利用图片中前景和背景之间纹理信息和边界信息的差异，结合少量的用户交互，实现前背景的分离，从而获得前景物体对象的轮廓，前景内容也用于最终三维模型贴图的创建。基于此，接下来介绍前背景的分割以及轮廓提取相关算法。

2.1.1 前背景分割

前景和背景的分割工作是评估图片中所有像素所属的类别，即是属于前景像素，还是属于背景像素，同时还要计算出透明度 α 的值，如下所示：

$$I_i = aF_i + (1-\alpha_i)B_iI_i = aF_i + (1-\alpha_i)B_i \tag{2-1}$$

其中，I_i 是图像第 i 个像素值；F_i、B_i、α_i 分别表示前景第 i 个像素灰度信息、背景第 i 个像素灰度信息，以及第 i 个像素的透明度值。根据公式(2-1)可知，左侧 I 是已知量，公式右侧的 F、B 和 α 是未知量，求解是十分困难的。要解决这个问题就必须增加约束关系。Gastal 和 Oliveira[1]采用的约束关系是使用和输入图像 I 同等大小的 TriMap 或者结合用户手绘的 Scribbles[2]的方式，如图 2.1 所示(白色区域表示前景，黑色区域表示背景，灰色区域表示介于前景和背景之间)。文献[2]是基于采样技术和相邻像素之间的相似性相结合的优化解决方案。Rother 等[3]在文章中同样提出了基于交互式的 GrabCut 的图像分割方法。通过用户绘制的矩形区域建立高斯混合模型来初次定义前景和背景像素点，进而分割图像，分割图像之后的结果用来更新高斯混合模型，然后再进行分割，一直迭代下去直至结果收敛停止。GrabCut 算法通过 Scribbles 交互可以实现较好的效果。不足之处是算法的复杂度太高，实时性较差。Kiruthikaa[4]提出了基于图像边缘检测和分水岭运算相结合的分水岭图像分割算法。本章采用的是文献[2]中的相关算法。

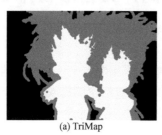 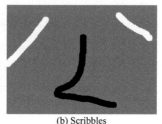

(a) TriMap   (b) Scribbles

图 2.1 TriMap 和 Scribbles 示意图

2.1.2　多轮廓的提取和分离

结合 2.1.1 节前背景分割的结果，对前景内容进行 Canny 边缘检测[5]。首先进行高斯滤波，再进行梯度方向的计算，使用非最大值抑制将局部最大边缘点保留下来，设置高阈值过滤，最后获得细化且连续的边缘信息，如图 2.2 所示。

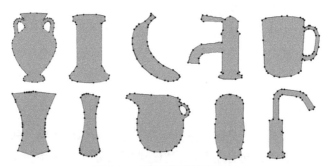

图 2.2 边缘和轮廓检测结果

检测后的边缘信息包含了图片中物体的最外围轮廓信息，同时也包含了物体其他部件或者组成成分的边缘信息，借助于 OpenCV 的轮廓检索功能，查找到闭合轮廓的集合，得到的每个轮廓是有序的点集 $C = \{c_i = (x_i, y_i)\}_{i=0}^{n-1}$，因为集合 C 中每个点之间不是等间距的，因此需要对 C 进行等间距的采样达到均匀分布的状态，本章中的采样距离设置为 5，采样后的轮廓点集表示为 $\bar{C} = \{\bar{c}_i = (\bar{x}_i, \bar{y}_i)\}_{i=0}^{n-1}$。

接下来，需要对 $\bar{C}$ 进行角点检测。首先使用 Harris 角点检测方法[6]对前景图像进行角点检测。为了能够从轮廓 $\bar{C}$ 中得到足够的角点，接下来使用文献[7]中提出的离散曲线演绎算法减少轮廓 $\bar{C}$ 中点的数量，通过标定轮廓 $\bar{C}$ 中每个点的贡献值，递归删除贡献值较小的点，如下所示：

$$P_x = \arg^n_{x=0} \min K(p_x) \tag{2-2}$$

其中，$K(p_x)$[8]是点 P_x 的贡献值。在不断演绎出不同层次的轮廓进行递归运算，进而在实现简化的同时，保证较大贡献值的点得到保留，即为特征点(关键点)。将特征点和 Harris 角点检测计算结果进行组合形成一个有序的点集 $S = \{s_i = (x_i, y_i)\}^{n-1}_{i=0}$，如图 2.2 中黑色点所示。点集 S 中相邻的任意两个点组成的边，通过如图 2.3 所示的操作流程，即可实现多轮廓的分离。

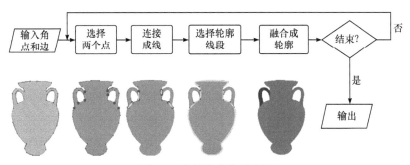

图 2.3　多轮廓分离示意图

2.2　轮廓对称轴提取和拟合

按照 2.1 节方法获得物体的轮廓后，接下来的操作是提取该轮廓的对称轴。提取对称轴主要是用来区分物体的左、右侧，同时用于创建后续 2.3 节中的边结构。2.2.1 节介绍对称轴提取的几种方法，提取到的对称轴是以离散点的形式存在，而且包含冗余信息和离散点的无序排列。针对冗余信息本章使用算法进行移除，2.2.2 节使用曲线拟合的方法解决离散点的无序排列。

2.2.1　对称轴提取的方法

为了更好地识别和表达物体的形状，也为了创建 2.3 节中的边结构，本章引用了对称轴的概念，且本书定义的对称轴有别于传统意义的对称轴，对称轴的种类包括直线、曲线轴、骨架和中轴 4 种形态，最终对称轴的表达形式取决于用户输入图片的物体轮廓。

第一种提取方法是文献[9]中基于传统方法通过旋转进行对称轴提取。如图 2.4 所示，对二值化后的图像处理后得到图像 I，并对源图像 I 做镜像处理得到 M_I；对原图 I 以圆心为原点，进行 0°～180°的旋转，得到 R_I 图像(此处不作展示)；最后对 M_I 和 R_I 进行逻辑异或处理，计算结果矩阵中黑色像素点的总数量。总数量最小的角度对应的轴即是对称轴。此种提取方法应用范围较窄，多用于字符检测中。

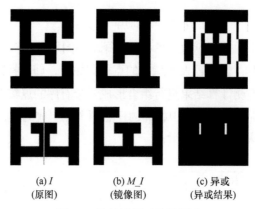

(a) *I*　　　　　(b) *M_I*　　　　(c) 异或
(原图)　　　　(镜像图)　　　(异或结果)

图 2.4　旋转进行对称轴提取

　　第二种提取方法基于图像距离变换进行骨架提取[10]。首先把图像进行二值化处理，给每个像素赋值为离它最近的背景像素点的欧氏距离值，得到距离矩阵。距离边界越远的像素越亮，距离矩阵中的局部最大值点是潜在的中轴点，如图 2.5 所示，但不保证骨架的连通性和完整性。

图 2.5　基于距离变换的骨架提取效果图

　　第三种提取方法是基于 Voronoi 图[11-14]的离散域中轴计算方法，主要是对轮廓边界进行采样得到的顶点来搜索最大圆[图 2.6(a)中红色圆形]的中心位置所形成的轨迹[图 2.6(b)中蓝色直线]。从轮廓边界进行采样，采样的精度越高，提取到中轴的精度越高，但相对计算复杂度增高，运算时间增加。这个方法的缺点是基于轮廓进行采样，然而轮廓的提取对噪声比较敏感；同时采样的精度越高计算出的中轴点越复杂[图 2.6(b)]，会产生较多的冗余信息。因此还需要对其进行条件约束和剪枝[10]处理。为了避免噪声的干扰，在进行轮廓点的提取的过程中需要进行平滑降噪处理。

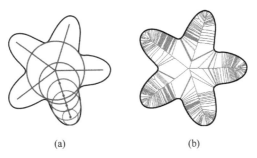

(a)　　　　　　　　　　　　　(b)

图 2.6　二维图形中轴示意图

剪枝的方法[10]指的是由于通过计算得到的中轴存在大量冗余的信息,对其所进行的条件约束和"降噪"处理。条件约束指的是对计算得到的每条中轴线段的长度设置阈值;降噪处理的标准是如果中轴点到距离最近的两个边界曲线有两个等距点,那么该点就保留,否则就移除该点。该标准不是像文献[15]中那样简单定义在边界上有两个等距点,这一标准将大大减少中轴点的数量。不过这个标准并没有删除所有不需要的中轴点,一定程度上保留了应该删除的整个"枝节"的中轴点。因此,接下来需要在修剪的过程中去掉这些枝条。从中轴计算的步骤中能够得到每条中轴线段的端点和终点,从图 2.6(b)中中轴线段的分布可知,需要去除的是端点靠近轮廓边缘的枝节。实验结果如图 2.7 所示,其中(a)、(d)是原图,(c)、(f)是通过中轴计算后的叠加结果,(b)、(e)是中轴信息。

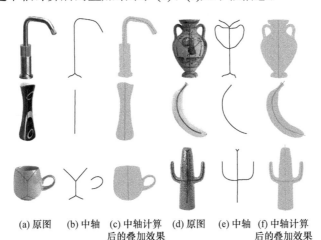

(a) 原图　(b) 中轴　(c) 中轴计算　(d) 原图　(e) 中轴　(f) 中轴计算
　　　　　　　　后的叠加效果　　　　　　　　　　后的叠加效果

图 2.7　中轴剪枝效果图

第四种提取方法是基于形态学腐蚀和膨胀操作计算骨架。首先,将图片转换成二值图像 img,创建存储骨架的变量 skeleton,创建 OpenCV 中形态运算的 3×3

的 Cross 结构元素。在主循环中使用形态学的腐蚀和膨胀来消除边缘噪声，并和原图相减，再和骨架变量 skeleton 进行位操作运算，最后将 skeleton 赋值给 img 并重复运行上述循环直到 img 中像素值全部为 0 为止。到此为止本章方法得到的骨架是离散的点集，而且存在孤立点和噪点，因此使用中值滤波进行处理。伪代码如算法 2.1 所示，对孤立的离散点进行过滤的办法是计算该点的邻域内是否存在其他骨架点，如果存在的话，则保留，否则移除。

综合以上四种方法的描述和实际情况，本章采用的是第三种方法和第四种方法。具体到实际中去，是对直线型对称轴采用第四种方法得到较好的效果，对曲线型对称轴采用的是第三种方法。

算法 2.1：基于形态学的骨架提取伪代码

输入：img 输入图像
输出：skeleton 骨架信息

function FINDSKELETONFUN(img,skeleton)
1： img ←**T**HRESHOLD(img,Binary)
2： skelton←Mat(img.size,img.type)
3： skelton←STRUCTURINGELEMENT(Morph_Cross,Size=3)
4： **do**
5：   erode = ERODE(img,element)
6：   temp = DILATE(erode,element)
7：   temp = SUBTRACT(img,temp)
8：   skeleton= BITWISEOR(skeleton,temp)
9：   erode = COPYTO(img)
10： **While**   COUNTNONZERO(img) == 0
11：   MEDIANBLUR(skeleton)
end function

2.2.2 多项式曲线拟合

2.2.1 节中得到的是离散且无序的对称轴点集，接下来的工作是对该点集进行曲线拟合，由于输入数据的离散性、无序性和未知性，本章使用的方法是经典的多项式曲线拟合。根据输入数据 $S = \{(x_i, y_i), i = 0, 1, \cdots, n\}$，构建多项式曲线近似函数公式如下：

$$P(x) = a_0 + a_1 x + a_2 x^2 + \cdots + a_k x^k = \sum_{i=0}^{k} a_i x^i \tag{2-3}$$

曲线拟合最便捷有效的方法是误差平方和最小化，即能找出数据集的最佳函数匹配。误差平方和最小化的公式表示如下：

$$\min = \sum_{i=0}^{n}\left[P\left(x_i\right)-y_i\right]^2 \tag{2-4}$$

对公式右边求 a_i 偏导数再简化和精简后得到式(2-5)和式(2-6)，再转换为 $\boldsymbol{XA}=\boldsymbol{Y}$ 形式。通过点集 S 和矩阵公式(2-5)和式(2-6)计算出系数矩阵 $\boldsymbol{A}$，最后将矩阵 $\boldsymbol{A}$ 的元素代入到公式(2-3)就能得到拟合后的曲线的数学表达式，实验结果如图 2.7(c)和(f)所示。

$$\begin{bmatrix} n & \sum_{i=1}^{n}x_i \cdots \sum_{i=1}^{n}x_i^k \\ \sum_{i=1}^{n}x_i & \sum_{i=1}^{n}x_i^2 \cdots \sum_{i=1}^{n}x_i^{k+1} \\ \vdots & \vdots & \vdots \\ \sum_{i=1}^{n}x_i^k & \sum_{i=1}^{n}x_i^{k+1} \cdots \sum_{i=1}^{n}x_i^{2k} \end{bmatrix} \begin{bmatrix} a_0 \\ a_1 \\ \vdots \\ a_k \end{bmatrix} = \begin{bmatrix} \sum_{i=1}^{n}y_i \\ \sum_{i=1}^{n}x_i y_i \\ \vdots \\ \sum_{i=1}^{n}x_i^k y_i \end{bmatrix} \tag{2-5}$$

$$\begin{bmatrix} 1 & x_1 & x_1^2 & \cdots & x_1^k \\ 1 & x_2 & x_2^2 & \cdots & x_2^k \\ \vdots & \vdots & \vdots & & \vdots \\ 1 & x_n & x_n^2 & \cdots & x_n^k \end{bmatrix} \begin{bmatrix} a_0 \\ a_1 \\ \vdots \\ a_k \end{bmatrix} = \begin{bmatrix} y_1 \\ y_2 \\ \vdots \\ y_n \end{bmatrix} \tag{2-6}$$

2.3　BLCS 结构模型

基于用户输入的单张图片，需要从图片信息中提取建模对象的结构信息，但在传统的三维模型表示中主要是基于点线面的信息来构造三维模型，而没有从某种内在结构的角度来描述三维模型。Cao 等[16]提出了基于拉伸式的建模方法，同时也提出了一种 Side-Rail-Cap 的模型结构来描述物体。Chen 等[17]提出了一种基于 3-Sweep(扫掠)的建模方式，以及类似 base-Side 的模型结构。本章给出了一种 BLCS 结构模型来表示三维模型，其中 BLCS 指的是构建模型的四个元素，包括基(base)、层(layer)、帽(cap)、边(side)，如图 2.8 所示。BLCS 结构可以看作是在平面坐标系正交方向上提升一个基结构的 2.5D 结构，本章方法以面向观看者或者相机的平面作为基准(视情况而定)，位于顶部的区域为帽，基与帽之间的区域可以分割成不同空间位置的层，层的空间位置由边决定。从图 2.8 中可以看出层之间互不相交且按照一定的空间顺序排列。BLCS 结构在一定程度上以四个元素的形式表达广义柱形物体的内在结构，在此基础上可以使用该结构对该物体进行三维建模的工作。

　　BLCS 结构定义在广义柱形物体的基础上，广义柱形物体都可以分解成 BLCS
的结构。通常基结构在形状上存在一定的正则性，它通常是一个平面形状。在本章
方法的结构中要求帽和基不能同时完全遮挡或隐藏。BLSC 结构中的边结构可以看
作基的运动轨迹，基沿着边运动到的不同位置时，就转换成了层。用户需要在图像
中勾画基结构，在帽结构和基结构相差甚远的情况下，需要勾画出帽结构以便准确
建模。对于如图 2.9 所示的两种情况，基和帽的位置是相反的，因此需要指定从基
到帽的运动方向。基和帽这两者都是三维对应到二维的投影，通过算法和用户交互
将基结构和帽结构再转换到三维空间，再结合边的信息，可以创建层结构的形状和
空间位置，最终结合本书第 4 章的建模算法，可构造物体的三维几何模型。

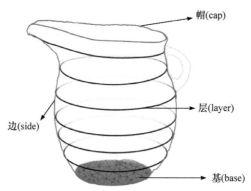

图 2.8　BLCS 结构模型示意图

图 2.9　不同角度拍摄物体示意图

　　BLCS 结构指的是为了表达广义柱形物体的内在结构而提出的一种结构模
型，由基、层、帽、边四个元素组成，每个元素是由特定关系的三维空间点投影
到二维空间点的集合，如图 2.8 所示。BLCS 结构可以看作在面向观看者或者相机
的正交方向上提拉一个基结构的 2.5D 结构，其中位于底部的面称为基，位于顶部
的区域称为帽，本章方法定义基与帽之间的区域可以近似分割成不同空间位置的

层，定义建模对象的轮廓即是边，层的空间位置由边所决定。从图 2.8 中可以看出层结构互不相交且按照一定的顺序排列。

基和帽的创建通常取决于图片中建模对象的形状，由于图片只能表达二维信息，对三维空间信息进行了压缩，因此会出现遮挡的问题，这部分出现的问题可借由用户交互式操作辅助处理和设计。

对于边的创建，后续章节有详细表述。本章方法的目的是通过检测到的中轴信息将边分解成"对称"的两个部分，用于创建点对。

对于层的创建，后续章节将详细描述。

2.4　创建 BLCS 结构

本节的主要内容是将 BLCS 结构模型运用到实际中。其中包括基结构的创建、边结构的创建、帽结构的创建、点对的创建，以及层结构的创建。

2.4.1　基结构的创建

在类圆形状基结构的创建过程中，需要结合用户交互操作。由 2.1 节获得了轮廓检测结果(轮廓的检测结果多数情况下是多个，但是处理方式是相同的，本章用最大轮廓进行讨论)，本章方法能得到轮廓的边缘点信息，用户使用鼠标沿着物体的基结构进行绘制，使用公式(2-7)将鼠标点和最近的轮廓点匹配并记录下来，即

$$B_{ase} = \left\{ C_{\arg_{i=0}^{N-1} \min\|c_i - m_j\|} \right\}_{j=0}^{n-1} \tag{2-7}$$

其中，B_{ase} 表示的是基的点集，在圆形基结构中通常是半圆形；$C = \left\{ c_i = (x_i, y_i) \right\}_{i=0}^{N-1}$ 表示有 N 个点的轮廓，$M = \left\{ m_j = (x_j, y_j) \right\}_{j=0}^{n-1}$ 表示鼠标绘制的 n 个点的点集。

接下来解算 B_{ase} 总弧长的中心点 c 的坐标用于遮挡部分的处理。B_{ase} 相邻两个点的所有弧长之和近似等于相邻两个点的弦长总和。通过总弧长的一半 D 和定比分点[18]的坐标计算公式得到中心点 c 的坐标。定比分点的坐标计算是基于 B_{ase} 中一定存在图 2.10 中所示弦长为 $d_i = |AB|$ 的线段，满足下面的公式：

$$D = \frac{1}{2} \sum_{i=1}^{n} \|B_i - B_{i-1}\| \tag{2-8}$$

$$\sum_{j=1}^{i-1} d_j + \sum_{j=i+1}^{n-1} d_j \leqslant 2D \tag{2-9}$$

$$\sum_{j=1, j \neq i}^{n-1} d_j + d_i = 2D \tag{2-10}$$

其中，D 是 B_{ase} 弧长的一半，公式(2-9)指明线段 AB 的位置包含了轮廓 B_{ase} 的中心点 c，线段 AB 分解轮廓 B_{ase} 为两部分，其中任何一部分都小于或等于半弧长 D，如式(2-9)所示，且公式(2-10)说明该两部分和线段 d_i 的等量关系。

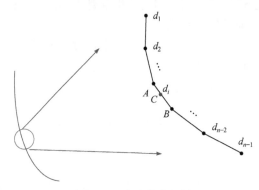

图 2.10　定比分点解析

通过公式(2-10)的计算可以得到如图 2.10 所示的线段 AB，由图 2.10 中的几何关系可以得出线段定比分值 λ 和中心坐标 c，分别如式(2-11)和式(2-12)所示：

$$\lambda = d_{AC}/d_{CB} = \left(D - \sum_{j=1}^{i} d_j \right) \bigg/ \left(D - \sum_{j=i+1}^{n-1} d_j \right) \tag{2-11}$$

$$c = \left(\frac{x_A + \lambda x_B}{1+\lambda}, \frac{y_A + \lambda y_B}{1+\lambda} \right) \tag{2-12}$$

其中，λ 是线段 AB 的定比分值，A 点的坐标形式是 (x_A, y_A)，B 点的坐标形式是 (x_B, y_B)。c 被用于遮挡部分轮廓的计算，本章采用的方法是将用户输入部分的轮廓 B_{ase} 以鼠标输入的起点和端点组成的直线为对称轴进行镜像得到 B'，如图 2.11 所示，直线 l_1 是用户交互绘制的起点和端点连线形成的直线，l_2 是将直线 l_1 进行平移且过中心点 c 的直线，采用 l_1 和 l_2 相平行的方法是为了保证镜像后的 B' 的端点和起点与 B_{ase} 的起点和端点不会有太大的分离或者出现交叉的现象。同时，为了获得较好的结构，本章对镜像轮廓和原轮廓的交接处进行了 G1 连续平滑处理[19]。最终得到的整个基结构的点集用 $\overline{B}$ 表示，即

$$\overline{B} = F_{lip}\left(B_{ase}, l_2, \Delta \right) + B_{ase} \tag{2-13}$$

其中，$F_{lip}\left(B_{ase}, l_2 \right)$ 表示对集合 B_{ase} 以 l_2 为轴进行翻转后得到的图形；Δ 表示从图 2.11 中 B 移动到 B' 的位移变化量。得到了基的点集 $\overline{B}$，实际上本章方法得到的是二维坐标点集并将它转换到鼠标点集的二维坐标系下，进行坐标系的统一。接下来需

要根据计算机图形中的逆矩阵变换方法函数,反向解算出三维图形库的处理流程,在此过程中使用视图和投影矩阵以及用于裁剪的视口把顶点屏幕坐标转换成相应的世界坐标。

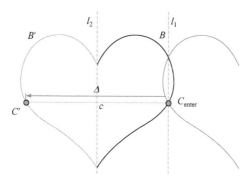

图 2.11　遮挡部分镜像解析

针对正方形基的创建同样需要结合用户操作,如图 2.12 所示,在立方体基标定时,用户点击 A、B、C 三处,通过三维空间的逆变换,即可以获得相应的空间坐标。设定 B 点的三维空间坐标 z 值小于 A 点的 z 值且 AB 之间的深度距离 $\varPhi$ 是定值。结合 A、B 点所在的图像坐标的位置,可得

$$z_B = \begin{cases} z_A, & S_B = S_A \\ z_A - \varPhi, & S_B < S_A \\ z_A + \varPhi, & S_B > S_A \end{cases} \tag{2-14}$$

其中,S_A 和 S_B 是 A、B 的二维图像坐标。在三维空间中有点 $A(x_A, y_A, z_A)$,$B(x_B, y_B, z_B)$,$C(x_C, y_C, z_C)$。根据 $\overrightarrow{AB} \perp \overrightarrow{AC}$,求解得

$$z_C = \pm\sqrt{\|AB\|^2 - (x_A - x_C)^2 - (y_A - y_C)^2} + z_A \tag{2-15}$$

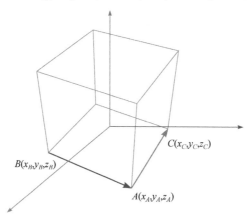

图 2.12　立方体图形配准示意图

在进行基绘制时，为了增强效果，本章为用户提供了更多的交互操作，包括让基按照某一空间坐标轴进行旋转，用户可以实时浏览基结构经过旋转后的投影图像和实际图片中的轮廓的匹配效果，也可以进行细微调整。

基结构创建的最后一步，需要对它进行三角剖分[20]，将基结构进行网格化，本章将基结构进行三角剖分后形成的网格称为基平面，如图 2.13 所示，(a)表示底面基结构，(b)是基平面，(c)是基结构三角剖分后的三维线框图。

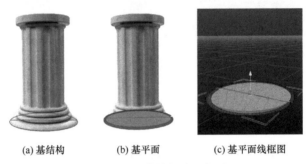

　　(a) 基结构　　　　　　(b) 基平面　　　　　(c) 基平面线框图

图 2.13　基结构创建示意图

2.4.2　边结构的创建

在 2.1 节中已经介绍，检测到了图片中建模对象的轮廓，即得到了该物体的边缘信息。本章中使用点集的形式表示轮廓，同样，本章方法也使用点集的形式表示边结构 $S = \left\{ s_i = (x_i, y_i) \right\}_{i=0}^{m-1}$。由图 2.14(a)中的结构可知，边是轮廓点集 C 去掉基和帽剩余的点的集合，本章方法用 $T = \left\{ t_i = (x_i, y_i) \right\}_{i=0}^{K-1}$ 来表示帽的点集，得

$$S_{i=0}^{m-1} = C_{i=0}^{N-1} - B_{\text{ase}\,j=0}^{n-1} - T_{k=0}^{K-1} \tag{2-16}$$

根据 2.2 节中的对称轴检测和拟合得到的对称轴 $f(x)$，可以将边(side)结构分解为两侧 $P_{\text{left}} = \{p_a, \cdots, p_b\}$，$P_{\text{right}} = \{p_b, p_{b+1}, \cdots, p_a\}$，如图 2.14(b)所示。其中 p_a 是边结构起点，p_b 是边结构上的某个点。对任意边结构上的点 $p_i = (x_i, y_i)$，将其代入公式(2-17)，如果满足 $\left\| f(x_i) - y_i \right\| = 0$，说明该点在中轴曲线 $f(x)$ 上，这种情况几乎不存在，所以本章选择忽略不计；如果满足 $\left\| f(x_i) - y_i \right\| \neq 0$，则点 p_i 在 $f(x)$ 曲线的"左右侧"(实际操作中情况可能不尽相同，本章以"左右侧"做介绍)，当 $\left\| f(x_i) - y_i \right\| < 0$ 时(本章从水平由左至右的方向考虑)，点 p_i 在 $f(x)$ 曲线的"左侧"；当 $\left\| f(x_i) - y_i \right\| > 0$ 时，点 p_i 在 $f(x)$ 曲线的"右侧"。根据每个点 p_i 计算的结果，本章方法添加到相应的 P_{left} 和 P_{right} 集合中去。最终的边结构可简化用公式(2-18)表示。

$$f(x) = a_0 + a_1 x + a_2 x^2 + \cdots + a_k x^k \tag{2-17}$$

$$S = \{s_i\}_{a=0}^{n-1} = \left\{ P_{\text{left}a}^{\ b}, P_{\text{right}b}^{\ a} \right\} \tag{2-18}$$

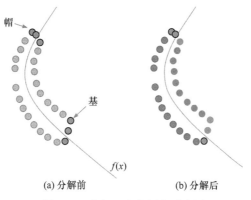

(a) 分解前　　　　　　　　　(b) 分解后

图 2.14　分解"左右侧"示意图

2.4.3　帽结构的创建

本章对于帽结构的创建是基于基结构而进行的，首先当物体的基结构和帽结构具有相同的结构时，帽结构默认是基结构的复制；具有不相同的结构时，需要对帽结构进行提取，包括进行边缘检测和平滑处理。但考虑到大多数情况下帽结构位于图片的顶部，对于复杂图片帽结构的轮廓信息很难被分割开来，因此需要结合用户操作，用户只要沿着帽结构进行移动，即可以通过算法自动分割出帽结构二维坐标信息，如图 2.15 中 C_2 所示。其中 C_1 是由底面基结构复制得到并映射到二维空间中的轮廓，p_0、p_1 和 C_{enter} 在一条直线上。为了得到 C_2 在三维空间的坐标，并且 C_1 和 C_2 的三维空间图形是在同一个平面上，C_1 的三维空间表示为 V_{C1}，C_2 的三维空间表示为 V_{C2}，p_0、p_1 和 C_{enter} 三维点分别表示为 V_0、V_1 和 V_{center}。定义三维空间到二维空间的映射关系表示符号为 →，例如 $V_{C1} \rightarrow C_1$，$V_1 \rightarrow p_0$。因为 p_0、p_1 和 C_{enter} 在一条直线上，所以 V_0、V_1 和 V_{center} 也是在一条直线上。将 V_0 沿着直线向 V_{center} 等间距 d 运动到 V'，将 $V' \rightarrow p'$，计算此时 p' 的二维坐标和 p_1 坐标是否近似相等，不相等的话 V_0 继续运动，相等或在一定误差范围内的话，记录当前 V' 点的坐标为 V_1 空间坐标。同样的方法，计算 V_{C1} 上面所有点沿着 V_{center} 方向等距运动到 V_{C2} 对应的 V' 点，再将 V' 映射到二维空间 p'，并保证 p' 和 C_2 上对应的点近似相等，即可求解出帽结构的三维空间坐标。

当出现如图 2.16(a)所示的帽结构具备特殊性的时候，考虑到这种帽结构的形变和不规则程度较大，本章增加了编辑功能，如图 2.16(c)所示。通过鼠标编辑帽结构在三维空间的线条形状。首先将帽结构的点集转换成曲线，通过添加、删

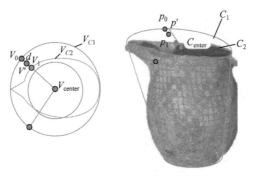

图 2.15　帽结构创建示意图

除、移动锚点和控制杆，实现帽结构点在三维空间位置上的调整。在实现的过程中，首先将基结构的点集进行平滑处理，对每个点添加可选中属性，从而实现点的选择、移动、删除和移动功能等。控制杆的方向创建保持和该点在基结构的切线方向一致。

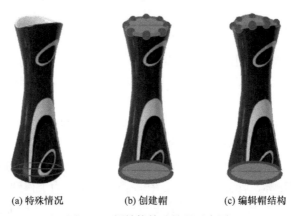

(a) 特殊情况　　　　　(b) 创建帽　　　　　(c) 编辑帽结构

图 2.16　帽结构特殊情况示意图

2.4.4　点对的创建

2.4.2 节中创建了边的结构，接下来的工作是根据边结构 $S=\{P_{\text{left}},P_{\text{right}}\}$ 创建点对(point pair)。点对集合指的是在创建的边结构的基础上，将点集 P_{left} 和点集 P_{right} 采样化后，点集 P_{left} 的某个点和点集 P_{right} 的某个点形成空间位置上的"一一对应"关系，即是点对，所有的点对形成点对集合，如图 2.17 所示。其中采样处理指的是对 P_{left} 和 P_{right} 进行等数量采样，保证 P_{left} 和 P_{right} 采样后点的数量保持一致。

点对的"一一对应"关系确立的过程是首先对 2.2 节中得到的对称轴进行均匀采样，再对采样后的对称轴的每个点求切线，利用切线方向和该点，创建经过该点的法线，分别计算两侧的点集 P_{left} 和 P_{right} 到轮廓点的最小距离的点，如图 2.19

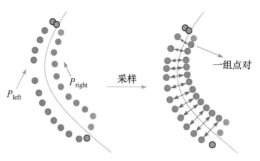

图 2.17　创建点对示意图

中的紫色点和黄色点所示。具体实现如下，对对称轴利用公式(2-17)计算一阶导数点 p_i(边结构上的点)的切线方向向量 $\boldsymbol{T}_i = \left(1, f'(x_i)\right)$，利用向量 $\boldsymbol{T}_i$ 和点 p_i，创建过 p_i 的法线向量 $\boldsymbol{N}_i$ 且 $\boldsymbol{N}_i \perp \boldsymbol{T}_i$，则法线函数为

$$N(x) = \frac{x_i - x}{f'(x_i)} + y_i \tag{2-19}$$

其中，$p_i = (x_i, y_i)$。2.4.2 节中已经将边结构分解成 P_{left}、P_{right} 两侧的点集，分别计算每侧点集到法线的距离最短的点 $p_{1\text{left}}$、$p_{2\text{left}}$、$p_{1\text{right}}$、$p_{2\text{right}}$，如图 2.18 所示，其中 $p_{1\text{left}}$ 和 $p_{2\text{left}}$ 在 $\boldsymbol{N}_i$ 的一侧，$p_{1\text{right}}$ 和 $p_{2\text{right}}$ 在 $\boldsymbol{N}_i$ 的另外一侧。点 $p_1 = \overrightarrow{p_{1\text{left}}p_{2\text{left}}}$ $\cap \boldsymbol{N}_i$ 即是逼近相交法线的轮廓点，同理另一侧 $p_2 = \overrightarrow{p_{1\text{right}}p_{2\text{right}}} \cap \boldsymbol{N}_i$，这样得到的两个点理论上组成一组点对 $pp = (p_1, p_2)$。那么如何计算 p_1 和 p_2 的坐标呢？

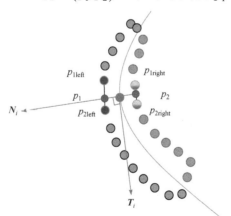

图 2.18　一组点对示意图

为了进一步逼近实际中法线分别和 P_{left}、P_{right} 的交点，即 p_1 和 p_2，如图 2.19 中左侧红点所示。定义图 2.19 右侧的线段 $\|p'p_2\| \approx \|p_1p_2\| \approx \text{Dis}(p_2, N(x))$。$\text{Dis}(p_2, N(x))$ 表示 p_2 点到切线 $N(x)$ 的欧氏距离值。线段 $\|p_{1\text{left}}p_{2\text{left}}\|$ 已知，通过

定比分公式[16]，求解出 p_1 点的坐标，计算 p_1 和 p' 的中点以减少误差。最终 p_1 点的坐标为

$$p_1 = \frac{1}{2}\left(\frac{x_B + \lambda x_C}{1+\lambda} + x_A, \frac{y_B + \lambda y_C}{1+\lambda} + y_A \right) \tag{2-20}$$

其中，p' 点的坐标是 $(x_{p'}, y_{p'})$；p_1 点坐标是 (x_{p1}, y_{p1})；$\lambda = \|p_1 p_{2\text{left}}\| / \|p_1 p_{1\text{left}}\|$。经过逼近后算出 p_2 点的坐标，同理计算右侧的对应点的坐标，这样得到的两个点组成一组点对 $pp = (p_1, p_2)$。采样后的对称轴中的每个点和边结构的交点不为空集的时候计算出的点对就加入到点对集合中，最后形成多个点对组成的点对集合，如图 2.20 所示。

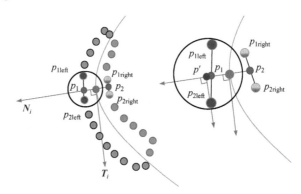

图 2.19　逼近点对坐标示意图

图 2.20　点对创建示意图

2.4.5　层结构的创建

　　层结构的创建是基于点对的创建。层创建的数量取决于 2.4.4 节所述的点对集合中点对的数量，层的基本形状取决于基平面和帽结构。例如，当建模对象是圆柱形的时候，基结构和帽结构都是圆形，其中基平面是圆形的面，所以层结构也是圆形；如果基平面是圆形面而帽结构是三角形，那么层结构的形状是两者之间的过渡形状。在本章中层结构需要创建多个，因此，每个层结构在图像坐标系

下会有"相对变化"(平移、缩放、旋转)，而"相对变化"取决于点对的位置、旋转角度和缩放尺度。通常情况下，计算点对的中心点坐标、缩放比例和旋转角度，将基结构进行复制和"相对变化"(几个变换)到该点对的中心点标，形成此中心点所在的层。同理，其他层也是同样处理。

　　总的来说，层结构的形状取决于基结构和帽结构，层结构的数量取决于边结构，边结构指定了层的 y 方向(图像坐标系下 y 轴的相对于基结构的位移向量)的空间位置，点对决定了层的缩放比例 s、旋转角度 θ，简要公式表示如下。层结构创建的结果如图 2.21 所示。

$$f\left(l_{\text{ayer}}\right)=f\left(B_{\text{ase}},\boldsymbol{y},s,\theta\right) \tag{2-21}$$

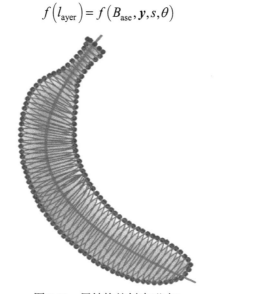

图 2.21　层结构的创建(蓝色)

2.5　本 章 小 结

　　本章的主要内容包括轮廓的提取、对称轴的提取和拟合、BLCS 结构模型的定义以及创建。首先，文中前背景分割得到的建模对象的边缘是本章进行三维建模的输入，同时本章也提出了多轮廓的提取和分离的解决办法，为复杂物体建模的实现提供了可能。其次，描述了对称轴提取的方法和拟合方法。为了解决非直线对称轴的边结构创建问题，本章描述了多种对称轴提取方法和对称轴的拟合，解决了部分不规则或不对称物体的对称轴问题，例如弯曲对称轴是传统方法无法提取到的。接着，本章提出了 BLCS 结构模型，并给出了具体的定义和特征。最后，详细描述了 BLCS 结构的创建过程。本章的内容是三维建模方法的关键步骤，特别是 BLCS 结构的创建，是下一步三维建模算法的基础。

参 考 文 献

[1] Gastal E S L, Oliveira M M. Shared sampling for real-time alpha matting[J]//Computer Graphics Forum, 2010, 29(2): 575-584.

[2] Bai X, Sapiro G. A geodesic framework for fast interactive image and video segmentation and matting[R]. Minneapolis: Minnesota University, 2007.

[3] Rother C, Kolmogorov V, Blake A. Grabcut: Interactive foreground extraction using iterated graph cuts[J]//ACM Transactions on Graphics, 2004, 23(3): 309-314.

[4] Kiruthikaa R. An implementation of watershed based image segmentation algorithm using FPGA processor[J]. International Journal of Science and Research, 2013, 2(12): 399-402.

[5] Canny J. A computational approach to edge detection[J]. IEEE Transaction on Pattern Analysis and Machine Intelligence, 1986, (6): 679-698.

[6] Harris C, Stephens M. A combined corner and edge detector[C]//Alvey Vision Conference, 1988: 147-151.

[7] Longin J L, Rolf L. Convexity rule for shape decomposition based on discrete contour evolution[J]. Computer Vision and Image Understanding,1999,73(3): 441-454.

[8] Hassan H M I, Debnath S, Ahmed T. Symmetrical axis determination and center curve[J]. International Journal of Computer Applications, 2012, 57(2): 25-29.

[9] Shen W, Bai X, Hu R, et al. Skeleton growing and pruning with bending potential ratio[J]. Pattern Recognition, 2011, 44(2): 196-209.

[10] Giesen J, Miklos B, Pauly M, et al. The scale axis transform[C]//Proceedings of the 25th Annual Symposium on Computational Geometry, 2009: 106-115.

[11] Montero A S, Lang J. Skeleton pruning by contour approximation and the integer medial axis transform[J]. Computers & Graphics, 2012, 36(5): 477-487.

[12] Li P, Wang B, Sun F, et al. Q-mat: Computing medial axis transform by quadratic error minimization[J]. ACM Transactions on Graphics, 2015, 35(1): 8.

[13] Mayya N, Rajan V T. Voronoi diagrams of polygons: A framework for shape representation[J]. Journal of Mathematical Imaging and Vision, 1996, 6(4): 355-378.

[14] Bai X, Latecki L J, Liu W Y. Skeleton pruning by contour partitioning[C]//International Conference on Discrete Geometry for Computer Imagery, 2006: 567-579.

[15] Weisstein E W. Least squares fitting-polynomial[DB/OL]. http://mathworld.wolfram.com/Least SquaresFittingPolynomial.html.[2024-1-5].

[16] Cao Y P, Ju T, Fu Z, et al. Interactive image-guided modeling of extruded shapes[J]//Computer Graphics Forum, 2014, 33(7): 101-110.

[17] Chen T, Zhu Z, Shamir A, et al. 3-sweep: Extracting editable objects from a single photo[J]. ACM Transactions on Graphics, 2013, 32(6): 195.

[18] 赵珍. 线段定比分点公式的几种推导及定比λ [J]. 理科爱好者, 2004, (20):67-68.

[19] 孙季川, 柴振明. G1 连续的 Bezier 曲面块多面体平滑[C]//中国电路与系统学术年会, 1992: 143-146.

[20] Chazelle B, Incerpi J. Triangulation and shape-complexity[J]. ACM Transactions on Graphics, 1984, 3(2): 135-152.

第3章 基于单张图片的广义柱形物体三维建模技术研究

第 2 章中创建了广义柱形物体的 BLCS 结构,本章在此基础上介绍曲线变形、相邻层间建模技术、模型贴图处理,以及多格式模型文件的输出。其中曲线变形是为部分不规则物体建模提供解决方案;相邻层间建模技术是本章提出的三维建模的主要方法;模型贴图处理是为了增加真实感效果;最后,为生成的三维模型提供了多格式模型文件的输出。

3.1 曲 线 变 形

曲线变形(曲线 Morphing)指的是从一个曲线变形到另一个曲线,从而生成中间变形结果的过程[1]。曲线变形的输入源和输出源是固定的,输出的结果是从源曲线到目标曲线的中间过程[2]。曲线变形是计算机图形学中一个非常活跃的研究领域[3,4],它涉及数学理论、构造渐进式和连续变换的算法。这类问题通常可以分为两个步骤:第一,顶点对应问题,它建立了两个形状之间的对应关系[5];第二,曲线点的路径问题,实际上它决定了插值的形状。给出两个参数曲线 $\gamma_0 : I_0 \to R^2$ 和 $\gamma_1 : I_1 \to R^2$,这两条曲线之间的变形是求任意 $t \in [0,1]$ 使得存在一个曲线满足 $\gamma_t : I_t \to R^2$,且 γ_t 在 t 处是连续的。其中 γ_t 是介于 $\gamma_0 : I_0 \to R^2$ 和 $\gamma_1 : I_1 \to R^2$ 之间的连续差值变换且与参数 t 相关。从五边形变换到鲨鱼的形状,生成 6 个中间过程的形状,中间过程的形状介于输入源曲线和输出源曲线之间,从而达到一种连续变形的状态(图 3.1)。

在给定空间中的源点和目标点后,有无限种方式从点 p_1 到 p_2 ,最简单的方式是进行线性插值,每个中间点 $p(t)$ 称为 p_1 和 p_2 的加权平均值,同时也满足如下公式:

$$p_t = (1-t) p_1 + tp_2, \quad t \in [0,1] \tag{3-1}$$

$$\begin{cases} \mathrm{Dis}(p_1, p_t) = \mathrm{Dis}(p_1, p_2) \cdot t \\ \mathrm{Dis}(p_t, p_2) = \mathrm{Dis}(p_1, p_2) \cdot (1-t) \end{cases} \tag{3-2}$$

其中, Dis 函数表示的是两个点之间的欧氏距离。显而易见,当满足 $t = 0.5$ 的时候, p_t 是 p_1 和 p_2 点的中心。基于加权平均的概念,本章使用了相似的方式定义

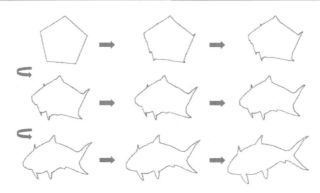

图 3.1　五边形变换到鲨鱼的形状

了在任意空间 U 的曲线 Morphing 变换。本章定义欧氏距离计算函数 $\mathrm{Dis}(x,y)$，$x,y \in U$，Morphing 变换是从源曲线 S_0 变换到目标曲线 S_1 的过程，中间过程中产生的新的曲线对象 $S_t(t \in [0,1])$ 具备的属性如下：

$$\begin{cases} \mathrm{Dis}(S_0,S_t) = \mathrm{Dis}(S_0,S_1) \cdot t \\ \mathrm{Dis}(S_t,S_1) = \mathrm{Dis}(S_0,S_1) \cdot (1-t) \end{cases} \tag{3-3}$$

在公式(3-3)定义下，曲线 Morphing 的问题转换成在相应的曲线对象空间中加权均值的计算。Jiang 等[6]利用字符串的加权平均值来描述曲线的变形。为了表示曲线，首先需要构造字符串表示曲线，并用字符串表示曲线的空间距离函数。

假设 2D 曲线用 $S = (x_1,y_1) \cdots (x_n,y_n)$ 的点集表示，为了将曲线转换成字符串的表示形式，首先对 S 做采样处理，采样距离是 Δ，即采样后的点集表示为 $\overline{S} = (\overline{x_1,y_1}) \cdots (\overline{x_m,y_m})$，$\Delta = \left\| (\overline{x_i,y_i}),(\overline{x_{i+1},y_{i+1}}) \right\|$，其中 $i \in [1,m-1]$。将曲线转换成字符串向量集合 $Z = z_1,\cdots,z_{m-1}$，其中 $z_i = \overrightarrow{p_i p_{i+1}} \left[p_i = (x_i,y_i), \quad p_{i+1} = (x_{i+1},y_{i+1}) \right]$。

利用编辑距离算法[7]，定义 θ 表示空对象，$|Z|$表示字符串 Z 的长度，则$|\theta|$=0。编辑操作的定义如下($\partial,\beta \in Z$)：$\partial \to \beta$ 表示替换操作，$\partial \to \theta$ 表示删除操作，$\theta \to \partial$ 表示添加操作。如果 $\alpha = \beta$，则 $\partial \to \beta$ 是等同替换；定义一个损失函数 C_{ost} 来衡量每个编辑操作所花费的成本且函数 C_{ost} 的值是非负数。根据定义得到 $C_{\mathrm{ost}}(\partial \to \theta) = |\partial| = C_{\mathrm{ost}}(\theta - \partial) = \Delta$，$C_{\mathrm{ost}}(\partial \to \beta) = |\partial - \beta|$。替换操作的最小损失函数值是 0(当 $\alpha = \beta$)，最大值是 2Δ(当 ∂ 和 β 平行且反向)。对一个字符串所有编辑操作的集合为 $E = \{e_1,e_2,\cdots,e_k\}$，损失函数为

$$c(E) = \sum_{i=1}^{k} c(e_i) \tag{3-4}$$

使用上面介绍的符号，两个字符串的编辑距离可以定义为将 S_0 转换为 S_1 的所有编辑操作的最小代价 $d(S_0,S_1) = \min\{c(E)\}$，其中 S_0 和 S_1 要转换成 Z_0 和 Z_1 代入

计算。使用动态规划算法计算编辑距离矩阵 $d(i,j)$ 其中 $x=Z_0$ 和 $y=Z_1$。编辑距离矩阵计算公式如下：

$$d(i,j)=\begin{cases} 0, & i=0,j=0 \\ d(0,j)=d(0,j-1)+\Delta, & i=0,j\neq 0 \\ d(i,0)=d(i-1,0)+\Delta, & j=0,i\neq 0 \\ \min\big(d(i-1,j-1)+c(x_i-y_j),d(i,j-1)+\Delta,d(i-1,j)+\Delta\big), & i\neq 0,j\neq 0 \end{cases}$$

(3-5)

公式(3-5)能够得到将曲线 S_0 转换为曲线 S_1 的最优编辑操作序列，由于对于字符串 S_0 和 S_1，S 是从 S_0 变换到 S_1 的最优编辑操作序列，对于任何 S 的子序列 S'，对应的损失函数 $\lambda=\sum e\in S'c(e)$，都可以通过 S' 到 S_0 构建一个字符串 S_t，且 $d(S_t,S_0)=\lambda$ 和 $d(S_t,S_1)=d(S_0,S_1)-\lambda$[6]，结合公式(3-3)可以得出字符串 S_t 满足公式(3-6)，通过 $t=\dfrac{1}{k+1},\cdots,\dfrac{i}{k+i},\cdots,\dfrac{k}{k+1}$ 取不同的值时，可以生成 k 个中间层为

$$\begin{cases} d(S_t,S_0)=\lambda=t\cdot(S_0,S_1) \\ d(S_t,S_1)=(1-t)\cdot(S_0,S_1) \end{cases}$$

(3-6)

3.2　相邻层间的建模技术

本节描述相邻层间的建模技术，包括相邻层、相邻层间建模。其中相邻层在规则物体建模过程中是层结构集合中任意两个相邻的层结构的组合；在部分不规则物体建模过程中，层结构需要先结合曲线 Morphing 生成中间层结构，中间层和原有的层结构组成新的集合后，任意相邻的两个层结构组成相邻层。相邻层间建模详细地描述了如何构建相邻层结构之间的三维模型网格。

3.2.1　相邻层

3.1 节使用曲线变形的方法生成了介于两个相邻的层结构之间的中间结果，本节用集合 $L=\{l_i\}_{i=0}^{m-1}$ 表示所有的层结构，l_i,l_{i+1}，$i\in[0,m-1]$ 表示相邻的两个层结构(图 3.2)，曲线变形后生成结果为 k 个层结构的集合用 $L'=\{l'_j\}_{j=0}^{k-1}$ 表示，最终生成的所有层结构用 $\overline{L}$ 表示为

$$\overline{L}=\{l_i,L',l_{i+1}\}_{i=0}^{n-1+k}=\{l_i,\{l'_j\}_{j=0}^{k-1},l_{i+1}\}_{i=0}^{n-1+k}$$

(3-7)

其中，n 表示原有的层结构的数量；k 表示曲线变形后生成中间层的数量。

在得到了边结构的集合 $\overline{L}$ 后，本章方法定义相邻层是在边结构的集合 $\overline{L}$ 中任意相邻的两个边结构元素的组合。相邻层中的元素在空间中具有连续性，且具有

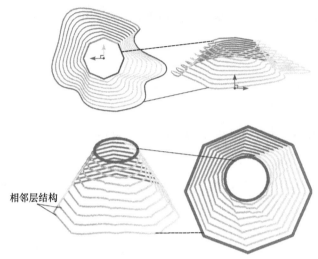

图 3.2　曲线变形效果图

很高的相似度，这取决于曲线变形的过程进行了等距离采样。在得到了相邻层的信息之后，下一步的工作是进行相邻层之间的建模。

3.2.2　相邻层间建模

3.2.1 节描述了层结构集合 $\bar{L}$ 和相邻层的定义，本节用 $\bar{L}=\left\{\left(\bar{l}_\alpha,\bar{l}_{\alpha+1}\right)\right\}_{\alpha=0}^{N-1}$ 表示集合，用 $\overline{ll}_\alpha=\left(\bar{l}_\alpha,\bar{l}_{\alpha+1}\right)$ 表示集合 $\bar{L}$ 中第 α 个相邻层结构。本节讨论的是三维建模的过程，主要是对相邻层 $\overline{ll}_\alpha$ 的三维建模，具体指的是对 ll_α 创建三维网格。三维网格的数据结构可以理解为一个图结构：点、边、面。可以是有向图，比如半边结构，也可以是无向图。目前流行的三维模型格式都有不同的三维网格数据结构，主要体现在网格连接关系的存储构成上，例如对于某个点是否存储其邻域的面、边、点等信息；边是否存储其邻域面信息等。如果存储的信息太多，虽然能够便于使用，但是会造成数据信息存储量过大，不利于文件的读取和维护，而且会造成数据的冗余。

三维模型的网格结构如图 3.3 所示，红色表示点，绿色表示边，蓝色表示面，

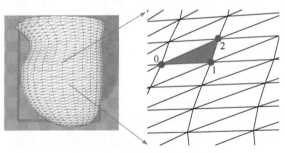

图 3.3　Layer 层网格化示意图

但在实际的网格模型存储数据并不保存线和面的信息，而是保存点的信息和该点对应的索引信息，图中的数字代表着该点的索引值。面信息的存储是由组成该面的三个点的索引信息组成的。本章以逆时针方向作为多边形边的方向。

　　本章叙述的相邻层间建模包括两种情况，第一种情况是针对基平面和第一个层结构的网格创建；第二种情况是除去包含基平面的其他相邻层之间的网格创建。本章使用 $I_{(\alpha,\beta)}$ 表示第 α 个层结构，β 表示第 α 个层结构的第 β 个点的索引值(图 3.4)。

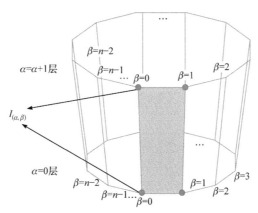

图 3.4　Layer 层中点的索引示意图

　　针对第一种情况下 $\alpha=0$ 时，即第 0 个边结构 $\overline{l}_0$，此时 $\overline{l}_0$ 是基结构。本书在 2.4.1 节中介绍了基结构的创建，同时得到了三角剖分后的基平面 B_{plane}，$\overline{l}_0$ 是基平面 B_{plane} 的"轮廓"，如图 3.5 所示。B_{plane} 网格化后的 β 个点的索引表示为 $I_{(0,0)}, I_{(0,1)}, \cdots, I_{(0,\beta-1)}$，其中 B_{plane} 索引值最大值是 $I_{\max}$。在构建 $\overline{l}_0$ 和 $\overline{l}_1$ 之间的网格时，层 $\overline{l}_0$ 的索引是已知的且满足公式(3-8)所示的 $\alpha=0$ 的条件，其中 N_u 表示每个层的点的个数，$I_{(0,n)}$ 表示第0层第 n 个点的索引值。层 $\overline{l}_1$ 所有点的索引值是在 $I_{\max}$ 的基础上进行构建，同样满足索引值计算公式(3-8)。将 $\alpha=0+1$ 代入式(3-8)计算出第 1 层 $\overline{l}_1$ 的所有点的索引值 $I_{(1,n)}$。为了保证 $\overline{l}_0$ 和 $\overline{l}_1$ 具有相同的点数，在构建网格之前会对 $\overline{l}_0$ 和 $\overline{l}_1$ 进行等数量采样处理，并分别指定欧氏距离最短的两个点作为 $\overline{l}_0$ 和 $\overline{l}_1$ 的起点，即

$$I_{(\alpha,\beta)} = \begin{cases} I_{\max} + \sum_0^{\beta-1} N_u + \beta + 1, & \alpha \geqslant 1, \beta \in (0, N_u) \\ I_\beta, & \alpha = 0, \beta \in (0, N_u) \end{cases} \tag{3-8}$$

　　接下来构建网格的时候，需要先创建四边形(图 3.5 中的 $ADCB$)，它是由两个逆时针排序的三角形组合而成，即 $\triangle ADB$ 和 $\triangle DCB$。创建四边形的索引计算公式

如下：

$$\text{Quad}_{(0,0)} = \left\{ \left(I_{(1,1)}, I_{(1,0)}, I_{(0,0)} \right), \left(I_{(1,1)}, I_{(0,0)}, I_{(0,1)} \right) \right\} \tag{3-9}$$

A 和 B 是满足 $n=0$ 时的起点；C 和 D 是满足 $n=1$ 时的第二个点。所以 A、B、C、D 对应的索引值分别是 $I_{(1,0)}$、$I_{(0,0)}$、$I_{(0,1)}$、$I_{(1,1)}$，其中 $\text{Quad}_{(0,0)}$ 表示第 0 层的第 0 个四边形，$\left(I_{(1,1)}, I_{(1,0)}, I_{(0,0)} \right)$ 和 $\left(I_{(1,1)}, I_{(0,0)}, I_{(0,1)} \right)$ 分别代表 $\triangle DCB$ 和 $\triangle ADB$ 的索引值。使用同样的方法可以得到四边形 $DEFG$、四边形 $ABHI$ 和其他的四边形。

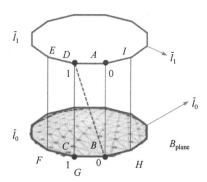

图 3.5　基平面和层结构网格化示意图

针对第二种情况下 $\alpha > 0$ 时，即 $\overline{\mathit{II}}_\alpha$ 中不存在基结构，此时考虑 $\overline{l}_\alpha$ 和 $\overline{l}_{\alpha+1}$ 之间的三维网格构建。和第一种情况相同，首先对 $\overline{l}_\alpha$ 和 $\overline{l}_{\alpha+1}$ 进行等数量采样处理，目的是保证其边结构的点的数量保持一致。接着，$\overline{l}_\alpha$ 和 $\overline{l}_{\alpha+1}$ 的每个顶点索引值满足公式(3-8)，计算索引值分别为 $I_{(\alpha,0)}, I_{(\alpha,1)}, \cdots, I_{(\alpha,\beta-1)}$ 和 $I_{(\alpha+1,0)}, I_{(\alpha+1,1)}, \cdots, I_{(\alpha+1,\beta-1)}$。

接下来，构建网格的时候需要创建四边形(图 3.6 中的 $ADCB$)，由两个逆时针排序的三角形 $\triangle ADB$ 和 $\triangle DCB$ 组合而成，创建四边形的索引计算公式是公式(3-9)的标准形式，如公式(3-10)所示，其中 $\text{Quad}_{(\alpha,\beta)}$ 表示第 α 层的第 β 个四边形，其中 $\left(I_{(\alpha+1,\beta+1)}, I_{(\alpha,\beta)}, I_{(\alpha,\beta+1)} \right)$ 和 $\left(I_{(\alpha+1,\beta+1)}, I_{(\alpha+1,\beta)}, I_{(\alpha,\beta)} \right)$ 分别代表 $\triangle DCB$ 和 $\triangle ADB$ 的索引值。使用同样的方法可以得到四边形 $DEFG$、四边形 $ABHI$ 和其他的四边形(图 3.6)。

$$\text{Quad}_{(\alpha,\beta)} = \left\{ \left(I_{(\alpha+1,\beta+1)}, I_{(\alpha+1,\beta)}, I_{(\alpha,\beta)} \right), \left(I_{(\alpha+1,\beta+1)}, I_{(\alpha,\beta)}, I_{(\alpha,\beta+1)} \right) \right\} \tag{3-10}$$

针对上述的两种情况分析后，对于所有创建好的 $\text{Quad}_{(\alpha,\beta)}$，创建所有三角形的集合 $T_{\text{all}} = \{\text{Quad}_{(\alpha,\beta)}\}_{\alpha \in (0,M)}^{\beta \in (0,N)}$，其中 M 是层的个数，N 是每层点的个数。在实际的实验中结合 2.4.2 节介绍的边的创建，可知每层的"半径"是不同的，用 $r_m = \omega r_{m-1}$ 进行表示。其中 ω 是相邻层之间的缩放比例；不同层之间 $y = \lambda \left(\| S_m - S_{m-1} \| \right)$，其

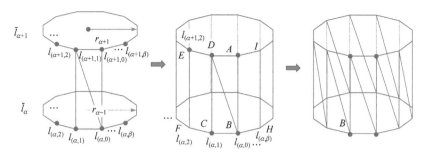

图 3.6　Layer 层网格化示意图

中 $\left\|S_m - S_{m-1}\right\|$ 表示第 α 层和 $\alpha+1$ 层在图像坐标系下 y 轴方向的距离，λ 表示每个像素对应的三维空间的尺寸单位。每个索引对应的点的坐标如式(3-11)所示，其中索引值为 ϕ 的三维点的坐标 $V_\phi = \left(x_\phi, y_\phi, z_\phi\right)$，定义 $V_\phi[x] = x_\phi$，则有

$$V_{\left(I_{(m,n)}\right)} = \left(V_{\left(I_{(m-1,n)}\right)}[x] \cdot \omega, y, V_{\left(I_{(m-1,n)}\right)}[z] \cdot \omega\right) \tag{3-11}$$

3.3　模型贴图处理

3.3.1　图像处理

为了提高三维建模后的真实感和可视化效果，需要对创建的三维物体进行纹理映射。本章使用的纹理映射图片来源于 2.1.1 节和 2.1.2 节中得到的前景、背景和轮廓信息。首先，进行图像分割和降噪处理，即将前景图像分割出来并降噪处理。如果是多轮廓情况按照顺序进行分割和存储。其次，考虑到图像可能存在亮度分布不均匀，还对图像增加了预处理操作。在前景图中提取目标区域，对提取后的区域进行处理，包括调整亮度和对比度、饱和度等。本章采用自动调整图片的对比度和亮度对图像信息进行预处理。主要方法是对图像直方图两侧的像素累积分布数量较少的亮度级别进行裁切，主要依据在该亮度级别的像素的个数是否少于一定的值(通常是少于 1%)。根据直方图的累积分布结果，很容易找到需要裁切的亮度级别。再次，本章方法同样可将可见纹理镜像到被遮挡部分。在一般情况下采用图像的平均像素值填充背景用于纹理的处理，如物体内部的表面(比如说杯子的内部)。本章也使用图像形态学中的膨胀和腐蚀操作处理目标区域的边界。最后，利用泊松融合技术[8]对输入图像的非轮廓区域进行填充(图 3.7)，对源图像前景区域[图 3.7(a)]像素边缘腐蚀，沿轮廓边界进行平滑的内插和修补，运用泊松融合技术进行纹理融合[图 3.7(b)]，最终将贴图映射到三维模型表面[图 3.7(c)]。

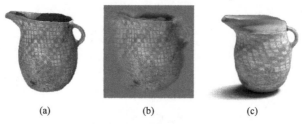

(a)　　　　　　　(b)　　　　　　　(c)

图 3.7　纹理处理示意图

3.3.2　纹理图案合成

本章涉及的应用场景之一是数字文物，部分数字文物的纹理是基于"样图"进行"复制"或者"变换"得到的大规模的纹理图案(图 3.8)。因此本章给出了基于样图的纹理图案合成方法(以下简称纹理图案合成)。纹理图案合成是给定一个小的纹理样图来生成大面积的纹理，同时保证纹理结构的连续性和相似性[9]。基于纹理块的合成算法中，Efros 和 Freeman[10]提出基于块拼接的图像缝合(image quilting)方法。通过对相邻纹理块的交叉区域进行处理，寻找它们的最小误差缝合路径，能够最优化地融合纹理块边缘处的像素信息，但实时性较差。Cohen 等[11]提出生成 Wang tiles 块的方法。通过可拼接的 tiles[12]块来生成大面积的纹理，同时满足实时性的要求。本章采用的是将以上两种方法相结合的方法。在获得纹理块的前提下[图 3.9(a)]，将纹理块拼接成菱形并裁切中间正方形区域[图 3.9(b)]，

图 3.8　纹理处理示意图(左图是样图，右图是大规模纹理图)

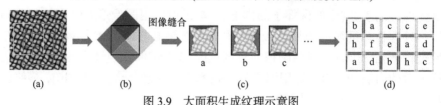

(a)　　　　　(b)　　　　　(c)　　　　　(d)

图 3.9　大面积生成纹理示意图

接下来对新的纹理块用图像缝合方法寻找最小误差缝合路径[图 3.9(c)]，最后创建 tiles 块再整体拼接[图 3.9(d)]。

3.4 多格式模型文件的输出

3.2 节相邻层间建模中介绍了三维模型数据结构在构建网格数据中起到的作用。在得到网格数据后，需要对网格数据进行存储和简化。不同的 3D 格式有着不同的结构和存储方式，一方面是为了避免数据的冗余，另一方面是为了保证算法的高效性。现有的三维模型格式类型包括 AutoCAD 中的 dxf 格式、3Ds Max 中的 3ds 格式和 max 格式、Alias|Wavefront 公司的 obj 格式、3D SYSTEMS 公司设计的 stl 格式、斯坦福大学设计的 ply 格式，以及 AutoDesk Maya 公司的 ma 格式文件等[13]。本章支持的格式输出包括 obj、3ds、stl(ASCII 和 Binary)、ply(ASCII 和 Binary)、stp、cob、dae、dxf、x3d、wrl、off、q3o、ac、ms3d、raw、x、vtk 17 种。三维模型格式输出框架图如图 3.10 所示。

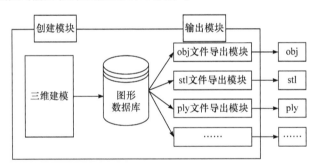

图 3.10　三维模型格式输出框架图

3.5 本 章 小 结

本章主要内容包括曲线变形、相邻层间的建模技术、模型贴图纹理处理，以及最终的多格式模型文件的输出。其中，曲线变形指的是从一个曲线变形到另一个曲线，从而生成中间变形结果的过程。曲线变形的输入源和输出源是固定的，输出的结果是从源曲线到目标曲线的中间过程；相邻层间的曲线变形是曲线变形的一种应用；相邻层间的建模技术是将相邻的两个层结构进行网格化，存储为一定结构的网格数据。本章提出的建模方式是基于层结构的建模，基本步骤是分别求解出相邻层中每个层结构的点的索引值，并根据索引值构建四边形，再分解为三角形，最终网格化，形成三维模型。为了增强三维建模后的真实感和可视化的效果，本章在 3.3 节利用用户输入的源图像进行了图像处理和纹理图案合成，大大地增强了模型的真实感和纹理图案的多样性，最后是三维模型的多格式文件的输出。基于现有的三维模型格式文件的结构，本章介绍了 obj、stl、ply 等多种格式文件的输出，拓展了三维模型的使用范围。

　　本章是在第 2 章 BLCS 结构的基础上进行三维建模的核心章节，详细地描述了基于层结构的三维建模，同时，通过构建曲线变形生成多个中间层结构，不仅增强了模型表面细分，还实现对模型表面的"变形"，为基于单张图片的广义柱形物体三维建模技术提供新方法和思路。

参 考 文 献

[1] Belongie S, Malik J, Puzicha J. Shape matching and object recognition using shape contexts[J]. IEEE Transaction on Pattern Analysis and Machine Intelligence, 2002, 24(4): 509-522.

[2] Liu L, Wang G, Zhang B, et al. Perceptually based approach for planar shape morphing[C]// Pacific Conference on Computer Graphics and Applications, 2004: 111-120.

[3] Sederberg T W, Greenwood E. A physically based approach to 2-Dshape blending[J]. ACM SIGGRAPH Computer Graphics, 1992, 26(2): 25-34.

[4] Xu C, Liu J, Tang X. 2D shape matching by contour flexibility[J]. IEEE Transaction on Pattern Analysis and Machine Intelligence, 2009, 31(1): 180-186.

[5] Zhang Y. A fuzzy approach to digital image warping[J]. IEEE Computer Graphics and Applications, 1996, 16(4): 34-41.

[6] Jiang X, Bunke H, Abegglen K, et al. Curve morphing by weighted mean of strings[C]// Proceedings 16th International Conference on Pattern Recognition, 2002: 192-195.

[7] Levenshtein V I. Binary codes capable of correcting deletions, insertions and reversals[J]. Soviet Physics Doklady, 1966, 10 (8): 707-710.

[8] Pérez P, Gangnet M, Blake A. Poisson image editing[J]. ACM Transactions on Graphics, 2003, 22(3): 313-318.

[9] 薛峰, 成诚, 江巨浪. 基于 Wang Tile 的改进纹理合成算法[J].计算机应用,2010 , 30 (8) :2098-2100.

[10] Efros A A, Freeman W T. Image quilting for texture synthesis and transfer[C]//Proceedings of the 28th Annual Conference on Computer Graphics and Interactive Techniques Association for Computing Machinery, 2001: 341-346.

[11] Cohen M F, Shade J, Hiller S, et al. Wang tiles for image and texture generation[J]. ACM Transactions on Graphics, 2003, 22(3): 287-294.

[12] Karel Culik II. An aperiodic set of 13 Wang tiles[J]. Discrete Mathematics, 1996, 160(1-3): 245-251.

[13] 江水. 三维模型转换引擎及其应用研究[D]. 南京: 南京师范大学, 2007.

第4章　基于单张图片的广义柱形物体三维建模技术的应用

本章的内容是基于本章提出的方法而设计应用程序、实验环境和应用场景并给出实验结果。其中应用场景包括产品快速设计和展示、数字文物和 3D 打印、AR 和 VR 应用。

4.1　应用介绍

SIM 是一个以单张图片作为输入，通过用户交互输出三维模型的应用程序。通过用户的交互，可以实现图片中建模对象的轮廓提取、对称轴提取和拟合、BLCS 结构的创建、曲线变形和相邻层间建模等功能。为了增强三维模型的真实感和多格式输出需求，SIM 实现了模型纹理的处理以及多格式输出，处理过程图如图 4.1 所示。

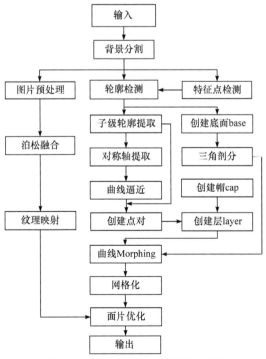

图 4.1　应用程序 SIM 的处理过程图

4.2　实　验　环　境

实验硬件环境以及所使用的工具库如表 4.1 所示。

表 4.1　实验硬件环境及工具库

开发环境	配置
处理器	Intel(R) Core(TM) i7-4500U
操作系统	Windows 10
内存	8.00GB
网络摄像头	Logitech Pro C920
图像处理库	OPENCVSHARP 2.4.8
图形处理库	Unity3D 5.6.0f3
开发语言	C#

4.3　应　用　场　景

基于本章方法的相关应用，下面从产品快速设计和展示、数字文物和 3D 打印，以及增强现实和虚拟现实应用三个方面做出介绍。

4.3.1　产品快速设计和展示

得益于互联网和计算机辅助设计的快速发展，产品设计的周期得到极大缩减，因而诞生了产品快速设计的概念。产品快速设计是植根于计算机辅助设计的产物[1]，它不仅极大地丰富了市场的需求，促进了相关市场的全面发展，而且也推动着计算机技术的不断发展。相对于传统的产品设计流程，产品快速设计往往不需要复杂的前期准备，不需要复杂的计算机绘图软件设计，也不需要员工具备较高层次的专业知识和技术水平，只需要基础的软件使用知识和操作技能，就能实现产品的快速设计和展示。如图 4.2 所示，基于单张图片的广义柱形物体三维建模应用程序，不需要用户有专业的技能和知识，只需要结合本章的用户界面，输入一张图片，结合鼠标键盘操作，既可以实现产品的快速设计，又能实现产品的可视化的三维展示，提高了工作效率。

图 4.3 是本章给出的应用创作出来的产品快速设计的效果图，从模型精度和效果来看，相似性较高。另外，本应用提供了一些辅助编辑工具，可帮助用户进行调节和设计，从而能够在短时间内创作出产品，结合鼠标和键盘的使用可以实现产品的虚拟展示。

图 4.2　SIM 应用程序效果展示图

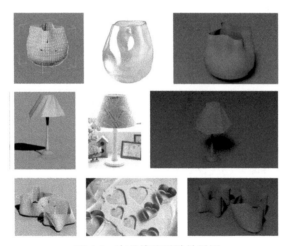

图 4.3　产品快速设计效果图

4.3.2　数字文物和 3D 打印

　　数字技术应用广泛，已经深入到我们生活中的每个角落。无论是人脸识别、网上购物、大数据分析、AR 和 VR，还是影视动画等无一例外地使用到数字技术。数字技术使得它们的发展实现了质的飞跃。毫无疑问，数字技术和文化产业的交流和融合也是必然的。数字技术和文化产业之间的关系在新时代已经具备新的密切关系，这种关系使以计算机为首的信息科技技术为文化产业的数字化提供了技术手段和展现方式[2]。鉴于我国拥有着海量的历史文化资源，我们在继承的同时也可以借助数字化的手段去保存它们。

　　3D 打印技术是以数字三维模型为基础，以塑料、粉末状金属等具有黏合性的物体作为材料，通过打印设备逐层打印创建实体的技术[3]。借助于数字技术和 3D

打印技术，不仅可以通过扫描、建模等数字化的手段得到历史文物的三维数字模型用来保存文物的数据和文物的虚拟展示，还可以利用 3D 打印技术打印出更多的仿制文物实体用于文化交流和宣传，弘扬民族的传统文化和悠久历史。同时，借助于虚拟展示技术，建立在线的"数字博物馆"，可以让世界各地的人们通过互联网浏览到文物和历史文化资源的全貌。使用数字技术同样可以展示流失的文物并对残缺文物进行三维复原，在一定程度上还原历史的本来面目。

　　本章基于单张图片的广义柱形物体三维建模技术实现数字文物的创建。输入一张文物的图片，就能够得到该文物的三维数字化模型，最终结合 3D 打印技术打印出实体，用于数字文物的展示和宣传。图 4.4(a)和(b)分别是本章构建的数字文物的三维模型以及效果图，图 4.4(c)和(d)是实验室的 3D 打印机以及打印出来的 3D 模型图片。

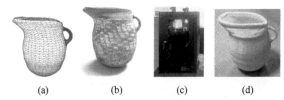

(a)　　　　　　(b)　　　　　　(c)　　　　　　(d)

图 4.4　数字文物三维模型以及 3D 打印效果

4.3.3　增强现实和虚拟现实应用

　　AR 是利用数字技术将数字化的虚拟物体通过计算机实时运算后融合到现实世界中，从而实现对现实增强的一种技术。VR 是使用计算机生成虚拟的三维物体、场景等元素对现实世界进行模拟的一种技术，通过用户交互和三维展示，能够实现一种虚拟真实的体验[4]。从 AR、VR 的概念出发，数字化的三维模型是其共同的重要组成元素，本章提出的建模方法的最终结果也是数字化处理后的三维模型。因此，本章的研究可以用于上述两个领域中的虚拟物体的创建。结合 4.3.2 节中在数字文物方面的应用，本章给出的三维数字模型可以用于"数字博物馆"中数字文物的创建。数字文物为 VR 技术提供了更好的数字内容，与 AR 技术虚实结合产生的魅力，吸引更多的人来了解传统文化和数字文物。

　　图 4.5 是根据本章提出的方法生成的 3D 数字模型应用于 AR 和 VR 的案例。图 4.5(a)是源图片；图 4.5(b)是建模后的效果图；图 4.5(c)～(e)中展示的是在纹理

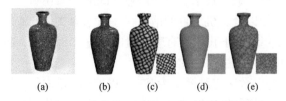

(a)　　　　(b)　　　　(c)　　　　(d)　　　　(e)

图 4.5　增强现实中三维模型及切换纹理效果图

小样卡的基础上合成大规模纹理并应用于数字文物模型的效果图。通过切换纹理小样卡，可以实现不同的纹理切换的效果。

4.4　实　验　结　果

本节展示了基于单张图片的广义柱形物体三维建模技术的实验结果，包含广义圆柱物体的三维重建结果以及不规则物体重建结果(图 4.6)。

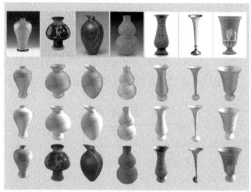

(a) 广义柱形重建结果

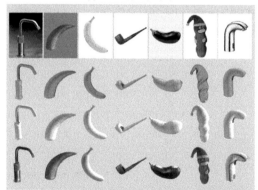

(b) 不规则物体重建结果。第一行为原图，第二行为网格模型，
第三行为三维白模，第四行为带纹理三维模型

(c) 第一列是原图，第二列是网格模型，其余是不同视角结果

图 4.6　实验结果图

4.5　本　章　小　结

　　本章主要介绍了基于单张图片的广义柱形物体三维建模技术的应用场景和领域。4.1 节介绍了本章开发的应用的主要功能和结构。4.2 节介绍了实验环境。4.3节是应用场景介绍和展示，基于本方法最终输出的是三维数字模型的特点，适用的领域包括产品快速设计和展示、数字文物和 3D 打印、AR 和 VR 应用。其中，特别介绍了本章给出方法在快速产品设计方面的优势；有利于文物数字化存储和创建"数字博物馆"；在 AR 和 VR 领域为用户提供更好更多虚实结合的用户体验。4.4 节是三维重建结果展示。实验结果表明，本章给出的方法能够得到较好的实验结果，同时在上述的三个应用领域具有较好的效果和应用前景。

参 考 文 献

[1] 王驰. 面向产品快速设计的知识库系统关键技术研究与应用[D]. 重庆: 重庆大学, 2008.

[2] 赵东. 数字化生存下的历史文化资源保护与开发研究[D]. 济南: 山东大学, 2014.

[3] 李青, 王青. 3D 打印: 一种新兴的学习技术[J]. 远程教育杂志, 2013, 31(4): 29-35.

[4] Zhao H, Huang P, Yao J. Texturing of augmented reality character based on colored drawing[C]//2017 IEEE Virtual Reality, 2017: 355-356.

第5章 基于单幅图像的室内场景三维重建

由于缺乏深度信息和室内场景杂乱等因素，基于二维图像的室内场景三维重建一直处于瓶颈期。在此，本章给出了一种基于神经网络深度特征的室内场景自动建模方法(本章中将其称为"本章方法")。给定一幅单一的 RGB 图像，使用本章方法通过推理室内环境内容，可以同时恢复三维几何关系和对象关系。在该方法中，设计了一种基于卷积网络的由浅入深的语义场景理解和建模体系结构。这一方法涉及多级卷积网络，将室内符号/几何解析为非关系和关系知识，从浅端网络中提取的非关系知识(如房间布局、对象几何)被提升到更深层次来解析物体间的关系(如支撑关系)，并提出了一种关系网络来推断对象之间的支撑关系。综合上述结构化符号和几何知识，可以指导三维场景建模的全局优化。通过对室内场景重建精度、计算性能和场景复杂度的评价，综合定性和定量分析证明了该方法在理解和建模丰富语义的室内场景方面的可行性。

5.1 研究内容简介

室内环境的三维扫描和重建是近年来室内环境研究领域的热点问题之一。透过 RGB 影像认识室内的 3D 内容，对日常生活起到了独特的意义，例如社交媒体的 3D 数码内容的生成，以及虚拟现实和扩增实境的内容合成。基于单幅图像的 3D 场景建模是很具有挑战性的，因为它需要计算机像人类视觉一样仅仅依靠颜色强度感知和理解室内环境。它通常需要混合各种视觉任务[1]，而且其中大多数任务仍处于积极开发阶段，例如对象分割[2]、布局估计[3]和几何推理[4]。尽管机器智能在某些任务(如场景识别[5])上已经达到了类似人类的水平，但这些技术只能实现完整场景内容的片段。由于缺乏深度线索，先前的研究通过利用浅层图像特征(如线段和 HOG(histogram of gradient)描述符[4,6])或引入深度估计[7,8]来搜索目标模型，从而从单幅图像重建室内场景。其他工作采用渲染和匹配策略，以获得其渲染类似于输入图像的计算机辅助设计(computer aided design，CAD)场景[9]。然而，当室内几何图形过于杂乱和复杂时，这仍然是一个未解决的问题。原因有三：第一，复杂的室内场景涉及严重遮挡的物体，这可能会导致在检测中丢失内容[9]；第二，杂乱的环境显著增加了相机和布局估计的难度，这严重影响了重建质量[10]；第三，与真实场景中物体的多样性相比，重构的虚拟环境仍然不尽如人意(如缺少片段、标记错误)。现有的方法已经探索了各种上述先验知识的应用,包括对象支撑关系[7,8]和人类活动[7],意图提高建模质量。然而,若它们的关系(或内容)特性是人为规定的,则不能覆盖混乱场景中的大量对象类别。

不同于以往的工作,本章的工作致力于密集场景的建模。本章方法提取和组装对象语义(即带标签的对象掩码)和几何内容(即房间布局和对象模型),用浅层的神经网络处理为结构化知识(图 5.1)。然后,所有提取的语义和几何图形被传递到更深层的网络堆栈,以推断对象之间的支撑关系,从而指导最终的三维场景建模和全局优化。本章方法利用这些对象支撑关系,在对象多样性和准确性方面提高了建模性能。本章还提出了一种联合估计摄像机参数和房间布局的新方法,与现有方法相比,有助于提高场景建模精度。总括而言,本章方法的贡献如下:

(1) 支撑关系推理的关系网络。这个网络可以预测室内物体之间的支撑关系。它提高了全局场景优化阶段的重建质量,特别提高了遮挡物体布局的精度。

(2) 室内场景合成的全局优化策略。它整合了以前网络的输出,并迭代地恢复了 3D 场景,使其与场景上下文保持一致。它还能有效地推断严重被遮挡物体的形状。

(3) 一个统一的场景建模系统,由卷积神经网络(convolutional neural network, CNN)支撑。利用人工神经网络解析场景内容的能力,从连续的网络中感知和积累潜在的图像特征。它以由浅入深的流线输出紧凑的室内环境内容并自动生成语义丰富的三维场景。

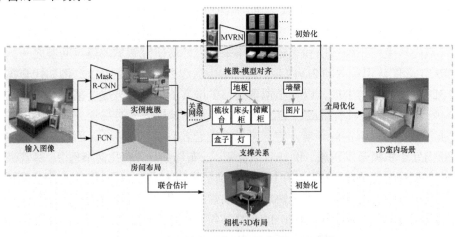

图 5.1　基于单幅图像的室内场景三维建模

5.2　相 关 工 作

5.2.1　室内内容分析

室内内容捕获是构建语义场景的前提。先前的研究已经从多方面对单幅图像输入的场景分析进行了探索,并将其按目标分为两个分支:语义检测和几何推理。在语义检测中,深度学习在提取潜在特征方有令人满意的效果,在获取各种类型的场景语义方面提供了高精确度,如场景类型(卧室、办公室或客厅等)[11]、对象标签(床、灯或图片等)[12]、实例遮罩[13]和房间布局(墙壁、地板和天花板的位置)[10,14]。在这些原始语义上,抽象的描述如场景语法被用来总结成一个层次结构。本章方法将室内内容按功能或空间关系(如从属关系)分组,以便场景理解[15]。与语义检测不同,几何推理是指从图像中捕捉空间线索,例如深度图[16]、表面法线图[17]和对象几何学(包括模型检索[18]和重建[19])。

然而,这些场景分析方法是为特定任务量身定做的。本章方法在它们的基础上设计了整体场景解析步骤。提取和统一语义线索和几何线索,形成结构化知识,用于场景理解和三维建模。

5.2.2　支撑关系推理

这个步骤的灵感来自于一项研究[20],在这项研究中,徒手画的素描被转化为语义上有效的、排列良好的 3D 场景。此研究通过联合处理素描对象,对相互关联的 3D 模型(如椅子和桌子)进行相互检索和相互放置。此研究工作成功地展示了对象之间的关系的重要性,而本章的工作通过自动推断对象支撑关系,为这一重要元素做出了贡献。

支撑关系提供了一种室内对象之间的几何约束,使场景构建更加有力。这源于日常经验,物体需要支撑力来抵消重力。在三维几何形状未知的情况下,RGB图像的支撑关系推理是一个模糊问题,其中的遮挡通常使得支撑部分在视野中不可见。然而,室内家具的摆放一般都遵循一套室内设计原则和生活习惯(例如桌子大部分是由地板支撑的,墙上一般都有图画)。这些潜在的模式使得支撑关系成为一种先决条件,可以通过观察不同的室内房间来了解。早期的研究通过设计特定的优化问题解决了这个问题,同时考虑了深度线索和图像特征。除了推断支撑关系外,许多研究人员还用物体的稳定性和室内安全性来表示支撑条件。此外,支撑关系也是场景语法中的一种空间关系,用于增强对象之间的上下文绑定。其他方法实现支撑关系推理,以理解场景图[7,15]。然而,这些方法要么需要深度信息,要么依赖于人工定义的先验或模型。本章将支撑关系推理问题公式化为一个可视化问题回答(visual question answering,VQA),在其间设计了一个关系网络来端到端(end-to-end)地连接成对的对象并推断它们之间的支撑关系。

5.2.3　单视场景建模

基于 RGB 图像的室内场景建模可以分为两个分支:布局预测和室内内容建模。基于曼哈顿假设,布局预测表示使用线段或 CNN 特征映射[10,14]的长方体建议的室内布局。

为了重建室内场景内容，以往的方法采用长方体形状来恢复目标物体的方向和位置，无须查询 CAD 模型数据集。然而，这样构成的产品的几何细节是薄弱的，因为对象只由边框表示。不采用长方体形状方法，其他方法通过将 CAD 模型与对象图像对齐，在单一对象的位置估计上取得了突破。其他方法利用浅层特征(如线段、边缘和 HOG 特征)[4,6]来分割图像和检索对象模型，或者使用场景数据集作为先验来检索基于共现统计的检索对象的位置。现有方法要求在分析场景内容时使用人工交互或者手工制作的先验，然而本章方法学习到了对象的语义和几何信息，扩展了可处理的对象范畴的能力。

研究人员通过场景语法估计了 RGB 图像的深度图和表面法线图，以优化对象的位置[7]。然而，即使输入分布与训练数据略有不同，深度预测的变化也非常明显。本章提出了一种基于关系网络的场景推理方法，该方法不需要通过裁剪场景语法来改进重构结果，而是将关系推理引入到场景推理过程中，利用关系网络推理出对象关系。并行开发遵循渲染和匹配策略，以优化对象的位置和方向，该策略不涉及任何深度线索和其他关系约束。对 CAD 场景进行迭代，直到它们的渲染图足够接近输入图像。相比之下，本章方法没有涉及额外的深度预测和场景渲染迭代，这显著提高了计算性能。场景建模是建立在统一的 CNN 架构上的，通过子模块对中间语义线索和几何线索进行解析和积累，利用支撑关系进行重组，指导场景建模。

5.3 概　　览

本章方法的框架是建立在这样的假设之上的，即在每个阶段产生的特征可以被积累起来输入到后续的网络中，以便更深入地理解场景。这个过程分为三个阶段，如图 5.1 所示。第一阶段获得非关系语义(即房间布局、对象掩码和标签)，并从一个大型模型库(5.4 节)中检索一小组 3D 候选对象。这部分利用了计算机视觉社区的最新研究成果。为了解决后两个阶段的场景建模问题，本章方法选择了一些方法作为前提条件。在第二阶段，本章方法引入了一个关系网络来推断对象之间的支撑关系(5.5 节)。这种关系语义提供了物理约束，可以将这些非关系信息组织到合理的上下文结构中进行三维建模。第三阶段将三维场景的几何内容组合起来，使其与关系语义和非关系语义相一致(5.6 节)。对三维房间布局和摄像机方位进行联合估计，以保证其一致性。本章方法提供了两个坐标系统(房间坐标系和摄像机坐标系)用于场景建模和优化的全局优化。

5.4　非关系语义分析

5.4.1　二维布局估计

布局估计提供了房间的边界几何形状(即地板、天花板和墙壁的位置)。使用 CNN 产生布局特征，当前工作[10,14]通常要求摄像机参数估计消失点，以便布局方案决策。本章方法采用文献[14]中的完全卷积网络(fully convolutional network，FCN)提取布局边缘图和标注图。这些特征映射提供了二维布局的粗略预测。一个精确的三维布局是联合估计与相机参数来进行进一步的场景建模。

5.4.2　场景分割

本章方法在实例级分割图像，以获得对象类别标签和相应的二维掩码。对象遮罩提供了初始化对象的一些有意义的线索，如大小、三维位置和方向。特别地，本章方法引入了掩码 R-CNN[13]，以捕捉具有实例分割的对象掩码。本章方法通过 ResNet-101 定制了 Mask R-CNN 的背部骨架，并在 MSCOCO 数据集上预先训练了权重。该数据集包含 1449 张密集标记的室内图像，涵盖了 37 种普通图像和 3 种"其他"类别。由于对象掩码在后一阶段起重要作用，本章方法在掩码 R-CNN 中附加密集条件随机域(dense conditional random field，DCRF)，以合并重叠并改进掩码边缘。此外，墙面、地板和天花板遮罩被拆除，因为它们是在二维布局估计中精确决定的。图 5.2 显示了分割样本。

图 5.2　实例分割样本

5.4.3　模型检索

　　模型检索任务是检索 CAD 模型与最相似的外观分割的对象图像，提出了一种基于 ShapeNet 的多视点残差网络(multi-view residual network，MVRN)形状检索算法。类似地[7,9]，本章方法从 32 个观察点(15°和 30°的两个仰角，以及在每个仰角上的 16 个均匀的方位角)对齐并绘制每个模型，以进行外观匹配。采用多视图卷积网络和 ResNet-50 作为特征提取器，从不同角度查看 CAD 模型。设计这种类型的结构是用来模仿人类的眼睛，通过从多个观测点观察同一个物体来识别物体的形状。单个视图的深层特性由一个 2048 维向量表示(即 ResNet-50 的最后一层大小)。这种紧凑的描述符使本章方法能够在向量空间中有效地匹配模型。图像与模型之间的相似度可以用余弦距离来度量：$\max_{i\in[1,32]}\cos\left(f,f_i^m\right)(f,f_i^m\in R^{2048})$，其中 f 和 f_i^m 分别表示物体图像的形状描述符和模型的绘制。此外，本章方法用 ResNet-34 微调匹配模型的方向。图 5.3 显示了本章模型集上的一些匹配样本。候选模型前五名被选中，将进行全局场景优化。

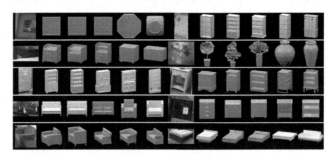

图 5.3　CAD 模型候选

5.5　关　系　推　理

　　5.4 节讲述了如何将室内场景解析为非关系内容，本节的目的是从这些上游输出中提取关系线索，以总结对象之间的支撑关系。这种关系作为物理约束来指导场景建模。例如现有工程所假定的，本章方法考虑了两种支撑类型(即从后面支撑，例如在墙上支撑；或者在下面支撑，例如在桌上支撑)。除了布局实例(墙壁、天花板和地板)外，每个物体都必须由另一个实例支撑。对于由隐藏实例支撑的对象，本章将它们视为由布局实例支撑。

　　与非关系符号不同，关系内容不仅要求对象属性特征，还要求对象之间的上下文联系。因此，将对象特征对与特定任务描述结合起来进行支撑关系推理是关键。它可以直观地表示为一种 VQA 方式：给定分割结果，哪个实例支撑对象 A，是从下面还是从后面支撑? 通过这种观察, 本章方法配置了一个关系网络, 通过链接图像特征来回答这些支撑关系的问题。网络设计如图 5.4 所示。关系网络的上游包括两部分, 分别对视觉图像(带遮罩)和问句进行编码。

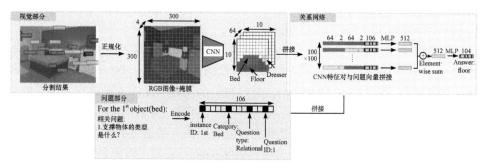

图 5.4　支撑关系推理的关系网络

在视觉部分, RGB 图像(颜色强度, 3 通道)被归一化为[0,1], 并附加掩码(实例标签, 1 通道), 然后对 300×300×4 矩阵进行缩放操作。经过卷积操作, 生成10×10×64 个 CNN 特征矢量。在问题部分, 对每个对象实例, 本章方法通过回答两组问题来定制该方法的关系推理: 非关系和关系; 每组四个问题。以图 5.4 中的床为例, 相关的问题和相应的答案如图 5.5 所示进行编码。本章方法设计了支

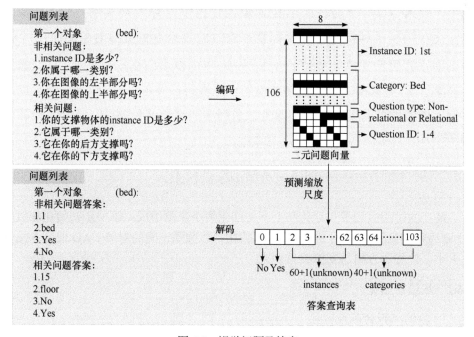

图 5.5　视觉问题及答案

撑关系推理的四个关系问题，以及其他四个非关系问题作为正则化项，使本章方法的网络能够识别本章查询的目标对象。在实施过程中，本章方法用纽约大学 v2 测试数据集来训练网络。在单幅图像中，考虑了 40 个类别的最大 60 个室内实例。因此，对于第一个属于 j-th 范畴的对象，将第 m 组中的第 k 个问题编码为一个 106-d($106 = 60 + 40 + 4 + 2$)二进制向量。

视觉输出和问题部分连接在一起。本章方法用 100 个 64-d 特征向量代表 CNN 的 10×10×64 特征向量，并将所有可能的特征向量对组合成 100×100 对。100×100 特征对附加了它们的 2D 坐标(2-d)，并与编码的问题向量(106-d)进行了详尽的连接，然后通过两个多层感知器回答问题。对每个问题，关系网络输出 0～103 之间的标量。本章方法通过索引问题查找表将其解码为人类语言的答案，如图 5.5 所示。纽约大学 v2 测试数据集非关联问题和关联问题的正确率分别为 80.62%和 66.82%。

在本章的实验中，观察到实例掩码的编号是从对象分割中随机给出的，这破坏了第一个关系问题的网络性能(图 5.5)。在执行过程中，本章方法使用最后三个关系问题来预测支撑对象和支撑类型的范畴，并保留第一个作为正则化术语。通过最大化目标对象与其相邻对象之间的先验支撑概率，来识别出确切的支撑实例，即

$$O_{j*} = \underset{O_j \in N(O_i)}{\arg\max} P\big(C(O_j) | C(O_i), T_k\big), \quad C(O_j) \in SC(O_i) \tag{5-1}$$

其中，O_i 和 $N(O_i)$ 分别表示 i-th 对象及其相邻实例(布局实例与所有对象相邻)；$C(O_j)$ 表示对象 O_j 的类别标签；$SC(O_i)$ 表示 O_i 的支撑对象的前 5 个候选类别；T_k 表示支撑类型，$k = 1,2$。因此 $P\big(C(O_j)|C(O_i), T_k\big)$ 表示 $C(O_j)$ 通过 T_k 支撑 $C(O_i)$ 的概率。先验概率 P 根据训练资料计算得出。O_{j*} 是一个支撑的实例。该过程可以大幅度提高四个关系问题的测试准确率(从 66.82%提高到 82.74%)。

5.6　全局场景优化

最后的过程由场景初始化和上下文细化两个步骤组成。第一步初始化相机、3D 布局和对象属性。第二步涉及迭代精化，以选择正确的对象 CAD 模型并微调其大小、位置和方向与支撑关系约束。

5.6.1　场景初始化

1. 摄像机联合布局估计

摄像机联合布局估计如图 5.6 所示。本章方法通过最小化布局线和图像中消

失线之间的角度偏差来共同估计摄像机参数和精确的房间布局(图 5.6 中的第一部分)。首先，分别使用线段检测器(line segment detector，LSD)和支持向量机(support vector machine，SVM)从原始图像和版式标签图像中检测出线段，利用初始化相机参数检测正交消失点。消失点的质量通过它们穿过的线段的数量和长度来评分。较长的线段(如布局线)有助于引导正交消失线与房间方向对齐(图 5.6 中的 I)。然而，不正确的摄像机初始化参数，特别是混乱的环境，经常会导致错误的 3D 空间布局估计[7]。本章方法包括以迭代方式完成两个任务：①从检测到的线段改善摄像机参数；②产生一个更完善的房间布局。

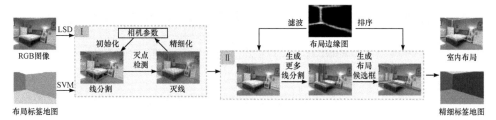

图 5.6　摄像机联合布局估计

本章方法用 $\{\overrightarrow{\mathrm{vp}}_i\}$ 表示三个正交消失点，并用 $L(\overrightarrow{\mathrm{vp}}_i)$，$i = 1,2,3$ 表示穿过 $\overrightarrow{\mathrm{vp}}_i$ 的线段集。两者都是通过齐次坐标来表示的。与 K 平均算法相似，对于第 i 个集群 $L(\overrightarrow{\mathrm{vp}}_i)$，可以通过减小消失点与 $L(\overrightarrow{\mathrm{vp}}_i)$ 中线段的距离，重新估计一个新的消失点 $\overrightarrow{\mathrm{vp}}_i^*$。这个问题可以表示为

$$\begin{cases} \overrightarrow{\mathrm{vp}}_i^* = \underset{\overrightarrow{\mathrm{vp}}_i}{\mathrm{argmax}}\ \varepsilon^{\mathrm{T}} \varepsilon \\ \left[l_1, l_2, \cdots, l_{N_i} \right]^{\mathrm{T}} \overrightarrow{\mathrm{vp}}_i = \varepsilon, \quad i = 1,2,3 \end{cases} \tag{5-2}$$

其中，l_k，$k = 1,2,\cdots,N_i$ 表示群 $L(\overrightarrow{\mathrm{vp}}_i)$ 中一个线段的坐标；N_i 是 $L(\overrightarrow{\mathrm{vp}}_i)$ 的容量。用特征分解的方法求解上述公式，得到对应的最小特征值 $\left[l_1, l_2, \cdots, l_{N_i} \right]^{\mathrm{T}}$ $\left[l_1, l_2, \cdots, l_{N_i} \right]$，作为更新的 $\overrightarrow{\mathrm{vp}}_i$ 的特征向量。之后，相机参数可以通过更新消失点来更新。通过这个方法，可以联合优化消失点和摄像机参数，因为它们是迭代收敛的。

为了获得最佳的室内布局(图 5.6 II)，本章方法去除了布局边缘图(高强度区域)中不存在的线段，并通过将消失点与不同簇的线段交点连接起来，推导出更多的线段。通过广泛地组合这些线段可以生成更多的布局建议(更多细节见文献[14])。利用布局边缘图对布局方案中的每个像素点进行评分，得到总和最大的最优像素点。由于消失点提供了房间朝向，本章方法使用一个三维长方体来拟合室

内布局，以房间角落的位置和布局尺寸作为优化变量。然后对摄像机的内外参数进行估计。带有校准摄像机的 3D 房间布局样本如图 5.7 所示。

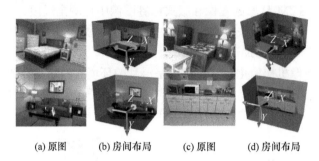

(a) 原图　　　(b) 房间布局　　　(c) 原图　　　(d) 房间布局

图 5.7　带有校准摄像机的 3D 房间布局

彩色箭头表示相机的方向，灰色箭头分别指向地板和墙壁，表示房间布局方向

2. 模型初始化

模型检索(5.4.3 节)提供室内物体的 CAD 模型和方向。本节引入与支撑关系相结合的单视图几何来估计对象的大小和位置，并考虑了物体的遮挡。5.6.1 节得到的房间布局和消失点用于测量每个对象的高度，整个过程如图 5.8 所示。

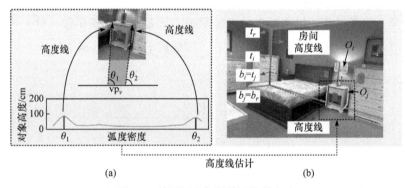

图 5.8　单视图几何学估计物体高度

以图 5.8 中的床头柜和灯为例，物体 O_i(灯)由下面的 O_j(床头柜)支撑。本章方法用 M_j 来表示 O_j 的二维遮罩。$\overrightarrow{vp_v} \in \mathbf{R}^2$ 是图像平面上的垂直消失点。对于 M_j，本章方法用来自 $\overrightarrow{vp_v}$ 的射线扫描掩模边界得到它的高度线[图 5.8(a)]。每条射线将掩模边界上的一个像素与 $\overrightarrow{vp_v}$ 连接。本章方法估计这些射线的弧度的高斯核密度，并提取其弧度在密度上是局部极大值的射线。选择与掩模边界最长相交的“局部最大”射线，并以最长相交作为 O_j 的最优高度线。

为了估计物体的实际高度，本章方法引入单视图几何学进行高度测量[图 5.8(b)]。

具体来说，本章方法以房间高度线作为参考，并通过消失线将对象的高度线映射到参考线上。对于 O_i(灯)，本章方法分别用 t_i 和 b_i 表示其映射高度线的顶部和底部。t_r 和 b_r 分别表示房间高度线的顶部和底部。O_i 的高度可以用交比来计算，即

$$\begin{cases} H_i = A_i - A_j \\[2mm] \dfrac{A_i}{H_r} = \dfrac{\|t_i - b_r\|}{\|t_r - b_r\|}\dfrac{\|\overrightarrow{\mathrm{vp}_v} - t_r\|}{\|\overrightarrow{\mathrm{vp}_v} - t_i\|} \end{cases} \tag{5-3}$$

其中，A_i 和 A_j 分别表示 O_i 和 O_j 的顶部高度(即 $\overrightarrow{t_i b_r}$ 和 $\overrightarrow{t_j b_r}$ 的实际高度)；O_j 在下面支撑 O_i，因此 H_i 才是 O_i 真正的高度；H_r 是房间的实际高度(即 $\overrightarrow{t_r b_r}$ 的实际高度)；$\|*\|$ 代表欧几里得度量。本章方法使用这个公式递归地从 O_i 的顶部高度和支撑物 O_j 之间的差得到 O_i 的真实高度。这种递归策略并不是单独处理它们的实际高度，而是要求按照支撑顺序求解方程。它为本章方法验证支撑类型和解决遮挡问题带来了帮助。例如，如果 H_i 大于零，则支撑类型应为"从下面支撑"。此外，当对象(b_i)被遮挡或没有分割出来时，它的底部通常是不可见的。而在实践中，如果 O_j 是从下面支撑 O_i 的，那么 b_i 和 t_j 在相同的高度。本章方法在计算中用 t_j 代替 b_i 来估计每个物体的实际高度。

与"从下面支撑"的场景不同的是，物体沿垂直方向从地面堆放，对于从后面支撑的物体，支撑表面不能保证有固定的法线方向。在这种情况下，得到一个封闭形式的解决办法要复杂得多。如果 O_i 是由墙壁支撑，本章方法仍然可以通过式(5-3)得到一个准确的估计(即 $\overrightarrow{t_i b_r}$ 和 $\overrightarrow{b_i b_r}$ 之间的高度差)。即使是其他情况(例如物体是由未知的表面支撑的)，本章方法仍然使用这个解决方案来得到一个粗略的估计。为了确保合理的高度估计，本章方法解析扫描网，为每个对象类别生成一个事先的高度分布，并用统计平均值取代这些不合理的估计。

目前，本章方法已经得到了每个物体的高度估计和它相对于地面的高度。根据 5.6.1 节中得到的房间几何形状和摄像机参数，可以利用物体遮罩与其空间位置之间的透视关系来估计物体的三维位置，建议读者参考相关文献以了解更多详情。

5.6.2　内容精炼

当房间非常杂乱时，场景初始化过程中仍可能存在误差，前述处理过程可能不足以解决场景建模的满意度问题。因此，采用上下文细化来微调候选 CAD 模型和方向(5.4.3 节)。该算法对原始场景的三维尺寸和位置进行细化，使得重建的

场景在语义和几何意义上与室内环境相一致。本章方法将其表述为一个最优化问题，即

$$\begin{cases} \max\limits_{\theta_i S_i O_i p_i} \mathrm{IoU}\Big\{\mathrm{Proj}\big[R(\theta_i)\cdot S_i\cdot O_i + p_i\big], M_i\Big\} \\ R(\theta_i) = \begin{bmatrix} \cos\theta_i & -\sin\theta_i & 0 \\ \sin\theta_i & \cos\theta_i & 0 \\ 0 & 0 & 1 \end{bmatrix}, \ S_i = \begin{bmatrix} S_{i,1} & 0 & 0 \\ 0 & S_{i,2} & 0 \\ 0 & 0 & 1 \end{bmatrix}\cdot S_{i,3} \\ p_i = \big[\, p_{i,1}, p_{i,2}, p_{i,3} \,\big]^{\mathrm{T}}, \quad i = 1,2,\cdots,N \end{cases} \tag{5-4}$$

其中，O_i 表示第 i 个对象的候选模型中的 3D 点。所有的 CAD 模型最初都是对齐的，并且放置在房间坐标系的原点，水平面与地板平行。S_i 是一个各向异性的尺度矩阵，用来控制 O_i 的三维尺寸。$R(\theta_i)$ 和 p_i 用来调整它的方向和位置。$\mathrm{Proj}[*]$ 是指透视投影，即从房间坐标系到图像平面的坐标。$\mathrm{IoU}[*]$ 是除以并运算符的交点。M_i 表示第 i 个对象的分段掩码。因此，上下文细化的目标是确定具有方向 $\{\theta_i\}$ 的 CAD 模型 $\{O_i\}$，并调整它们的大小 $\{S_i\}$ 和位置 $\{p_i\}$，使这些重建对象的二维投影接近于本章方法的分割结果。$i=1,2,\cdots,N$ 和 N 表示分段对象的数量。利用支撑关系约束，采用递归策略实现场景求精。

1. 来自下面的支撑约束

如果 O_i 是由 O_j 从下面支撑的，本章方法要求 O_i 的几何中心落在支撑表面内，O_i 底部附着在表面上方，即

$$\big[R(\theta_i)\cdot S_i\cdot O_i + p_i\big]^c_{x,y} \geqslant \min\big[O_j\big]_{x,y} \tag{5-5a}$$

$$\big[R(\theta_i)\cdot S_i\cdot O_i + p_i\big]^c_{x,y} \leqslant \max\big[O_j\big]_{x,y} \tag{5-5b}$$

$$\min\big[R(\theta_i)\cdot S_i\cdot O_i + p_i\big]_{z|x,y} \geqslant \max\big[O_j\big]_{z|x,y} \tag{5-5c}$$

其中，$[*]^c_{x,y}$ 表示几何中心的水平坐标 $(x,\ y)$；$[*]_{z|x,y}$ 表示 $(x,\ y)$ 处的高度值。

2. 来自后面的支撑约束

如果 O_i 是由 O_j 从后面支撑的，本章方法让 O_i 连接在 O_j 的包围盒的侧面。因此本章方法不要求 O_i 的方向，因为它与支撑面是一致的。考虑到有四个矩形的侧面，对于每一个矩形，在顶点 o^k_j 上建立一个局部坐标系 $\big(o^k_j,\ e^{k,1}_j,\ e^{k,2}_j\big)$，在这些矩形上建立一对正交的边 $\big(e^{k,1}_j,\ e^{k,2}_j\big)$，$k\in[1,2,3,4]$ 表示四个边曲面中的一个，这是

通过求解目标函数公式(5-4)来确定的。支撑约束可以写为

$$0 \leqslant \left(c_i - o_j^k\right)^{\mathrm{T}} \cdot e_j^{k,m} \leqslant \left\|e_j^{k,m}\right\|^2, \quad m = 1,2 \tag{5-6a}$$

$$2\left(c_i - o_j^k\right)^{\mathrm{T}} \cdot n_j^k = \mathrm{range}\left[\left(R(\theta_i) \cdot S_i \cdot O_i\right)^{\mathrm{T}} \cdot n_j^k\right] \tag{5-6b}$$

$$c_i = \left[R(\theta_i) \cdot S_i \cdot O_i + p_i\right]^{\mathrm{c}} \tag{5-6c}$$

$$n_j^k = e_j^{k,1} \times e_j^{k,2} \Big/ \left\|e_j^{k,1} \times e_j^{k,2}\right\| \tag{5-6d}$$

其中，c_i 是最新的几何中心；n_j^k 表示表面法向。因此，公式(5-6a)表明沿 n_j^k 的投影应该落在支撑面内。射程$[x]$表示 $x_{\max} - x_{\min}$，公式(5-6b)意味着 c_i 和物体表面的距离应该是 n_j^k 方向上物体大小的一半，这是为了把 O_i 固定在支撑面上。与约束公式(5-5)的唯一区别是，面向对象的优化转化为选择正确的支撑面。

为了求解目标函数公式(5-4)，本章方法采用穷举网格搜索来确定精确的 $\{O_i\}$ 和 $\{\theta_i\}$。对于每个网格，使用 BOBYQA 方法来细化 $\{S_i\}$ 和 $\{p_i\}$。在图 5.9 中演示了使用本章方法产生的收敛轨迹。结果表明，即使存在重遮挡或未完全分割的目标，每个目标的真实高度也可以在迭代求精之前进行初步估计。从交并比(intersection of union，IoU)曲线来看，30 次模型微调迭代，足以恢复整个场景。

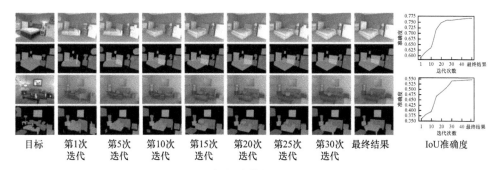

| 目标 | 第1次迭代 | 第5次迭代 | 第10次迭代 | 第15次迭代 | 第20次迭代 | 第25次迭代 | 第30次迭代 | 最终结果 | IoU准确度 |

图 5.9　场景建模与上下文细化

5.7　实验和分析

用纽约大学 v2 测试数据集和 SUN RGB-D 数据集对本章的方法进行了定性和定量的评估。所有测试都是在笔记本电脑上用 Python 3.5 实现的，电脑搭载了 TITAN XP GPU 和 8 Intel Xeon E5 CPU。

5.7.1　性能分析

　　表 5.1 记录了纽约大学 v2 测试数据集的 654 个测试样本的每个阶段的平均时间消耗。整个场景建模的时间与其复杂性有关。预计用更多的物品模拟一个杂乱的房间会花费更多的时间。特定对象任务(分割、模型检索)是同时处理的。平均而言，处理一个包含多达 20 个检测对象的合理复杂的室内房间需要 2～3min。

表 5.1　平均时间消耗　　　　　　　　　　(单位：s)

所处阶段	1	2	3	4	5	6	总计
时间消耗	9.87	9.72	2.08	25.53	0.95	69.68	117.84

　　表 5.1 中，阶段 1 为 2D 分割+DCRF 精化阶段；阶段 2 为模型检索阶段；阶段 3 为支撑关系推理阶段；阶段 4 为摄像机布局联合估计阶段；阶段 5 为模型初始化阶段；阶段 6 为场景建模阶段。在上下文细化中使用了 30 个迭代，检测到的对象的平均数量比 654 个测试图像高出 16 个。

5.7.2　定性评价

　　图 5.10 展示出了不同房间类型和不同复杂度的部分建模结果。结果表明，

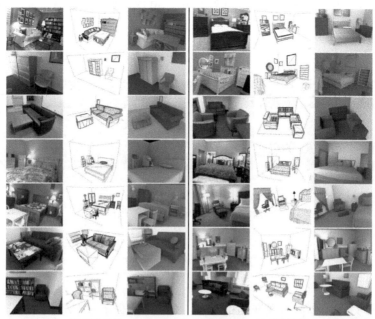

(a) 原始图像　(b) 重建场景　(c) 渲染场景　(d) 原始图像　(e) 重建场景　(f) 渲染场景

图 5.10　SUN RGB-D 数据集上的场景建模

每个样本由一个原始图像、重建场景(原始网格)和渲染场景组成，估计的摄像机参数在右侧

检测到的对象被组织起来，使整体表示与原始图像一致(如对象方向、位置和支撑
关系)。在绘制过程中使用了与每个输入图像估计的相同的摄像机模型，显示房间
布局和摄像机都可以通过本章方法的联合估计可靠地恢复。受益于强大的支撑推
理，重度遮挡或部分可见的对象的图像被预测为一个合理的大小。

　　将本章方法的输出与文献[7]、[9]中最先进的工作进行比较(图 5.11)。对于物
体和遮挡较少的室内情况[图 5.11(d)中的第 1、2、4 和 6 行]，本章方法除了提取
到主要的家具外，还提取到更多小尺寸的物体(如窗户、书籍、图片、枕头和灯)。
随着场景复杂度的增加，这种方法会更有效。低分辨率、隐藏或部分看不见的对
象也可以被捕获[图 5.11(a)中的第 1、3、6 和 7 行]。这两个工作[7,9]都采用了基于
检测的方法来定位二维图像中物体的包围盒，这样会丢失几何细节。本章方法的
"实例分割+关系推理"方法不仅提供了更多的对象形状细节，而且还保留了对象
之间的相对大小。本章方法的内容细化还将识别的模型排列在一个由支撑关系引
导的建模驱动的有意义的布局中。

(a) 输入图像　(b) 其他方法　(c) 本章方法　　(d) 输入图像　(e) 其他方法　(f) 本章方法
　　　　　　　　重建结果　　　　　　　　　　　　　　　　　重建结果

图 5.11　与其他方法的比较(所有输入图像都来自 SUN RGB-D 数据集)

5.7.3　定量评价

　　本节对三维房间布局预测、支撑关系推理和三维物体布局进行了定量评价。
室内场景的密集建模要求在实例级对输入图像进行完全分割。因此，本章方法采

用纽约大学 v2 测试数据集(795 张图片用于训练，654 张图片用于测试)来评估支撑关系推理的任务，并使用其手动注释的 3D 场景(SUN RGB-D 注释数据集的子集)来评估 3D 布局预测和对象放置。

1. 三维房间布局

三维房间布局为室内物体对齐提供了参考，从而影响了物体的摆放。本章方法是通过测量房间包围盒的预测值和地面真值的平均 3D IoU 来验证。表 5.2 说明本章的方法在两种配置下的性能：摄像机布局联合估计和没有联合估计(从消失点单独估计的摄像机参数)。消融实验结果表明，联合估计策略在所有房间类型中均优于同类策略。本章还给出了"客厅"和"卧室"的平均 IoU 的测试结果，与 Izadinia 等的方法比较[9]，本章方法的性能达到 66.08%，Izadinia 等[9]在 SUN RGB-D 数据集的子集上达到 62.6%。

表 5.2　三维房间布局估计(本章方法在不同房间类型的两种配置下进行评估)

房间类型	浴室	卧室	教室	计算机实验室	餐厅	休息室
IoU (w/o joint)/%	30.71	39.36	47.60	20.47	46.28	54.30
IoU (w/ joint)/%	**34.90**	**62.86**	**68.23**	**83.21**	**60.41**	**65.59**
房间类型	厨房	客厅	办公室	祈祷室	自习室	平均 IoU
IoU (w/o joint)/%	35.37	51.34	33.49	42.91	41.93	40.10
IoU (w/ joint)/%	**44.01**	**67.18**	**37.55**	**55.03**	**58.22**	**57.93**

2. 支撑关系推理

纽约大学 v2 测试数据集包含 11677 个已知支撑关系实例和支撑关系类型的对象。每个对象都用四个关系问题进行查询。为了与现有的方法进行公平的比较，本章方法使用地面真值分割来评估支撑关系。本章方法在对象级的准确率为 72.99%，只有其中四个问题都回答正确时，推理才会被标记为正确。这种方法的性能与使用 RGB-D 输入的现有方法(74.5% 和 72.6%)达到了相同的水平，并且在很大程度上优于使用 RGB-D 输入的方法(48.2%)。这证明了本章方法的关系网络在没有任何深度线索的情况下，解析复杂遮挡场景的支撑关系的可行性。

3. 三维物体放置

使用已知的评估基准和人工标注的 3D 包围盒测试 3D 物体放置的精度，计算出预测包围盒与地面真值之间的 3D IoU 的平均精度(mean average precision, mAP)。本章方法通过统一摄像机的高度，将重建的场景和真实的场景对齐统一到同一大小，并将本章方法的结果与 Huang 等的最先进的方法进行比较[7]。不同于他们的工作，本章方法针对全场景建模，考虑所有的室内物体，而他们采用了一个稀疏注释的数据集 SUN RGB-D 对 30 个对象类别进行评估。由于地面真值包围盒的对象没有完全标记，本章方法删除那些没有注释的分段掩码，以便在相同配置下进行比较。表 5.3 显示了本章方法在 NUY-37 类上的平均精度分数(不包括"墙"、"地板"和"天花板"；mAP 是以 IoU 阈值 0.15 计算的)。本章方法得到的 mAP 分数是 11.49。Huang 等的工作表明，他们在 15 个主要家具上达到了 12.07分，在 30 个主要类别上达到了 8.06 分。结果表明，本章方法在较小的对象上取得了较好的表现，这与定性分析的结论是一致的。

原因可能有两个：①相比于使用二维包围盒定位法，一个测试良好的分割网络可以捕获更多的物体形状细节(如对象轮廓)；②大多数人造物体都具有清晰的线段或轮廓(如橱柜、床头柜、梳妆台等)，这有利于进行摄像机布局联合估计和模型初始化。然而，对形状较薄或不规则的物体而言，或在不完全分割的情况下(如椅子、枕头、灯具等)，本章方法的性能会有较低程度的下降。

本章比较了三种构型下的方法：①没有摄像机布局联合估计(w/o joint)；②无关系网络(w/o RN)；③有摄像机联合估计和关系网络。这些值显示共享对象类的平均精度得分。"其他"一栏包含纽约大学剩余的 v2 类别(mAP 平均有 34 个类别，即 NYU-37 中不包括"墙"、"地板"和"天花板")。

表 5.3　　3D 对象检测　　　(单位：分)

方法	浴缸	床	书架	储藏柜	椅子
Huang 等的方法	2.84	**58.29**	7.04	0.48	**13.56**
本章方法(w/o joint)	30.83	22.62	5.83	1.82	1.12
本章方法(w/o RN)	40.00	54.21	6.67	3.59	2.13
本章方法(all)	**44.88**	55.53	**9.41**	**4.58**	6.49

方法	桌子	门	梳妆台	其他	mAP
Huang 等的方法	4.79	**1.56**	13.71	—	—
本章方法(w/o joint)	4.31	0.68	28.53	0.00	5.41
本章方法(w/o RN)	7.61	0.16	31.74	0.00	8.53
本章方法(all)	**7.69**	0.18	**37.76**	0.00	**11.49**

4. 消融分析

本章方法通过消融分析来讨论框架中的哪个模块对最终的 3D 对象布局贡献最大。考虑两种消融配置(表 5.3)：①没有摄像机布局联合估计[9]；②无关系网络

(替换为基于先验的支撑关系推理[8])。第一配置和第二配置的 mAP 分数分别为 5.41 和 8.53。而本章方法的最终得分是 11.49。这说明摄像机布局联合估计和关系推理对最终效果都有影响,且在单视图建模中,房间布局对物体放置有较大的影响。可以预见,房间的朝向和布置很大程度上影响了物体的摆放。还观察到,基于先验的支撑关系推理对遮挡和分割质量更敏感[8]。当室内场景杂乱时,遮挡通常使支撑表面不可见,分割质量低下。与关系网络不同的是,基于先验的方法不考虑空间关系,只通过考虑先验概率来选择支撑实例,在复杂场景任务中,这种方法更容易出现错误。

5.7.4　讨论

1. 改进对象方向的估计

虽然基于视图的模型匹配提供了对象方向的初始猜测(见 5.4.3 节),但在某些情况下,这些深层特征过于抽象,无法足够精确地推测对象方向,进而无法进行高信度的模型初始化。对于每个物体,本章方法特别附加一个 ResNet-34 来预测其相对于摄像机的方向角度。它是在本章方法的数据集上测试的,考虑 8 个均匀采样方向(即 $\pi/4, \pi/2, \cdots, 2\pi$)。然而,渲染(本章用于训练)和真实世界的图像之间存在差异。本章方法没有进行全层训练,而是用预先在 ImageNet 上训练好的权重来修正最浅的三层,以使本章方法的网络对真实图像敏感。训练数据增加粗略的下降来模拟遮挡效果,用随机透视和仿射变换模拟不同的摄像机姿态。测试数据的最高精度达到 91.81%(22342 个模型用于训练,2482 个模型用于测试)。图 5.12 展示了来自测试数据集的样本及其预测方向。在实践中,某些特定模型的方向是模糊的(如对称形状)。选择候选方向前三名,并将其转化为房间坐标系用于全局场景建模。

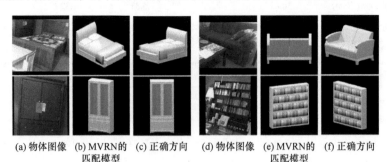

(a) 物体图像　(b) MVRN的　(c) 正确方向　　(d) 物体图像　(e) MVRN的　(f) 正确方向
　　　　　　　 匹配模型　　　　　　　　　　　　　　　　　　　 匹配模型

图 5.12　方向校正

2. 局限

当对象被分割出很少的像素(最小 24×21)时,过于原始的 MVRN 使本章方法无法匹配它们的形状细节,本章方法面临挑战。本章的 CAD 模型数据集目前包含 37 种常见的室内物体。相对于现实中室内环境的多样性，它的容量是有限的。而对于未知的物体，目前使用长方体来近似拟合它们的形状。此外，本章方法适用于任何盒子形状的房间布局，当处理极不规则的房间形状时，盒子模型就会失效。因此，上述原因会削弱本章方法上下文细化中 IoU 的精度，在图 5.13 中举例说明这些情况。

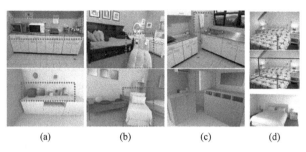

(a)　　　　(b)　　　　(c)　　　　(d)

图 5.13　受限案例

用相当少的像素(a)分割的对象，从本章方法的模型存储库(b)或来自"其他类别"(c)的对象可能无法得到适当的几何估计。对于"非曼哈顿"房间布局(d)，将其与长方体相匹配。(d)中的绿色和蓝色分别表示二维房间布局和三维布局的投影

5.8　本 章 小 结

本章提出了一种统一的场景建模方法，充分利用卷积特征从单幅 RGB 图像中重建语义丰富的室内场景。由浅入深地将关系内容和非关系内容分解为结构化知识，指导场景建模。实验结果表明，该方法在自动推断对象之间的支撑关系和密集场景建模恢复室内三维几何形状中具有丰富的内容并获得了高信度的建模结果。本章的定量评估进一步证明了每个子步骤在生成内容一致的 3D 场景中的功能性和有效性。

本章的目的是通过对图像的充分理解来建立三维场景模型。室内对象之间存在高层次的关系语义，可以纳入到基于理解的建模方法中，就像其他复杂的接触关系一样(如一个人坐在椅子上，拿着一个杯子)。所有这些混合语义将有助于用一种有意义的方式表示场景内容。未来的研究方向是提供一个智能化的场景知识结构，用于场景建模的配置和部署。

参 考 文 献

[1] Chen K, Lai Y K, Hu S M. 3D indoor scene modeling from RGB-D data: A survey[J]. Computational Visual Media, 2015, 1: 267-278.

[2] Bu S, Han P, Liu Z, et al. Scene parsing using inference embedded deep networks[J]. Pattern Recognition, 2016, 59: 188-198.

[3] Wei H, Wang L. Understanding of indoor scenes based on projection of spatial rectangles[J]. Pattern

Recognition, 2018, 81: 497-514.

[4] Liu M, Zhang K, Zhu J, et al. Data-driven indoor scene modeling from a single color image with iterative object segmentation and model retrieval[J]. IEEE Transactions on Visualization and Computer Graphics, 2018, 26(4): 1702-1715.

[5] Zhou B, Lapedriza A, Khosla A, et al. Places: A 10 million image database for scene recognition[J]. IEEE Transactions on Pattern Analysis and Machine Intelligence, 2017, 40(6): 1452-1464.

[6] Zhang Y, Liu Z, Miao Z, et al. Single image-based data-driven indoor scene modeling[J]. Computers & Graphics, 2015, 53: 210-223.

[7] Huang S, Qi S, Zhu Y, et al. Holistic 3D scene parsing and reconstruction from a single RGB image[C]//Proceedings of the European Conference on Computer Vision, 2018: 187-203.

[8] Nie Y, Chang J, Chaudhry E, et al. Semantic modeling of indoor scenes with support inference from a single photograph[J]. Computer Animation and Virtual Worlds, 2018, 29(3-4): 1825.

[9] Izadinia H, Shan Q, Seitz S M. Im2cad[C]//Proceedings of the IEEE Conference on Computer Vision and Pattern Recognition, 2017: 5134.

[10] Lee C Y, Badrinarayanan V, Malisiewicz T, et al. Roomnet: End-to-end room layout estimation[C]//Proceedings of the IEEE International Conference on Computer Vision, 2017: 4865-4874.

[11] Cheng X, Lu J, Feng J, et al. Scene recognition with objectness[J]. Pattern Recognition, 2018, 74: 474-487.

[12] Wang J, Tao X, Xu M, et al. Hierarchical objectness network for region proposal generation and object detection[J]. Pattern Recognition, 2018, 83: 260-272.

[13] He K, Gkioxari G, Dollár P, et al. Mask R-CNN[C]//Proceedings of the IEEE International Conference on Computer Vision, 2017: 2961-2969.

[14] Ren Y, Li S, Chen C, et al. A coarse-to-fine indoor layout estimation (cfile) method[C]//Computer Vision-ACCV 2016: 13th Asian Conference on Computer Vision, 2017: 36-51.

[15] Liu T, Chaudhuri S, Kim V G, et al. Creating consistent scene graphs using a probabilistic grammar[J]. ACM Transactions on Graphics, 2014, 33(6): 1-12.

[16] Zhang Z, Xu C, Yang J, et al. Deep hierarchical guidance and regularization learning for end-to-end depth estimation[J]. Pattern Recognition, 2018, 83: 430-442.

[17] Eigen D, Fergus R. Predicting depth, surface normals and semantic labels with a common multi-scale convolutional architecture[C]//Proceedings of the IEEE International Conference on Computer Vision, 2015: 2650-2658.

[18] Li Y, Su H, Qi C R, et al. Joint embeddings of shapes and images via CNN image purification[J]. ACM Transactions on Graphics, 2015, 34(6): 1-12.

[19] Wu J, Zhang C, Zhang X, et al. Learning shape priors for single-view 3D completion and reconstruction[C]//Proceedings of the European Conference on Computer Vision, 2018: 646-662.

[20] Xu K, Chen K, Fu H, et al. Sketch2Scene: Sketch-based co-retrieval and co-placement of 3D models[J]. ACM Transactions on Graphics, 2013, 32(4): 1-15.

第 6 章　基于稀疏柔性传感器的三维人体体形重建

人体的三维体形重建具有广泛的应用，例如用于服装的定制设计和数字化身制作。现有的用于三维体形重建的基于视觉的系统要求用户在相机前穿着极少或过紧的衣服，从而遭受隐私问题的困扰。本章介绍了一种基于标准服装上集成稀疏柔性传感器的新颖解决方案，并将其用于捕获三维人体上身形状。本章方法对单个传感器在最大拉伸范围内的非线性性能曲线进行建模。使用基于学习的方法，通过分析网格变形与传感器读数之间的关系来动态地重建身体形状。本章介绍原型的耐磨性和灵活性使其可以在室内/室外环境中使用，并用于长期呼吸监测。本章还使用原型对多个具有不同体形的用户和同一位用户数天穿戴进行了广泛评估。服装原型穿着舒适，并在隐私保护和应用场景中具有自身的优势，实现了新型的人体重建方式。

6.1　研究背景与动机

三维人体体形重建是恢复真实人类的三维几何形状的任务，它具有广泛的应用，例如在为纺织工业生产定制衣服，或在三维远程呈现和交互式媒体中生成个性化头像。用于三维人体体形重建的大多数现有解决方案[1-4]都是基于视觉的，并且需要使用 RGB/RGBD/激光相机。尽管这样的基于视觉的解决方案实现了相当高的重建精度，但是它们仍然受到一些限制。首先，RGB/RGBD/激光相机无法穿透纺织品，因此现有的解决方案通常要求用户在相机前穿着最少或紧身的衣服。此过程不仅需要付出额外的努力，而且还会引起隐私保护问题。另外，摄像机设置的要求也限制了方案在任意(特别是室外)环境中的使用。

6.1.1　带柔性传感器的智能服装

智能服装的特征是将柔软的电子产品编织到织物中。为了实现制造智能服装的最终目的，研究人员探索了可扩展纺织材料、设计软件和机器编织技术的相关领域。Project Jacquard[5]展示了新颖的交互式纺织材料以及用于大规模生产的相应制造技术。除材料制造外，研究人员还开发了各种设计软件[6,7]和机器编织技术[8,9]。这些最新作品预示着未来的电子系统将成为日常服装的组成部分。在为消费者制造智能衣服之前，获得有关其身体形状的信息对于确保正确的尺寸和适合消费者身材至关重要。但是，仍然缺少方便的方法来为非专业客户重建人体体形。本章的工作是通过在衣服上建立稀疏的传感器网络并以用户友好的方式重建人体体形来解决此问题。

智能衣服的出现归因于近年来柔性传感器的快速发展。与现有的可穿戴传感器(如惯性测量单元)相比，柔性传感器在灵活性和舒适性方面显示出优势。这些功能对于实现可穿戴设备特别重要。柔性传感器通常由两部分组成：一个是核心导电材料，另一个是柔性支撑材料[10]。选择的材料和制造方法是确定柔性传感器性能的关键因素。本章方法中的可拉伸传感器选择聚氨酯纤维作为支撑材料，并采用镀银聚酰胺纱线作为导电材料[11]。聚氨酯在纺织工业中被广泛使用，以其可拉伸性和透气性著称。镀银聚酰胺纱线螺旋缠绕在聚氨酯芯纤维上。这种类似纱线的传感器无缝地贴合在标准服装上，可使用户的不适降至最低。

柔性传感器通常表现出非线性的时变行为，难以准确监视其状态[12]。现有工作探索了深度神经网络(deep neural network，DNN)的应用，以解释应变传感器的信息并监测人体运动学。DNN 的选择包括 CNN[13]、递归神经网络[14]和长短期记忆模型(long short-term memory，LSTM)[12,15]。与监督方法相比，半监督方法[14]通过较小的校准数据集实现了更高的性能。CNN 在图像理解(如物体识别)任务中很流行，并且适合处理传感器阵列的信号。作为 CNN 输入，传感器的电阻或电容值等于图像像素的颜色值。本章方法中，系统仅使用五个传感器的稀疏网络。这种稀疏性给 CNN 的下采样操作带来了挑战，因此，CNN 不适合本任务。由于 LSTM 以其处理时间数据的能力而闻名，因此本章方法选择 LSTM 来解决传感器滞后和非线性问题，并在用户呼吸时动态预测身体围长。

现有的大部分关于智能服装的工作都集中在姿势监测[13-15]、接触感应[16,17]和手势分类[18-20]上。受监视的身体部位包括手指[20]、脚踝[21]、下半身[13,14]和全身[15]。可以通过使用单个传感器跟踪单个关节来监视关节旋转，该单个传感器放置在最大变形的确切位置[15]。为了捕获与外部物体的接触，将压力传感器放置在衣服上特定的身体部位[17]。与现有方法的目的不同，本章的工作旨在重建人体上身的三维体形。但是，三维人体体形的重建需要将人体形状作为一个整体模型进行分析理解。本章通过使用深度学习方法推导人类体形的潜在模式来应对这一挑战。

6.1.2　人体体形重建

在计算机视觉和图形领域，人体体形重建一直是一个长期存在的问题。蒙皮多人线性(skinned multi-person linear，SMPL)模型是基于蒙皮顶点的模型，可以准确地代表自然的人体姿势中的各种身体形状[2]。从捕获的数据中学习模型参数，包括休息姿势模板、混合权重、与姿势有关的混合形状、与身份有关的混合形状以及从顶点到关节位置的回归值。研究人员使用高分辨率 4D 捕获系统和一种将模板网格精确配准到 3D 扫描序列的方法[22]，从示例中学到了软组织变形的模型。基于视觉的方法在准确性和时间成本方面取得了长足的进步，但在应用于经常发生视觉遮挡、过度曝光或照明不足的室外环境时，仍然面临挑战。这些方法还需要设置专用的相机系统，对于非专业用户这是不易操作的。当用户穿着很少的衣服或紧身的衣服时，由 RGB 相机捕获的图像通常会引起图像泄露的隐私问题。本章方法的目标是减轻这些限制并允许长期穿着和活动。

重建人体体形的最新工作旨在解决隐私问题，并在用户穿衣服时重建人体形状[23-25]。传感器输入的选择包括单眼视频[23]、深度相机[25]、激光扫描序列[25]、单色图像。这些方法通常是数据驱动的，并且基于模板形状(如 SMPL 模型)来参数化人的形状和/或运动。这种策略能够产生详细的 3D 网格结果，同时仅需要估计少量参数，从而使其易于直接网络预测。但是，这些基于视觉的方法将衣服视为访问人形信息的障碍因素。与这些方法不同，本章方法利用衣服作为完美的介质来重构人体形状。从方法论的角度来看，本章方法使用少量特征周长对人体形状进行参数化，并建立了回归模型以将传感器信号映射到 3D 人体网格。

6.2　方法概述

本章方法在衣服上建立了一个稀疏的柔性传感器网络，并根据收集的传感器读数重建了穿着该衣服的用户的三维人体上半身(图 6.1)。本章方法的工作流程如图 6.2 所示。本章方法将完整的任务分为两个子任务：①从传感器信号映射到身体周长；②根据周长预测进行网格重建。本章方法观察了非线性传感器电阻-长度关系，并通过获取大量传感器轮廓来对其建模。传感器轮廓的图案分析可以精确预测拉伸长度。本章方法进一步在特征体围和 3D 网格的顶点位移之间建立回归模型。预测的长度将转换为顶点位移位置，并使用学习的模型完成 3D 身体重建。

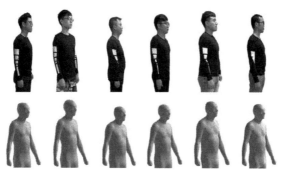

图 6.1　上半身重建

使用本章方法的可穿戴服装原型(第一行)与一组稀疏的柔性传感器

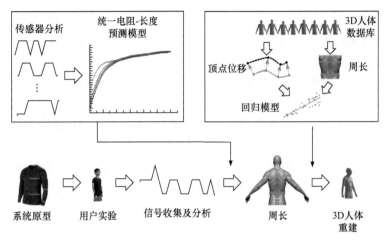

图 6.2　基于柔性传感器的人体体形重建流程

6.2.1　硬件开发

1. 传感器背景

本章方法中制造的传感器如图 6.3(a)所示。在本章方法中，可拉伸的柔性传感器选择聚氨酯纤维作为支撑材料，并使用镀银的聚酰胺纱线作为导电材料[11] [图 6.3(b)]。镀银聚酰胺纱线螺旋缠绕在聚氨酯芯纤维上。聚氨酯是织物的理想材料，因为它具有独特的拉伸性和透气性。图 6.4(a)显示了聚氨酯 30%拉伸循环 1000 次后电阻值与时间的关系，结果没有显示出明显的塑性变形影响。一项研究表明，聚氨酯可以拉伸至 300%，并且在 40%的拉伸下可以循环将近 300000 次，而不会出现明显的断裂。

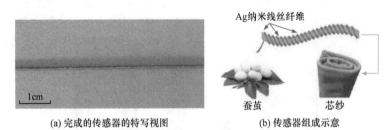

(a) 完成的传感器的特写视图　　　(b) 传感器组成示意

图 6.3　传感器特写及成分组成

蚕丝纤维采用介观功能化技术进行处理，方法是涂覆传感材料(在本例中为 Ag 纳米线)。传感器还涂有保护层或介电层，以最大限度地减少由于与人体直接接触而产生的影响。蚕丝具有生物相容性和可生物降解的特性，因此它是可穿戴传感器的理想材料。它具有舒适性和透气性的优点，并具有耐磨的潜力。有关传感器材料和制造的详细信息，请参阅相关文献[11]。

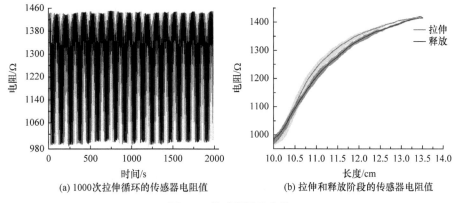

(a) 1000次拉伸循环的传感器电阻值　　　(b) 拉伸和释放阶段的传感器电阻值

图 6.4　传感器性能曲线

当传感器伸展时，由于包裹的蚕纤维之间的距离增加，电阻增加。图 6.4(b)显示了电阻变化与传感器的拉伸长度之间的关系。水平的"长度"轴是指拉伸设备中各握把之间的距离。在这种情况下，夹具之间的静态长度为 10cm。该图说明了处理传感器信号时的挑战：磁滞和非线性。实线是传感器拉伸(红色)和释放(蓝色)时的平均电阻值和传感器长度。阴影区域显示了在不同的拉伸速度下不同尝试时的电阻值范围。拉伸和释放阶段的曲线之间的差异表明了磁滞特性的挑战。这启发了使用 LSTM 来获得动态呼吸过程中胸部和腰部传感器的准确长度预测。当传感器在 10%的范围内拉伸时，电阻-长度曲线显示出高灵敏度和近似线性的优异性能。对于 10%～30%的拉伸范围，灵敏度降低到具有近似线性性能的较小值。当拉伸长度超过阈值(30%)时，电阻值以非常小的比率变化。因此，本章方法使用 30%以内的拉伸范围，而忽略了更大拉伸的情况。本章方法还嵌入了使用建议的 LSTM对该非线性关系进行建模的功能。

2. 传感器在服装上的放置

由于根据传感器的电阻值来预测传感器的长度是很直观的，因此本章方法可以用于裁缝测量身体围长。因此，考虑将布料设计的测量位置作为传感器放置的参考。为此，经过与专业裁缝和 3D 重建专家进行广泛讨论，决定遵循国际标准化组织发布的 3D 测量标准。它定义了用于测量人体 3D 形状的人体解剖学界标。

为了在系统复杂性和准确性之间取得平衡，本章方法为 3D 上身重建选择了五个位置，如图 6.5 所示。

(1) 传感器 1：此传感器测量的腹围有一半覆盖了最低的肋骨和肚脐。该传感器的两端将正面的肚脐点和背面的脊椎区域连接。

(2) 传感器 2：此传感器测量在中胸骨周围循环的身体围。传感器从前面的中间胸部开始，在后面的脊椎区域终止。

(3) 传感器 3：此传感器测量的是肩宽的一半。它从颈椎开始，到肩峰(肩关节)结束。

(4) 传感器 4：此传感器绕过弯头并测量弯头尺寸。

(5) 传感器 5：此传感器绕过手腕并测量手腕的大小。

在整个实验过程中，本章方法使用的服装都是紧身运动服，并且每个部位都紧贴身体。服装织物的组成包括 80% 的聚酯和 20% 的聚氨酯。

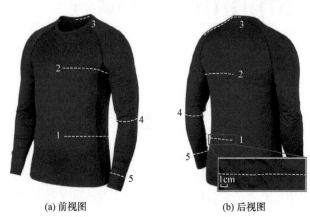

(a) 前视图　　　　　　　　　　(b) 后视图

图 6.5　根据传统人体测量位置在衣服上放置柔性传感器
后视图右下角的图像显示被缝到衣服上的一个传感器

本章方法通过平缝将传感器手动缝制到标记的位置。每个传感器都像纱线一样，是通过将针从前向后穿过织物，然后从后向前穿过织物来缝制的。这将产生连续针迹。图 6.5 中后视图的右下方显示了衣服上的一个传感器。每个线圈段的长度都很短(<1cm)，因此传感器在衣服上的滑动可以忽略不计。

3. 电路板开发

本章方法设计了一块电路板(图 6.6)来收集传感器电阻信号。该电路最多支持 16 个通道。采样通道由多路复用分压器以 20Hz 的频率选择。每个传感器的两个电极连接到该点上每个通道的两个焊接点。一个点接地，另一个点的电压通过惠斯通电桥电路测量。本章方法测量每个传感器两端的电压与参考电压 $V_{ref} = V_{CC}/2$ 之间的差，其中 V_{CC}(伏特电流电容器)代表电路的接入电压，$V_{CC} = 3.3V$。传感器两端的电压测量由带宽为 300Hz 的低通滤波器处理。模数转换的输入电压定义为(忽略低通滤波器的影响)

$$V_{adc_{in}} = \left(\frac{V_{CC} \cdot R_{sensor_i}}{R_i + R_{sensor_i}} - V_{CC}/2 \right) \cdot Gain \tag{6-1}$$

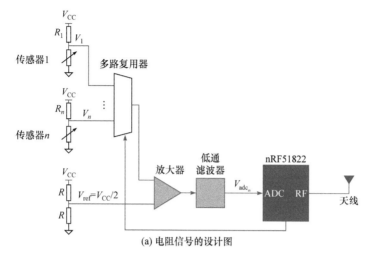

(a) 电阻信号的设计图

(b) 实际电路板

图 6.6 收集传感器电阻信号的设计图和实际电路板

其中，R_{sensor_i} 表示第 i 个柔性传感器的电阻；R_i 表示分压电阻，其电阻值与 R_{sensor_i} 相似，Gain =50 表示放大器单元的放大系数。

电路板的尺寸为 3.5cm×4.5cm，并在身体左侧臀部位置固定在衣服上。通过基于低能耗蓝牙(nRF51822)的实现，每个传感器的信号都被传输到服务器/移动电话。两端的单传感器电压测量值转换为数字信号。现在，原始电压范围(0～5V)编码为[0，1023]，电池容量为 600mA·h，可连续使用 30 个小时，可通过 mini-USB 端口充电。

6.2.2 人体重建

1. 信号降噪

原始传感器信号混有噪声[图 6.7(a)]。本章方法使用高斯消噪方法来有效抑制噪声并使信号平滑。作用原理与平均滤波器相似，平均滤波器将滤波器窗口中每个信号点的平均值作为输出。

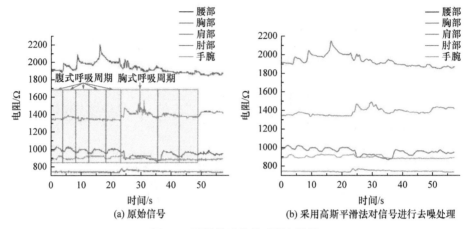

图 6.7　平滑前后的传感器电阻值

2. 从传感器信号到身体周长的映射

根据传感器信号准确预测周长是一项艰巨的任务。从以前的实验结果[图 6.4(b)]可以看出，传感器的电阻和张力之间的关系是非线性的，而曲线的不同部分表现出不同的线性度。对于较小(0~5%)和较大(10%~30%)拉伸范围来说尤其如此。值得指出的是，传感器可能存在滞后问题，这表明传感器在拉伸或释放时对应于不同的电阻-长度曲线。因此，建议使用 LSTM 根据传感器信号完成呼吸条件下腰部和胸部的围长预测任务。其他身体部位在静态条件下进行测量，本章方法使用二阶多项式回归直接获得周长。

LSTM 是一个人工递归神经网络(recurrent neural network，RNN)，可以有效地处理时间数据。本章方法的网络模型具有 3 个 LSTM 层，每个层都有 64 个隐藏单元，其中 1 个 softmax 层作为输出。网络的输入是向量，即

$$S = \left(S_{t-(N_p-1)\delta t}, \cdots, S_{t-\delta t}, S_t \right) \tag{6-2}$$

其中，S_t 是特定时间 t 的传感器电阻；δt 是传感器信号读取的时间步长；N_p 是采样点的数量。在当前的实现中，δt 和 N_p 分别设置为 0.1s 和 50。LSTM 网络的输出是估计的传感器长度。通过训练网络模型，考虑到非线性和滞后性的潜在特征，本章方法对传感器长度进行了准确的预测。

为了建立训练数据集，本章方法收集了 20 个传感器并将每个传感器拉伸 1000次。对于每次拉伸尝试，传感器均从其静态长度开始，并进行拉伸直至其伸长率达到 30%，然后释放到其原始长度。拉伸速率是动态和随机调整的。传感器由受控的机械马达拉伸，因此可以根据历史拉伸率来计算当前传感器的长度。电阻值和长度以 0.15s 的固定时间步同时测量并记录。一个完整的拉伸周期由大约 180

个采样点(拉伸或释放阶段各为 90 个)组成。本章方法将收集的记录序列划分为固定持续时间($\delta t \times N_p$)的片段。对于每个段,重新对传感器电阻矢量进行采样,以使其长度与 N_p 一致。网络的预测输出旨在将其与测得的传感器长度的偏差最小化。本章方法将损失函数定义为两者的平方和,并使用亚当优化器,其学习率为 0.001,批次大小为 500。

3. 基于预测周长的网格重建

本章方法使用 CAESAR 人体模型来计算选择在每个 3D 人体网格上测量的每个位置的围长,包括脚踝、膝盖、大腿、腰部、胸部、肩膀、肘部、手腕和身高。通过计算每个关键位置的横截面和每个 3D 人体网格上每个三角形网格的相交线的总和,可以获得周长。通过直接计算模型的高度来获得高度。受 Sumner 的启发,本章方法计算每个三角形小平面的变形,然后学习人体测量学参数与每个人体网格的每个三角形的变形之间的线性回归。

首先,将每个人体网格中每个小面的变形表示为

$$D = \begin{bmatrix} d_{1,1} & d_{1,2} & d_{1,3} \\ d_{2,1} & d_{2,2} & d_{2,3} \\ d_{3,1} & d_{3,2} & d_{3,3} \end{bmatrix} \tag{6-3}$$

令 v_i 和 $\tilde{v}_i$ $(i=1,2,3)$ 分别为三角形的未变形和变形顶点。为了确定垂直于三角形的空间如何变形并完全确定仿射变换,将第四个未变形的顶点计算为

$$v_4 = v_1 + (v_2 - v_1) \times (v_3 - v_1) \Big/ \sqrt{\left|(v_2 - v_1) \times (v_3 - v_1)\right|} \tag{6-4}$$

将 n 个人体网格的人体测量学参数矩阵表示为

$$G = \begin{bmatrix} p_{1,1} & \cdots & p_{1,9} \\ \vdots & & \vdots \\ p_{n,1} & \cdots & p_{n,9} \end{bmatrix} \tag{6-5}$$

D 的闭式表达式由 $D = \tilde{V}V^{-1}$ 给出,其中 $V = [v_2 - v_1 \quad v_3 - v_1 \quad v_4 - v_1]$ 和 $\tilde{V} = [\tilde{v}_2 - \tilde{v}_1 \quad \tilde{v}_3 - \tilde{v}_1 \quad \tilde{v}_4 - \tilde{v}_1]$。

本章方法将 n 个身体网格的人体测量参数矩阵表示为 $G = (P_{ij}) \in \mathbf{R}^{n \times 9}$,其中 P_{ij} 表示第 i 个($i=1, \cdots, n$,n 是人体网格的数量)身体的第 j 个参数($j=1, \cdots, 9$)。然后,在身体网格的每个小平面的 D 和 G 之间执行线性回归。

回归模型可以输入 9 个新的人体测量值,并在新的身体网格上生成每个三角形的变形 D_k $(k=1, \cdots, m$,m 是身体网格中的三角形数)。令 N 表示新物体网格的三角形变形:$N = [D_1 \quad D_2 \quad \cdots \quad D_m]^{\mathrm{T}}$。三角形的变形通过以下方程通知每个顶

点的位置，即

$$A^{\mathrm{T}} A \tilde{x} = A^{\mathrm{T}} N \tag{6-6}$$

其中，$\tilde{x}$ 表示最终物体网格的顶点位置；矩阵 A 是从 V 的构造中得出的。上述系统本质上是稀疏线性系统，可以有效地求解。

6.3　结　果　分　析

6.3.1　实现和性能

本章方法在 Python 环境中实现，所有源代码和数据集公开发布。在标准 PC(CPU：Inteli7 9700，GPU：RTX 1080Ti，RAM：16G)上测试了算法。基于 LSTM 的传感器电阻与周长之间映射的离线培训耗时 4.6h。身体围与 3D 人体网格之间的离线学习耗时 1.3h。幸运的是，这两个过程仅需要执行一次。用传感器电阻值预测周长平均需要 0.013s。给定一组围度值作为输入，经过训练的模型平均在 0.5s 内生成了相应的身体网格。总体而言，从电阻信号的采集中恢复一个 3D 人体网格所需的时间不到 1s。

6.3.2　从传感器信号到长度的映射

将本章方法与其他多项式回归(polynomial regression，PR)方法(一阶 PR/三阶 PR/五阶 PR)进行比较，以将传感器信号映射到长度，结果显示在图 6.8 中。与其他方法相比，相对于真实值，LSTM 方法在预测传感器长度方面产生的误差较小。

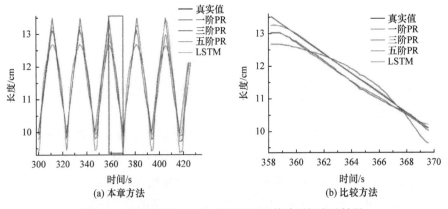

图 6.8　通过本章方法和比较方法预测传感器长度的结果

图 6.8 显示，当传感器被拉伸或释放时，本章方法的 LSTM 模型可以以最小

的误差预测传感器的长度。当传感器状态从拉伸过渡到释放时，会出现更高程度的错误。

6.3.3　用户实验 1：定量和定性评估

该实验从数量和质量上评估了本章的系统，证明了一组用户之间的重建准确性，并与基于视觉的方法进行了比较。用户调查显示，本章的系统在舒适性、便利性和准确性方面得分很高。

参与者：本实验招募了 25 名参与者(20 名男性和 5 名女性)。他们都是当地大学的学生和教职员工。男性和女性的年龄、身高和体重的平均值和标准差分别为 24.3±4.2、(172.0±6.3)cm, (66.2±10.6)kg 和 26.2±2.2、(162.3±5.4)cm, (53.9±5.2)kg。

实验流程：该程序分为实验前、主体实验、元实验和实验后。

实验前：首先告知参与者实验目的，并签署书面协议以加入本研究。参与者填写了实验前问卷，以提供年龄、身高、体重和衣服尺寸(XS/S/M/L/XL)等信息。此阶段耗时约 5min。

主体实验：指示参与者仅穿着内衣，然后穿上本章方法的服装原型。与基于视觉的方法不同，本章的技术不会受到隐私问题的困扰。参与者调整了服装以适合自己的身体。完整的测量过程包括三个步骤：①伸展手臂部位，使特征点与腕骨对齐；②1 号传感器与腹部上的点对齐；③松开被拉伸的部分，衣服返回其正常模式。对于步骤①和②，指示参与者保持姿势 3s。在整个过程以及各个步骤中连续记录传感器的读数。同时考虑从上述步骤收集的传感器信号数据，以重建 3D 模型，从中获得身体围。这个阶段花费了约 10～15min。

元实验：在此之后，由教练用软尺测量每个参与者的身高。本章还记录了此手动测量过程的时间成本。每个参与者平均花费 3～5min。本章随机选择了三个对象，以基于视觉的方法进行人体形状重建的对比实验。参与者以 T 姿势站在旋转平台上，实验人员通过 RGB 相机(Kinect V2)采集参与者的体形数据。捕获的深度和彩色图像被馈入两种最新的方法(RGB 和 RGBD)产生 3D 重建结果，并进行比较。参与比较研究参与者的时间成本差异很大(请参阅以下有关时间成本分析部分中的详细信息)。

实验后：最后，通过本章方法(以及为比较研究选择的参与者两种基于视觉的方法)向参与者展示重建模型，并通过视觉评估重建准确性。研究者填写了一个 5 等级的利克特问卷，以评估他们对这三种方法的舒适性、便利性和准确性的看法。还对参与者进行了采访，通过采集他们的主观评论以解释他们的评分。这个阶段花费了约 10～15min。

定量分析：周长预测。图 6.9(a)绘制了本章方法重建结果的误差分布。腰、胸、肩、肘和腕的平均值和标准偏差为 –2.55%±2.96%、0.95%±2.30%、

4.03%±2.33%、−5.50%±1.31%、−0.91%±3.84%。有趣的是，对于腰部、肘部和腕部，测量值往往低估了身体的周长，高估了胸部和肩膀的部分。相对于精确位置，传感器的较小位移可能会导致估计不足。高估可能是由呼吸或其他细微动作引起的。从最终重建结果与人体各个部位的实际值的比较可以看出，大多数结果仍然相对准确。但是，也可以看出某些部位的误差较大，尤其是肩部部位。测量肩围特别具有挑战性，因为本章方法没有主动调整传感器位置以确保其处于准确位置，这为未来的研究提出了方向。

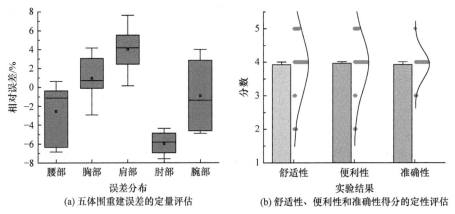

(a) 五体围重建误差的定量评估　　　　　(b) 舒适性、便利性和准确性得分的定性评估

图 6.9　用户实验 1 的结果

表 6.1 通过三种方法显示了人体周长的基本事实及其相应的预测。结果表明，本章方法在所有人体周长和所有受试者中均优于使用 RGB 和 RGBD 传感器的基于视觉的方法。这证实了本章方法作为现有基于视觉的系统的替代解决方案的可用性。此外，本章方法通过避免使用面向用户的摄像头来固有地解决用户的隐私问题。

表 6.1　与基于 RGB 和 RGBD 传感器的视觉重建误差的比较结果

受试者编号	比较方法	腰围/mm	误差/mm	相对误差/%	胸部/mm	误差/mm	相对误差/%	肩膀/mm	误差/mm	相对误差/%
受试者 1	GT	743			858			1060		
	RGB	1006	263	35.40	1051.5	193.5	22.55	810.6	−249.4	−23.53
	RGBD	880.8	137.8	18.55	857.8	−0.2	−0.02	885.25	−174.75	−16.49
	本章方法	**803.04**	**60.04**	**8.08**	**884.24**	**26.24**	**3.06**	**1014.21**	**−45.79**	**−4.32**
受试者 2	GT	824			927			1022		
	RGB	894.6	70.6	8.57	1078.3	151.3	16.32	885.3	−136.7	−13.38
	RGBD	956.85	132.85	16.12	903.06	−23.94	−2.58	878.87	−143.13	−14.00
	本章方法	**851.32**	**27.32**	**3.32**	**929.5**	**2.5**	**0.27**	**1044.4**	**22.4**	**2.19**

续表

受试者编号	比较方法	腰围/mm	误差/mm	相对误差/%	胸部/mm	误差/mm	相对误差/%	肩膀/mm	误差/mm	相对误差/%
受试者 3	GT	877			984			1120		
	RGB	1145.5	268.5	30.62	1107.8	123.8	12.58	920	−200	−17.86
	RGBD	1015.6	138.6	15.80	971.5	−12.5	−1.27	983.1	−136.9	−12.22
	本章方法	**871.23**	**−5.77**	**−0.66**	**982.07**	**−1.93**	**−0.20**	**1108.8**	**−11.2**	**−1.00**

定性分析与问卷反馈：舒适性、便利性和准确性得分分别为 3.92±0.91、3.96±0.79 和 3.92±0.40[图 6.9(b)]。参与者提到使用本章方法的原型很方便。有人表示，"这就像一件普通的衣服，穿上衣服后我感觉不会有太大的区别。"但是，有几位参与者提到"穿衣服要谨慎些"。这可能是由于用户对电路板了解，特别注意并避免了较大的移动。一位以前有过基于视觉的 3D 系统经验的参与者提到，本章的工具解决了她对隐私问题的担忧，同时仍然获得了令人满意的建模结果。

定量分析：时间成本比较。穿上衣服的时间成本平均为(2.06±0.25)min。如前所述，该算法在接收到传感器信号后不到 1s 的时间内即可重建 3D 人体网格。因此，重建过程可以视为实时过程，因为用户可以在脱下衣服之前查看其 3D 身体形状。他们还可以观察吸气和呼气时动态形状的变化。相比之下，使用 RGBD 相机进行重建的平均时间成本为(3.26±0.98)min，当快速移动 RGBD 相机时很容易失败。根据用户的旋转速度，使用 RGB 相机进行重建的平均时间为(18.63±5.69)min。然而，重建花费了超过 5h 的姿势估计时间和 10min 的网格重建时间。使用 RGB 图像进行重建需要迭代优化，以使网格与提取的人类蒙版匹配，因此非常耗时。这种比较证实了本章方法在用户交互过程中效率方面的优势。

6.3.4　用户实验 2：多次穿脱一致性

可穿戴系统的一个共同挑战是在整个穿戴过程中始终保持较高的准确性，每个阶段都定义为用户穿上然后脱下可穿戴系统的一种尝试。对于每个会话，传感器放置的位置可能会略有变化，因为在重复尝试下，衣服无法以相同的配置准确地穿着。因此，本章进行了进一步的实验，以评估系统的跨会话一致性。

参与者：该实验招募了 5 名参与者(大学的学生和教职员工)。他们与实验 1 中的不同，他们的年龄、身高和体重的平均值和标准偏差分别为 22.4±1.6、(173.0±4.8)cm、(71.9±15.3)kg。他们免费加入了这项研究。

实验流程：参与者首先接受与实验 1 相同的实验前程序，以接收实验说明、签署书面协议并填写实验前问卷。每位参与者都被邀请穿着相同的服装系统进行10 次训练。他们脱掉衣服，然后在每次训练之间穿上衣服。对于每个会话，都重复与实验 1 相同的主要过程。由于该研究是专门为验证多次穿脱一致性而设计的，因此本章没有进行元实验来收集数据以进行比较研究，也没有进行实验后的用户偏好和主观评论的收集。

发现：本章比较了不同会话中个人的传感器读数。对于五名受试者，最大(吸气)电阻值的分布为 5.79±0.03、6.69±0.05、5.47±0.03、6.83±0.05 和 6.65±0.05(单位：kΩ)。另外，最小(呼气)电阻值的分布为 5.13±0.02、5.76±0.04、5.29±0.03、5.84±0.05 和 5.48±0.03(单位：kΩ)。对于同一个人，标准偏差为 3.81%。在穿上衬衫的不同实例之间重新定位传感器会导致不同实验之间的差异，即使是同一位穿着者也是如此。如图 6.10 所示，手动缝制是不同实验之间差异的另一个原因。指标表明，同一个人的多次穿脱数据集中在较小范围内。这证实了本章系统在不同阶段重建 3D 人体的鲁棒性。

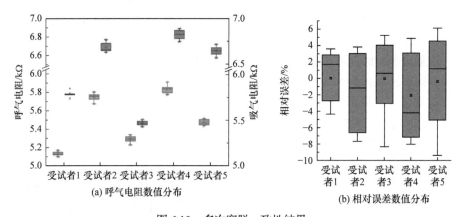

(a) 呼气电阻数值分布　　　　　(b) 相对误差数值分布

图 6.10　多次穿脱一致性结果

6.3.5　用户实验 3：长期可穿戴性

本章进行了另一个实验，以评估用户长时间佩戴时系统的性能。目的至少有两个方面：①长时间佩戴的用户的可用性；②长时间的传感器一致性。

参与者：与以前的实验不同，招募了 1 名参与者(大学的学生)加入了该实验。他的年龄、身高和体重分别为 25、165cm 和 65kg。

实验流程：参与者收到了实验指导，签署了书面协议，并填写了实验前调查表，与实验 1 和实验 2 相似。受试者被要求每天早上 8:00 至下午 18:00 连续穿衣服 7 天。在实验期间，他进行了日常工作，包括办公室工作和家庭活动。电池寿命足够长，因此在此实验期间不会中断电池充电。每 10s 记录一次最大值和最小值，以评估传感器的一致性。在日常会议结束时，参与者填写了 5 份量表的利克特问卷，以评价他对原型的舒适度的看法。收到每日问卷后，本实验还对参与者进行了简短的半结构化访谈，并收集了他的反馈。

定量分析：连续 7 天，最小(呼气)电阻值的分布分别为 4.62±0.06、4.64±0.09、4.57±0.04、4.61±0.04、4.66±0.04、4.67±0.02 和 4.69±0.01(单位：kΩ)。相应地，最大(吸气)电阻值的分布分别为 5.52±0.07、5.52±0.11、5.55±0.08、5.59±0.06、5.59±0.06、5.61±0.05 和 5.67±0.01(单位：kΩ)。图 6.11 显示了传感器 1 的统计结果，它显示了传感器的电阻随时间略向上漂移。当将传感器固定到衣服上时(图 6.11)，缝制间隔相对较小(<1cm)，传感器在衣服上的滑动几乎可以忽略不计。传感器电阻这种轻微向上漂移的主要原因是传感器的缝纫结构。平缝技术从本质上将传感器分为连续缝针段，并在传感器和服装之间的交叉点处连接这些段。当传感器拉伸并返回其原始长度时，这些交叉点处的接触会施加额外的摩擦力，从而阻止传感器返回其原始长度。

定性分析与问卷反馈：在实验开始时(第 1 天)，参与者明确表达了穿着服装时的不适感。参与者提到的主要因素是用于信号收集的布线和电路板不断提高他对可穿戴电子设备的认识。作为用户，他担心较大的移动是否会导致对电子设备的物理损坏。他特别提到了试穿和起飞程序，其中涉及缠结和拉伸导线。然而，随着实验的继续，该系统被证明是坚固的，参与者对服装感到更舒适。在实验的最后一天，他对这件衣服感到完全舒服，并提到"作为日常工作，试穿衣服是可以接受的"。

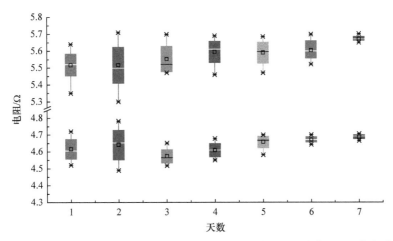

图 6.11　实验 3 的结果，通过要求参与者连续 7 天佩戴实验系统来验证长期佩戴性
该图显示了传感器 1 连续 7 天的最大和最小电阻值分布

6.3.6　动态捕捉呼吸

本章方法通过将曲线分为腹部和胸部呼吸循环来明确标注图 6.12 中的曲线。参与者主要使用腹部呼吸的方法，因此腰部传感器(黑色曲线)显示出周期性变化(以蓝色阴影框突出显示)。在黄色阴影框突出显示的时间间隔内，参与者进行了深呼吸。参与者呼吸时肩膀的二次运动引起了肩膀部位传感器的信号变化。

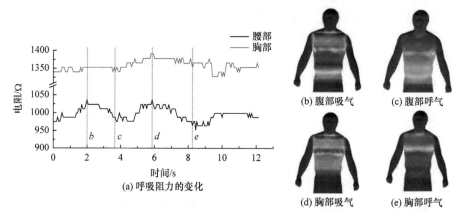

图 6.12　本章方法在两个呼吸周期中捕捉到的呼吸运动

本章方法从实验 3 中分割了一个短序列(两个呼吸周期)，并在呼吸过程中重建了 3D 人体网格。两个周期演示了两种呼吸模式：使用胸部或腹部。图 6.12 显示了传感器电阻和重建的网格在多个时间点的曲线。颜色突出显示了从初始状态到当前时间点的顶点位移。红色表示较大的位移，而蓝色表示较小的位移。本章方法选择了一个初始状态，在该状态下，传感器 1 的电阻值达到最小值，这表明用户在新的呼吸周期中完成了呼气并开始吸气。如图 6.12(b)所示，吸气时，腰部传感器 1 的值急剧增加，并且重建后的人体在其对应位置的变化最大。相反，呼气时，重建人体的每个部分恢复到其原始形状，并且重建人体与初始状态之间的差异很小，如图 6.12(c)所示。这可以从在时间点 c 标记的电阻图[图 6.12(a)]中观察到。在第二个呼吸循环中，使用者主要使用胸部呼吸模式。此时，胸部区域的顶点位移最大[图 6.12(d)]。当使用者再次呼气时，身体回到其原始状态，但胸部并未完全收缩，如图 6.12(e)所示。

6.3.7　生产成本

本章工作的可扩展性与整个系统的生产成本至关重要。捕获系统的总价格为 20 美元。详细分类如下：传感器的平均成本为 1 美元/m，原型服装上的传感器总长度为 4m，电路板的制造成本为每块 8 美元，焊丝的平均成本为 0.01 美元/m，电线的总长度为 5m，标准运动套装的价格为 10 美元，锂电池为 600mA·h，价格为 2 美元。这种低成本的设备适合于消费者级别的生产。传感器和连接线都是类似纱线的材料，可以无缝集成到现有的纺织品生产流水线中，与实验室设置相比，它是自动且高效的。大规模生产可以进一步降低生产成本。这进一步保证了本章工作的可扩展性。

6.3.8　局限性

目前，系统原型仅支持小范围的机身。实验结果表明，在身高 175cm，体重 66kg 的条件下，精度最准确。身体形状与此明显不同的用户可能会产生较大的重建误差。构建具有多种尺寸变化(S/M/L/XL 等)的定制系统可能会提供针对此限制的改进解决方案。

本章方法依赖于大型 3D 人体模型库的使用。当前可以公开访问的库是 CAESAR，但是它主要包含从美国和欧洲主题中捕获的形状模型，而不同种族之间的差异可能会影响重建的准确性。未来的工作之一是将该原型提供给大量对象，并构建涵盖各种种族、年龄、生理状态等的人体形状。

6.4　本　章　小　结

本章的工作探索了可伸展传感器的使用，以动态监测 3D 身体形状。使用稀疏的可伸缩传感器集，本章方法能够重构上身的形状，在特征身高处的平均错误率为 2.79%±2.55%。可拉伸的传感器柔软，为用户提供舒适体验方面的显著优势。本章方法只需要少量(N=5)传感器，就可以为消费者级产品创建一个低成本且可扩展的系统。本章还进行了多次穿脱的实验，以验证本章方法的一致性。初步研究证明用户可以在相对较长的时间内穿好衣服而不会干扰他们的日常工作。本章的方法比基于视觉的方法更受到用户的青睐，因为无须使用最少的人体衣服即可捕获图像，允许用户在本章方法的服装原型之上穿其他衣服。

这项工作为未来的工作指明了一些方向。首先，本章的原型专注于上身的形状重建任务。通过将裤子与传感器集成在一起，可以轻松捕获整个身体。另一个可预见的应用是通过将传感器放置在特定的关节位置来捕获人体运动。结合捕获对象的形状和运动信息，可以创建相同的虚拟化身。其次，另一个方向是探索感知由肌肉收缩引起的继发变形的能力。为了实现这个目标，需要密集的传感器阵列来检测微小的皮肤变形。这可以与其他高级传感器集成(如收集肌电信号传感器)，这些传感器可以共同提供理想的解决方案来分析肌肉活动，并最终应用于肌肉康复的情况。

参 考 文 献

[1] Jackson A S, Manafas C, Tzimiropoulos G. 3D human body reconstruction from a single image via volumetric regression[C]//Proceedings of the European Conference on Computer Vision Workshops, 2018: 41-53.

[2] Loper M, Mahmood N, Romero J, et al. SMPL: A skinned multi-person linear model[J]. ACM Transactions on Graphics, 2023, 34(6): 851-866.

[3] Varol G, Ceylan D, Russell B, et al. Bodynet: Volumetric inference of 3D human body shapes[C]//Proceedings of the European Conference on Computer Vision, 2018: 20-36.

[4] Zhang L, Han B, Dong H, et al. Development of an automatic 3D human head scanning-printing system[J]. Multimedia Tools and Applications, 2017, 76: 4381-4403.

[5] Poupyrev I, Gong N W, Fukuhara S, et al. Project Jacquard: Interactive digital textiles at scale[C]//Proceedings of the 2016 CHI Conference on Human Factors in Computing Systems, 2016: 4216-4227.

[6] Mikkonen J, Townsend R. Frequency-based design of smart textiles[C]//Proceedings of the 2019 CHI Conference on Human Factors in Computing Systems, 2019: 294.

[7] Friske M, Wu S, Devendorf L. AdaCAD: Crafting software for smart textiles design[C]//Proceedings of the 2019 CHI Conference on Human Factors in Computing Systems, 2019: 345.

[8] Albaugh L, Hudson S, Yao L. Digital fabrication of soft actuated objects by machine knitting[C]//Proceedings of the 2019 CHI Conference on Human Factors in Computing Systems, 2019: 184.

[9] Ou J, Oran D, Haddad D D, et al. SensorKnit: Architecting textile sensors with machine knitting[J]. 3D Printing and Additive Manufacturing, 2019, 6(1): 1-11.

[10] Amjadi M, Kyung K U, Park I, et al. Stretchable, skin‐mountable, and wearable strain sensors and their potential applications: A review[J]. Advanced Functional Materials, 2016, 26(11): 1678-1698.

[11] Wu R, Ma L, Hou C, et al. Silk composite electronic textile sensor for high space precision 2D combo temperature—pressure sensing[J]. Small, 2019, 15(31): 1901558.

[12] Thuruthel T G, Shih B, Laschi C, et al. Soft robot perception using embedded soft sensors and recurrent neural networks[J]. Science Robotics, 2019, 4(26): 1488.

[13] Gholami M, Rezaei A, Cuthbert T J, et al. Lower body kinematics monitoring in running using fabric-based wearable sensors and deep convolutional neural networks[J]. Sensors, 2019, 19(23): 5325.

[14] Kim D, Kwon J, Han S, et al. Deep full-body motion network for a soft wearable motion sensing suit[J]. IEEE/ASME Transactions on Mechatronics, 2018, 24(1): 56-66.

[15] Leong J, Parzer P, Perteneder F, et al. proCover: Sensory augmentation of prosthetic limbs using smart textile covers[C]//Proceedings of the 29th Annual Symposium on User Interface Software and Technology, 2016: 335-346.

[16] Kiaghadi A, Homayounfar S Z, Gummeson J, et al. Phyjama: Physiological sensing via fiber-enhanced pyjamas[J]. Proceedings of the ACM on Interactive, Mobile, Wearable and Ubiquitous Technologies, 2019, 3(3): 1-29.

[17] Parzer P, Sharma A, Vogl A, et al. SmartSleeve: Real-time sensing of surface and deformation gestures on flexible, interactive textiles, using a hybrid gesture detection pipeline[C]//Proceedings of the 30th Annual ACM Symposium on User Interface Software and Technology, 2017: 565-577.

[18] Skach S, Stewart R, Healey P G T. Smart arse: Posture classification with textile sensors in trousers[C]//Proceedings of the 20th ACM International Conference on Multimodal Interaction, 2018: 116-124.

[19] Glauser O, Wu S, Panozzo D, et al. Interactive hand pose estimation using a stretch-sensing soft glove[J]. ACM Transactions on Graphics, 2019, 38(4): 1-15.

[20] Park H, Cho J, Park J, et al. Sim-to-real transfer learning approach for tracking multi-DOF ankle motions using soft strain sensors[J]. IEEE Robotics and Automation Letters, 2020, 5(2): 3525-3532.

[21] Pons-Moll G, Romero J, Mahmood N, et al. Dyna: A model of dynamic human shape in motion[J]. ACM Transactions on Graphics, 2015, 34(4): 1-14.

[22] Alldieck T, Magnor M, Xu W, et al. Video based reconstruction of 3D people models[C]//Proceedings of the IEEE Conference on Computer Vision and Pattern Recognition, 2018: 8387-8397.

[23] Zhang C, Pujades S, Black M J, et al. Detailed, accurate, human shape estimation from clothed 3D scan sequences[C]//Proceedings of the IEEE Conference on Computer Vision and Pattern Recognition, 2017: 4191-4200.

[24] Yu T, Zheng Z, Guo K, et al. Doublefusion: Real-time capture of human performances with inner body shapes from a single depth sensor[C]//Proceedings of the IEEE Conference on Computer Vision and Pattern Recognition, 2018: 7287-7296.

[25] Habermann M, Xu W, Zollhoefer M, et al. Livecap: Real-time human performance capture from monocular video[J]. ACM Transactions On Graphics, 2019, 38(2): 1-17.

第 7 章　基于最刚性方法的动态网格的中轴网格提取方法

7.1　引　　言

与球形网格相似，Blum 首先提出的 3D 物体的中轴变换[1,2](medial axis transform，MAT)不仅包括中轴球，还包括球体的分段线性插值。由于中轴变换对网格边界的噪声和细微扰动异常敏感，这些细微的扰动和噪声会使得中轴产生大量的毛刺。这些毛刺对几何形状几乎没有贡献，却占据了大量存储空间，使中轴变复杂。因此，研究人员在计算初始中轴，并通过消除毛刺而获得简洁而准确的中轴等方面做了很多相关的工作。Q-MAT[3]使得从静态网格模型中快速地提取稳定而简洁的中轴，并实现对静态网格模型的精确逼近成为可能。另外，动画逼近作为计算机图形学中的一个重要问题，研究的重点在于如何用更简洁的结构尽可能地逼近原动画，尤其是动态网格模型。然而，现有的中轴计算方法仅适用于表示静态形状，如何借助中轴的简洁性和体积保持的特点，将中轴应用于动画逼近中，是本章研究的主要内容。需要注意的是，中轴的不稳定性导致了从动态序列中每一帧网格中提取的中轴网格是完全不一样的，不仅体现在每一帧的中轴网格模型具有不同数量的球，更体现在即使 Q-MAT[3]或者 Q-MAT+[4]可以限定简化后的中轴网格的中轴球数量，每一帧的中轴网格的连接性也并不能保证是完全一致的。因此，如何用简洁并且具有不变的连接性的中轴网格进行动态网格逼近是这一章的研究重点。

针对以上问题，本章提出了用于表示动态表面的可变形中轴变换(deformable medial axis transform，DMAT)，它是由一组随时间变换的中轴球组成的可变形中轴网格。DMAT 算法首先通过参考帧计算精确而紧凑的中轴网格作为模板，然后提取变形序列采样点与中轴体积图元的映射关系，利用这些映射关系定义一种最刚性(as-rigid-as-possible，ARAP)的变形场以求解变形的中轴网格，实现变形中轴网格对动画网格序列的逼近。计算出来的动态中轴网格在整个变形序列中具有一致的连接性，并且可以准确地逼近输入的表面动画。

与 ASM(animated sphere-mesh)[5]类似，本章使用基于球体的体积表达，也就是动态中轴网格进行动态网格序列的逼近。基于 Voronoi 图计算的方式通过最近邻关系来定义每个 Voronoi 图元,这就导致动画序列每一帧的中轴的连接性将有很大的不同,采用类似 ASM 的边塌陷方式来获得连接性一致的可变形中轴网格显然是不可行的。因此,本章采用模板匹配的方式进行动态中轴网格的计算。基于模板的绑定方法[6,7]的基本思想是利用相似刚性对输入动画的顶点进行运动分割,并匹配分割好的动画区域,进而用线性或者非线性最小二乘法估计骨骼节点的位置和骨骼的大小,最终获得优化后的骨骼变形和蒙皮权重[8,9]。线性混合蒙皮方法常被用于输入动画的逼近,通过调整控制单元的变形而使得几何模型发生自然、高质量的形变。这些方法多数都是直接作用在动画网格曲面的显式形式上,如直接通过控制网格顶点而使网格发生形变。受到这些方法的启发,本章将利用中轴体积图元(中轴锥和中轴夹板)对输入动画的顶点进行分割。对于每个中轴体积图元来说,这些被分割好的顶点被称为中轴体积图元的对应点。这是因为,中轴体积图元上的任意一个点(球)都被认为是具有相似的刚性形变。而中轴网格的变形则可由分割的中轴体积图元的对应点进行计算。

7.2　算　法　流　程

本章遵循 Q-MAT 中的表达方式,使用由中轴锥和中轴夹板组成的非流形网格 M,即中轴网格的体积包络来逼近 3D 表面模型 S,用中轴网格逼近 3D 物体的中轴。

受 ASM[5]的启发,本章用一个可变形的中轴网格来逼近动画网格序列,其中,每一个顶点与一个随时间变化的中轴球相关联。对于一个 $m+1$ 帧的动画序列 $\{S^t \mid t=0, \cdots, m\}$,计算出的动态中轴网格(DMAT)包含了一个 $m+1$ 帧的中轴网格序列 $\{M^t \mid t=0, \cdots, m\}$,该序列具有连接一致性。也就是说,在动态中轴网格中,球和球之间的连接关系保持不变,只有球的大小和位置发生了变化。

Thiery 等通过边塌陷用以简化初始的球网格模型[10],其中,三角形网格模型上的一组顶点可用于逼近简化后的球网格模型中的一个球。由于中轴网格 M 的体积包络 C 可被用于逼近与其对应的表面模型 S,因此本章将形状逼近问题转换为基于中轴体积图元对给定曲面进行分割,并通过变形相应的中轴球来逼近每个被分割好的动画区域,进而实现动画网格序列的逼近。这些变形的中轴球以及球间的连接关系,共同构成了动态中轴网格,实现对输入的动态网格序列的逼近。

图 7.1 展示了算法的流程和每一步的中间结果。算法的步骤如下:

(1) 从参考帧(默认选择第 1 帧,即 $t=0$)三角网格 S^0 中计算出简化的参考帧中轴 M^0,该中轴包含 n 个中轴球 $\{m_k^0 \mid k=1, \cdots, n\}$。

(2) 用参考帧中轴 M^0 进行初始化动态中轴网格的变形帧(除参考帧外的其他帧)。

(3) 利用中轴体积图元对参考帧的三角网格表面的顶点进行分割，分割好的三角网格顶点称为与其相关的中轴体积图元的对应点(correspondence)。

(4) 采用两阶段的迭代最近点(iterative closest point, ICP)优化方法来计算变形帧(第 t 帧，$t \in [1,m]$)的变形中轴网格 M' 的中轴球 $\{m_k^t \mid k=1,\cdots,n\}$。其中，第一阶段优化时，保持中轴球的半径不变，只优化中轴球的球心。第二阶段中，需要对每一个变形帧的网格表面的顶点进行重新分割，利用中轴体积图元的新对应点来优化中轴球的球心和半径。

接下来将详细介绍算法的每个步骤的设计与实现细节。

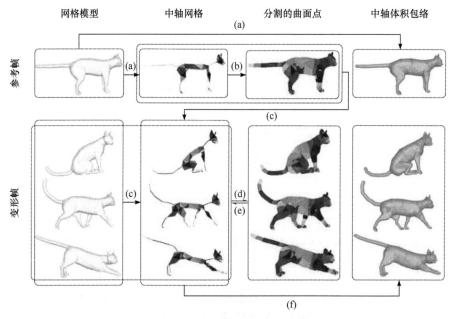

图 7.1　DMAT 算法流程示意图

7.3　计算参考帧中轴

本章利用 Amenta 和 Bern 的方法[11]计算出参考帧 S^0 的初始中轴，然后用 Q-MAT[3]移除冗余的毛刺，进而简化得到参考帧的中轴网格 M^0。

Amenta 和 Bern 的方法[11]首先对曲面上的采样点进行 Delaunay 三角剖分，初始中轴网格则为该三角剖分的对偶。初始中轴上的每个中轴球由一个四面体计算而来，四面体的四个顶点称为中轴球的对应点(correspondence)，标记为 $C\left(m_i^0\right)$，

其中 $m_i^0 = \left(c_i^0, r_i^0 \right)$ 为初始中轴上的中轴球。Q-MAT[3]采用夹板二次误差对用于网格简化的二次误差度量框架 QEM[12]进行扩展,采用边塌陷的方式对初始中轴网格进行简化。对于每次塌陷,边 e_{jk}^0 被塌陷为一个新的中轴球 m_g^0 ,同样地,新中轴球 m_g^0 的对应点也由中轴球 m_j^0 和 m_k^0 的对应点合并而成,即: $\mathcal{C}\left(m_g^0 \right) = \mathcal{C}\left(m_j^0 \right) \cup \mathcal{C}\left(m_k^0 \right)$ 。

需要注意的是,原曲面上点的采样密度对于所得中轴球的逼近精度至关重要。当局部采样过于稀疏时,采用 Delaunay 三角剖分所得的四面体并不能很好地逼近曲面的局部区域,因此由其计算出来的中轴球也就不能很好地逼近局部最大球。而当采样过于稠密时,往往容易产生被包括在体积包络内部的中轴体积图元产生冗余而增加计算量。本章将在 7.6 节的实验结果中对采样密度的选择进行讨论。

此外,初始中轴网格是基于 Delaunay 三角剖分的方法所提取的。然而,Delaunay 三角剖分是根据采样点之间的距离剖分三维空间的,这就可能导致边界上的球被错误地连接成一条边。这是因为在三维空间内,生成两个邻近中轴球的四面体在空间上非常接近,而实际上,它们是不能被连成一条中轴锥的。如图 7.2 所示,灰色的球 $m_0 = (c_0, r_0)$ 是由黑色的点计算而来,这个球会将蓝色的曲面片相关的中轴球与橙色的曲面片相关的中轴球连在一起。因此,需要采用以下方式对这些被误连的边进行删除:对于中轴球 m_0 而言,如果它的其中一个对应点 $v \in \mathcal{C}(m_0)$ 满足以下条件时,则它被标记为边界连接中轴球(boundary-connected medial sphere),即

$$\left(v - c^0 \right) \cdot n_v < 0 \tag{7-1}$$

其中, n_v 为采样点 v 的法向。如图所示,人形机器人的中轴网格错误地将其右手和右腿连在一起。显然,如果不对其进行处理的话,将会产生拓扑上的错误。在

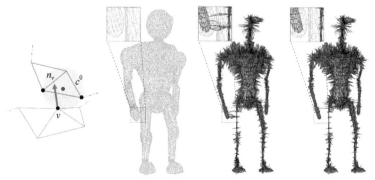

(a) 中轴球误连示意图　　(b) 网格模型　　(c) 优化前的中轴网格 (d) 优化后的中轴网格

图 7.2　初始中轴网格优化示例

本章中，首先直接将含有一个边界连接中轴球的边全部删除，然后再进行中轴网格的简化。图 7.2(d)为对图 7.2(c)中人形机器人的边进行剔除之后的结果。

7.4　中轴体积图元与曲面点的对应性计算

对于曲面上的一个采样点 v_i 而言，它在中轴体积图元 P_j 上的投影可以通过最小化以下二次误差 $E_d(m)$ 计算：

$$E_d(m) = \left\| (v_i - c) \cdot n_{ij} - r \right\|^2 \tag{7-2}$$

其中，$m = (c, r)$ 是中轴体积图元 P_j 上的一个球；n_{ij} 为中轴体积图元 P_j 在曲面点 v_i 处的外法向。图 7.3 表示的是从曲面采样点 v_i(图中的黄色点)在中轴体积图元 P_j 处的投影球(紫色球)的球心(图中黑色的点)指向曲面点 v_i 的单位向量。

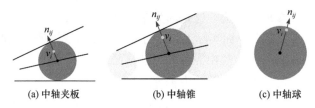

(a) 中轴夹板　　　　　　(b) 中轴锥　　　　　　(c) 中轴球

图 7.3　投影球和相应的外法向示意图

接下来将讨论中轴体积图元 P_j 在曲面采样点 v_i 处的外法向 n_{ij} 的计算方法。

在不失一般性的前提下，首先考虑中轴体积图元 P_j 是一个中轴锥 e_{kl} 的情况。将球心 c_k 到 c_l 的方向表示为

$$d_c = \frac{c_l - c_k}{\left\| c_l - c_k \right\|} \tag{7-3}$$

而中轴球 m_k 到 m_l 的半径变化梯度表示为

$$d_r = \frac{r_l - r_k}{\left\| c_l - c_k \right\|} \tag{7-4}$$

如图 7.4 所示，橙色的点 v_i' 是曲面点 v_i 在直线 $c_k c_l$ 上的垂直投影，而中轴体积图元 P_j 在曲面采样点 v_i 处的外法向 n_{ij} 是满足以下条件的单位向量：

$$n_{ij} \cdot d_c = -d_r \tag{7-5}$$

在不失一般性的前提下，考虑点 v_i 不在直线 $c_k c_l$ 上的情况。显然，n_{ij} 与球心连线方向 d_c 和向量 $v_i' - v_i$ 共面，因此，它可以表示为

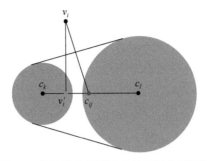

图 7.4 中轴锥在曲面点上的外法向示意图

$$n_{ij} = a\frac{v_i' - v_i}{\|v_i' - v_i\|} + bd_c \tag{7-6}$$

其中，a 和 b 是需要确定的标量。结合式(7-5)和式(7-6)，以及 n_{ij} 是一个单位向量的限制条件，可以求解出

$$n_{ij} = \frac{v_i' - v_i}{\|v_i' - v_i\|}\sqrt{1 - d_r^2} - d_c \cdot d_r \tag{7-7}$$

在中轴体积图元 P_j 是一个中轴锥 e_{kl} 的情况下，曲面点 v_i 在 P_j 上的投影球 $m_{ij} = (c_{ij}, r_{ij})$ 可以表示为：$m_{ij} = \alpha m_k + (1-\alpha)m_l$。通过将 c_{kl} 和 r_{kl} 代入公式(7-2)中，公式(7-2)就变成了一个关于 $\alpha \in [0,1]$ 的最小二乘问题，而 α 是这个问题中唯一需要求解的变量，即

$$E_d(\alpha) = \left\|\left(v_i - c_l - \alpha(c_k - c_l)\right) \cdot n_{ij} - r_l - \alpha(r_k - r_l)\right\|^2 \tag{7-8}$$

然后，α 可以通过求解 $\mathrm{d}E_d(\alpha)/\mathrm{d}\alpha = 0$ 获得。当 $0 \le \alpha \le 1$ 时，该投影被称为内投影。此时，直接采用公式(7-7)中计算的法向方向作为中轴体积图元 P_j 在曲面采样点 v_i 处的外法向。反之，如果 $\alpha < 0$ 或者 $\alpha > 1$ 则将其分别限制为 $\alpha = 0$ 或者 $\alpha = 1$，也就是说投影球为中轴锥的两个顶点之一，该投影被称为外投影。同时，将外法向设为

$$n_{ij} = \frac{v_i - c_{ij}}{\|v_i - c_{ij}\|} \tag{7-9}$$

对于中轴夹板来说，曲面点在中轴夹板上的投影以及相应的内投影和外投影的定义也和中轴锥类似。假如中轴体积图元 P_j 是一个中轴夹板 f_{klt}，用 n_j^g，$g \in \{1,2\}$ 表示中轴夹板两个共切三角形的法向方向。而外法向方向则为最小化如下绝对距离 $F_d(n)$ 的法向方向：

$$F_d(n) = \left| (v_i - c_k) \cdot n \right|, \quad n \in \left\{ n_j^g \mid g = 1,2 \right\} \tag{7-10}$$

其中，c_k 是中轴夹板上任意一个中轴球 m_k 的球心。与中轴锥计算投影球的方式相似，中轴夹板 f_{klt} 在点 v_i 处的投影球也可以用所选择的共切三角形的法向进行计算。将投影球 $m_{ij} = \beta_k m_k + \beta_l m_l + (1 - \beta_k - \beta_l) m_t$ 代入公式(7-2)中，公式(7-2)就变成了一个关于 $\beta_k \in [0,1]$ 和 $\beta_l \in [0, 1 - \beta_k]$ 的最小二乘问题。然后，β_k 和 β_l 可以通过求解 $\mathrm{d}E_d(\beta_k)/\mathrm{d}\beta_k = 0$ 和 $\mathrm{d}E_d(\beta_l)/\mathrm{d}\beta_l = 0$ 获得。当投影球是一个内投影球时，所选择的共切三角形的法向即为中轴夹板 f_{klt} 在点 v_i 处的外法向。否则，在中轴夹板的三条边上计算外投影球：首先计算三个中轴锥 e_{kl}、e_{lt} 和 e_{kt} 在点 v_i 处的外法向，然后选择具有最小二次距离 E_d 的内投影球，以及相应的外法向。假如在三个中轴锥上找不到内投影球，则从三个顶点 m_k、m_l 和 m_t 中选择使得 E_d 最小的中轴球作为投影球，并且使用公式(7-9)计算外法向。

接下来，通过定义如下的有向距离 $d_j(v_i)$ 表示从曲面采样点 v_i 到中轴体积图元 P_j 的距离：

$$d_j(v_i) = (v_i - c_{ij}) \cdot n_{ij} - r_{ij} \tag{7-11}$$

其中，(c_{ij}, r_{ij}) 是点 v_i 在中轴体积图元 P_j 上的投影球；n_{ij} 是 P_j 在点 v_i 上的外法向。有向距离 $d_j(v_i)$ 被用来将曲面采样点根据中轴体积图元分割成独立的区域。Voronoi 单元是与该单元中心具有最近欧氏距离的点的集合。与 Voronoi 单元类似，本章用 C_j 表示由公式(7-11)定义的与中轴体积图元 P_j 最近的曲面点集合，也称为中轴体积图元 P_j 的对应点。

然而，与在欧氏空间中定义的 Voronoi 图不同的是，在分割曲面采样点进而产生中轴体积图元对应点时，需要处理以下几种特殊情况。假设有两个相邻的中轴体积图元 P_j 和 P_k，它们共用一个中轴锥或者一个中轴球。对于其附近的一个曲面采样点 v_i，需要确定要将其分配给 P_j 还是 P_k 作为其对应点，参与到后面中轴体积图元的变形计算中。

在第一种情况下，假设点 v_i 在中轴体积图元 P_j 上有一个内投影球 m_{ij}，而在中轴体积图元 P_k 上有一个内投影球 m_{ik}，那么只需要根据公式(7-11)将点 v_i 分配给具有较小有向距离的中轴体积图元即可。这是因为，根据公式(7-11)的定义，v_i 离具有较小的有向距离的投影球的表面更近。也就是说，该投影球更接近曲面采样点。

在第二种情况下，假设曲面采样点 v_i 在中轴体积图元 P_j 上的投影球 m_{ij} 是一个内投影球，而在 P_k 上的投影球 m_{ik} 是一个外投影球。在这种情况下，则只需要将点 v_i 分配给中轴体积图元 P_j 即可。

第三种特殊情况是当曲面采样点 v_i 在中轴体积图元 P_j 和 P_k 上的投影球是同样的，也就是 $m_{ij} = m_{ik}$。在这种情况下，m_{ij} 和 m_{ik} 都是外投影球。为了解决这类曲面点的分割问题，需要引入边界平面(boundary plane)的概念。所谓边界平面，指的是中轴体积图元的分割平面。如图 7.5 所示，对于两个中轴体积图元来说，存在以下四种邻接关系：

(1) 两个中轴锥共用一个中轴球，如图 7.5(a)所示。对于每个中轴锥来说，可以找到如图 7.6(a)所示的两个边界平面(分别用绿色和红色的粗线段表示)，箭头方向表示边界平面相应的外法向方向。比较从曲面采样点 v_i 到两个相连的中轴锥的共用球上的两个边界平面的有向距离，然后把采样点 v_i 分配给具有较小有向距离的中轴锥。

(2) 两个中轴夹板共用一个中轴锥，如图 7.5(b)所示。对于每个中轴夹板而言，可以找到如图 7.6(b)所示的三个边界平面(分别用红色、绿色和紫色的梯形表示，粗线段表示平面边界)，箭头方向表示边界平面相应的外法向方向。比较从曲面采样点 v_i 到两个相连的中轴夹板的共用中轴锥上的两个边界平面的有向距离，然后把采样点 v_i 分配给具有较小有向距离的中轴夹板。

(3) 一个中轴锥和一个中轴夹板共用一个中轴球，如图 7.5(c)所示。这种情况可以被看作三个中轴锥共用一个球的情况(其中的两个中轴锥为中轴夹板的边)。同样地，采用与两个中轴锥共用一个中轴球的情况一样的策略，分别比较中轴锥与中轴夹板的两条边和曲面采样点 v_i 的有向距离。当点 v_i 与中轴夹板的任意一条边的距离小于到中轴锥的距离时，将采样点 v_i 分配给中轴夹板，否则分配给中轴锥。

(4) 两个中轴夹板共用一个中轴球，如图 7.5(d)所示。分别累加曲面采样点 v_i 与每个中轴夹板的两个连接该共用中轴球的中轴锥之间的有向距离，将采样点 v_i 分配给有向距离总和较小的中轴夹板。

在分割好的输入曲面区域上的顶点集合 C_j 则是与其对应的中轴体积图元 P_j 的对应点。

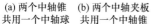

(a) 两个中轴锥　　(b) 两个中轴夹板　　(c) 一个中轴锥和一个　　(d) 两个中轴夹板
共用一个中轴球　　共用一个中轴锥　　中轴夹板共用一个中轴球　　共用一个中轴球

图 7.5　两个中轴体积图元共享投影球的四种情况

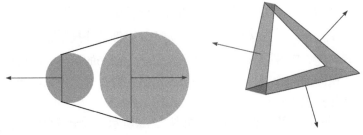

(a) 中轴锥边界平面与对应的外法向　　　(b) 中轴夹板边界平面与对应的外法向

图 7.6　中轴锥与中轴夹板边界平面示意图

7.5　基于最刚性方法的中轴网格变形

7.4 节介绍了如何通过有向距离将三角网格曲面的顶点与其最近的中轴体积图元建立对应关系，进而形成中轴体积图元的对应点。本节中将集中讨论如何使用分割好的曲面区域进行变形中轴的计算，也就是用中轴体积图元 P_j 的对应点集 C_j 来驱动它的变形。为了简化表示，本章在接下来的内容中将所有符号的上标中用以表示动画序列中的特定帧的 t 去掉。

为了驱动中轴网格变形同时尽可能地减小其局部的变形，本章采用了一种类似于 Lan 等[13]所用的几何方法。他们采用最刚性方法对中轴网格进行初始变形，以使其局部变形尽可能地接近刚性变形，然后以迭代方式计算变形的中轴网格。ARAP 方法又称为保刚性方法，通过局部变形形状基本图元，ARAP 变形方法已广泛用于形状变形中[13-16]。

对于中轴体积图元 P_j 在表面 S 的每一个对应点 $v_i \in C_j$ 来说，在中轴体积图元 P_j 上计算它的投影球 m_{ij}，并且希望通过能量优化能够尽可能地保持对应点 v_i 与中轴体积图元 P_j 的"相对位置"。由于投影球是落在中轴体积图元上的，如前所述，它可以被表示成如下形式：

$$m_{ij} = \sum_{m_l \in V_j} \alpha_{ijl} m_l \tag{7-12}$$

其中，V_j 表示中轴体积图元的顶点集；$\{\alpha_{ijl}\}$ 为投影球 m_{ij} 的质心坐标。将投影球 m_{ij} 的质心坐标 $\{\alpha_{ijl}\}$ 当作 v_i 与中轴体积图元 P_j 的相对位置。假设曲面点与其最近中轴体积图元 P_j 的相对位置是固定的，也就是在优化的过程中保持 $\{\alpha_{ijl}\}$ 不变，那么曲面点 v_i 的投影球 m_{ij} 可以简单地由中轴体积图元的顶点(中轴球)的插值获得。对于每一个对应点 $v_i \in C_j$，将它的投影球 m_{ij} 的球心 c_{ij} 指向它自身的向量 s_i 称为投影射线，也就是：$s_i = v_i - c_{ij}$。

　　本章中将每个动画序列的第一帧($t=0$)作为参考帧。当曲面上的对应点集合 C_j 在第 t 帧发生变形时，假定中轴体积图元 P_j 做了一个旋转 R_j，为每一条投影射线定义如下 ARAP 能量：

$$Q_{ij} = \left\| R_j s_i^0 - s_i \right\|^2 \tag{7-13}$$

其中，s_i^0 为参考帧的投影射线。该二次距离用于衡量投影射线的变形误差。这样一来，变形的投影球 m_{ij} 可以被用来驱动中轴体积图元 P_j 的变形。因此，对于每个中轴体积图元 P_j，定义如下 ARAP 投影射线能量 Q_j：

$$\begin{aligned}
Q_j &= \sum_{v_i \in C_j} Q_{ij} \\
&= \sum_{v_i \in C_j} \left\| R_j s_i^0 - s_i \right\|^2 \\
&= \sum_{v_i \in C_j} \left\| R_j s_i^0 - v_i + \sum_{m_l \in V_j} \alpha_{ijl} c_l \right\|^2
\end{aligned} \tag{7-14}$$

　　假设每个中轴体积图元 P_j 都有一个理想化的刚性形变，包括旋转 R_j 和平移向量 t_j，则定义如下 ARAP 中轴体积图元能量 W_j：

$$W_j = \sum_{m_l \in V_j} \left\| R_j c_l^0 + t_j - c_l \right\|^2 \tag{7-15}$$

其中，c_l 是中轴球 m_l 在第 t 帧变形帧中的球心位置；c_l^0 是它在参考帧中的位置。

　　通过结合公式(7-14)和公式(7-15)的能量，将整个中轴网格的 ARAP 总能量 E 定义为

$$E\left(\{R_j, t_j\}, \{m_l\}\right) = \sum_j \left(Q_j + \omega W_j\right) \tag{7-16}$$

　　该能量中的变量包括所有中轴体积图元 $\{P_j\}$ 的刚性形变 $\{R_j, t_j\}$ 和所有中轴球 $\{m_l\}$ 的球心位置 $\{c_l\}$。引入的 ω 是用于平衡公式中两项能量的权重因子。在实验中，设定 $\omega=1$。显而易见，可以通过最小化这个 ARAP 总能量来求解变形的中轴网格。

　　公式(7-14)中的 ARAP 能量具有两个局限性：①能量 E 并不依赖于所有中轴球的半径 $\{r_l\}$，换句话说，在整个变形的过程中，所有中轴球的半径 $\{r_l\}$ 是固定不变的；②假设曲面采样点 v_i 与中轴体积图元 P_j 的相对位置是固定不变的，也就是公式(7-12)中采样点 v_i 在中轴体积图元 P_j 上的投影球 m_{ij} 的质心坐标 $\{\alpha_{ijl}\}$ 是固定不变的。然而，当表面模型具有非刚性形变时，这种假设是不太合理的。

　　为了解决第一个局限性，投影射线能量 Q_{ij} 可以被修改为

$$Q_{ij} = \left\| R_j u_{ij} r_{ij} - s_i \right\|^2 \tag{7-17}$$

其中，u_{ij} 是一个参考的单位向量，可以用参考帧的投影射线 s_i^0 的方向进行初始化，即

$$u_{ij} = \frac{s_i^0}{\left\| s_i^0 \right\|} \tag{7-18}$$

而 r_{ij} 是曲面点 v_i 在中轴体积图元 P_j 上的投影球 m_{ij} 的半径。这样，ARAP 投影射线能量 Q_j 可以被修改为

$$Q_j = \sum_{v_i \in C_j} \left\| R_j u_{ij} \left(\sum_{m_l \in V_j} \alpha_{ijl} r_l \right) - v_i + \sum_{m_l \in V_j} \alpha_{ijl} c_l \right\|^2 \tag{7-19}$$

为了获得最优的公式(7-19)中的投影射线，每个中轴球将会通过最小化公式(7-16)中的 ARAP 总能量 E 来调整其半径，进而达到解决第一个局限性的目的。

为了解决上述的第二个局限性，本课题提出了一个两阶段的优化策略：

(1) 在第一个阶段，保持曲面采样点 v_i 与中轴体积图元 P_j 的相对位置不变，也就是保持质心坐标 $\{\alpha_{ijl}\}$ 不变，用参考帧中的投影球 m_{ij}^0 的质心坐标。同样地，保持参考的单位向量 u_{ij} 不变，也就是公式(7-19)中的 u_{ij} 直接使用公式(7-18)代入进行计算。在这个阶段，本章方法优化所有中轴体积图元 $\{P_j\}$ 的刚性运动 $\{R_j, t_j\}$，以及所有中轴球 $\{m_l\}$ 的球心位置 $\{c_l\}$。如图 7.7(a)所示，这一阶段的目标是计算黄色参考投影射线与当前的蓝色投影射线之间的误差，也就是红色的射线。

(2) 在第二个阶段，通过对每一个曲面采样点重新分组和重新投影来修改交替优化策略，允许将曲面采样点重新分组分配给当前与它最接近的中轴体积图元，通过它在新的中轴体积图元上的投影重新计算它的质心坐标，松弛了曲面采样点 v_i 与中轴体积图元 P_j 的相对位置关系。如图 7.7(b)所示，计算的目标误差从红色的射线变为绿色的射线。此外，将公式(7-19)中的 u_{ij} 修改为：$u_{ij} = R_j^{-1} n_{ij}$，其中 R_j 是中轴体积图元当前的旋转矩阵，而 n_{ij} 是当前中轴体积图元在点 v_i 处的外法向方向。如图 7.7(c)所示，计算的目标误差从红色实线射线变为红色虚线射线。

尽管在两个优化阶段中使用了不同的 u_{ij}，但 ARAP 投影射线能量 Q_j 是连续的。为了求解这个最小化优化问题，本章采用了一种迭代的方式优化中轴体积图元的刚性形变 $\{R_j, t_j\}$ 和所有的中轴球 $\{m_l\}$。采用的迭代优化策略能够保证连续的 ARAP 总能量 E 是单调递减的，并且优化的精度也在逐渐地增高。

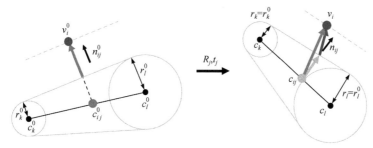

(a) 第一阶段的投影射线匹配

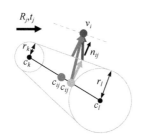

(b) 重新分组与重新投影

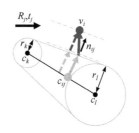

(c) 修改参考向量后的投影射线匹配

图 7.7　投影射线匹配示意图

本章使用的交替优化策略通过迭代以下两个步骤直至收敛：①固定所有中轴球 $\{m_l\}$，将问题看成是关于所有中轴体积图元的刚性形变 $\{R_j, t_j\}$ 的最小二乘问题进行求解；②固定住所有中轴体积图元的刚性形变 $\{R_j, t_j\}$，将问题转化为关于所有中轴球 $\{m_l\}$ 的最小二乘问题，进而求解出 $\{m_l\}$。

接下来将讨论如何通过最小化公式(7-16)中的总能量 E 来计算中轴体积图元 P_j 的刚性变换 $\{R_j, t_j\}$。在公式(7-16)中，只有 W_j 和中轴体积图元 P_j 的平移向量 t_j 相关，因此 t_j 可以通过如下方式进行计算，即

$$\frac{\partial W_j}{\partial t_j} = 0 \Leftrightarrow \sum_{m_l \in V_j} \left(R_j c_l^0 + t_j - c_l \right) = 0 \tag{7-20}$$

其中，V_j 是中轴体积图元 P_j 的顶点集合，而 $|V_j|$ 是该中轴体积图元的顶点数量，如果 P_j 是中轴锥，则为 2，如果是中轴夹板，则为 3。

为了使得最优的平移向量 t_j 与旋转矩阵 R_j 无关，假定每个中轴体积图元都有一个自己的局部坐标系，且坐标系在中轴体积图元的中心，因此就有

$$\sum_{m_l \in V_j} \left(R_j c_l^0 \right) = 0 \tag{7-21}$$

中轴体积图元 P_j 在变形帧的平移向量 t_j 就可以用中轴体积图元 P_j 的质心来

计算，即

$$t_j = \frac{\sum\limits_{m_l \in V_j} c_l}{|V_j|} \tag{7-22}$$

然后，保持平移 $\{t_j\}$ 和中轴球 $\{m_l\}$ 不变，计算最优化的旋转 $\{R_j\}$。在公式(7-16)中，每一个中轴体积图元 P_j 的旋转矩阵 R_j 只和它所对应的公式项 $Q_j + \omega W_j$ 相关，将其展开为

$$Q_j + \omega W_j = \sum_{v_i \in \mathcal{C}_j} \left(A - 2 \left(R_j u_{ij} r_{ij} \right)^{\mathrm{T}} \left(v_i - c_{ij} \right) \right) + \omega \sum_{m_l \in V_j} \left(B - 2 \left(R_j c_l^0 \right)^{\mathrm{T}} \left(c_l - t_j \right) \right) \tag{7-23}$$

其中，

$$\begin{cases} A = \left(u_{ij} r_{ij} \right)^{\mathrm{T}} \left(u_{ij} r_{ij} \right) + \left(v_i - c_{ij} \right)^{\mathrm{T}} \left(v_i - c_{ij} \right) \\ B = \left(c_l^0 \right)^{\mathrm{T}} \left(c_l^0 \right) + \left(c_l - t_j \right)^{\mathrm{T}} \left(c_l - t_j \right) \end{cases} \tag{7-24}$$

这个基于最小二乘的刚性运动问题等价于最大化如下的能量 F_j：

$$\begin{aligned} F_j &= \sum_{v_i \in \mathcal{C}_j} \left(R_j u_{ij} r_{ij} \right)^{\mathrm{T}} \left(v_i - c_{ij} \right) + \omega \sum_{m_l \in V_j} \left(R_j c_l^0 \right)^{\mathrm{T}} \left(c_l - t_j \right) \\ &= \mathrm{trace} \left(\sum_{v_i \in \mathcal{C}_j} \left(R_j u_{ij} r_{ij} \right)^{\mathrm{T}} \left(v_i - c_{ij} \right) \right) + \mathrm{trace} \left(\omega \sum_{m_l \in V_j} \left(R_j c_l^0 \right)^{\mathrm{T}} \left(c_l - t_j \right) \right) \\ &= \mathrm{trace} \left(R_j^{\mathrm{T}} \sum_{v_i \in \mathcal{C}_j} \left(v_i - c_{ij} \right) \left(u_{ij} r_{ij} \right)^{\mathrm{T}} \right) + \mathrm{trace} \left(R_j^{\mathrm{T}} \left(\omega \sum_{m_l \in V_j} \left(c_l - t_j \right) \left(c_l^0 \right)^{\mathrm{T}} \right) \right) \end{aligned} \tag{7-25}$$

设定矩阵 D_j 为

$$D_j = \sum_{v_i \in \mathcal{C}_j} \left(v_i - c_{ij} \right) \left(u_{ij} r_{ij} \right)^{\mathrm{T}} + \omega \sum_{m_l \in V_j} \left(c_l - t_j \right) \left(c_l^0 \right)^{\mathrm{T}} \tag{7-26}$$

则最大化 F_j 可以通过奇异值分解(singular value decomposition，SVD)分解[16]矩阵 D_j 进行求解：$D_j = U_j S_j V_j^{\mathrm{T}}$，因此最优的旋转矩阵可以计算为

$$R_j = U_j V_j^{\mathrm{T}} \tag{7-27}$$

需要注意的是，当 $\det \left(U_j V_j^{\mathrm{T}} \right) = -1$ 时，旋转矩阵 R_j 并不是一个真正意义上的旋转，而是一个反射矩阵。因此，需要将旋转矩阵 R_j 修改为

$$R_j = U_j \begin{pmatrix} 1 & & \\ & 1 & \\ & & -1 \end{pmatrix} V_j^{\mathrm{T}} \tag{7-28}$$

本节接下来将讨论带有 N 个中轴球的中轴网格的优化。根据之前的讨论，中轴网格的中轴球可以通过最小化公式(7-16)中的 ARAP 总能量 E 进行求解。对于每个中轴球 $m_l = \{c_l, r_l\}$ 来说，c_l 表示其在变形帧第 t 帧的球心位置，而 c_l^0 表示它在参考帧的球心位置。其能量只与其相邻的中轴体积图元相关，用 $\mathcal{N}(l)$ 表示中轴球 m_l 的相邻体积图元集合，则 ARAP 总能量 E 可以扩展为

$$E(\{m_l\}) = \sum_l \sum_{P_j \in \mathcal{N}(l)} \left(Q_j + \omega W_j \right) \tag{7-29}$$

在获得中轴体积图元的旋转平移 $\{R_j, t_j\}$ 之后，通过固定 $\{R_j, t_j\}$，公式(7-29)中的 ARAP 总能量 E 可以转化为关于中轴球 $\{m_l\}$ 的二次优化问题。用 $X \in \mathbf{R}^n$ 表示优化过程中的未知量。在第一个优化阶段，它表示所有中轴球的球心位置，在第二个阶段，则表示所有中轴球的球心位置和半径大小。通过求解公式(7-29)关于未知量的梯度并且使得该梯度为 0，可以简单地将二次优化问题化简为一个关于未知量的线性系统，并用代数方法求解该线性系统，即

$$0 = \frac{\partial E}{\partial X} = \sum_l \sum_{P_j \in \mathcal{N}(l)} \left(\frac{\partial Q_j}{\partial X} + \omega \frac{\partial W_j}{\partial X} \right) \tag{7-30}$$

在优化的第一个阶段，所有中轴球的半径 $\{r_l\}$ 保持不变，只求解中轴球的球心位置 $\{c_l\}$，则有：$X = \left(c_1^{\mathrm{T}}, c_2^{\mathrm{T}}, \cdots, c_N^{\mathrm{T}}\right)^{\mathrm{T}} \in \mathbf{R}^{3N}$，因此公式(7-30)可改写为

$$0 = \left(\left(\frac{\partial E}{\partial c_1}\right)^{\mathrm{T}}, \left(\frac{\partial E}{\partial c_2}\right)^{\mathrm{T}}, \cdots, \left(\frac{\partial E}{\partial c_N}\right)^{\mathrm{T}} \right)^{\mathrm{T}} \tag{7-31}$$

并且有

$$\frac{\partial Q_j}{\partial c_l} = \sum_{v_i \in \mathcal{C}_j} 2\alpha_{ijl} \left(R_j u_{ij} \sum_{m_k \in V_j} \alpha_{ijk} r_k - v_i + \sum_{m_k \in V_j} \alpha_{ijk} c_k \right) \tag{7-32}$$

$$\frac{\partial W_j}{\partial c_l} = -2\left(R_j c_l^0 + t_j \right) + 2c_l \tag{7-33}$$

其中，$\mathcal{C}_j$ 和 V_j 分别用于表示中轴体积图元 P_j 的对应点和中轴球。将公式(7-32)和公式(7-33)代入公式(7-31)中，则变为关于 X 的线性问题，公式(7-31)可以被重新写为

$$A_{3N \times 3N} X_{3N \times 1} = b_{3N \times 1} \tag{7-34}$$

在本章所有的实验中，当矩阵 A 是可逆的时候，X 可以被求解为：$X = A^{-1}b$。

在这个阶段，迭代优化了 N_1 次中轴体积图元的刚性变换 $\{R_j, t_j\}$ 和所有中轴球的球心 $\{c_l\}$。

在优化的第二阶段，所有中轴球的球心和半径都需要被优化。因此，设定 $X = \left(c_1^{\mathrm{T}}, r_1, c_2^{\mathrm{T}}, r_2, \cdots, c_N^{\mathrm{T}}, r_N \right)^{\mathrm{T}} \in \mathbf{R}^{4N}$，这样公式(7-31)则变为

$$0 = \left(\left(\frac{\partial E}{\partial c_1} \right)^{\mathrm{T}}, \frac{\partial E}{\partial r_1}, \left(\frac{\partial E}{\partial c_2} \right)^{\mathrm{T}}, \frac{\partial E}{\partial r_2}, \cdots, \left(\frac{\partial E}{\partial c_N} \right)^{\mathrm{T}}, \frac{\partial E}{\partial r_N} \right)^{\mathrm{T}} \tag{7-35}$$

其中，

$$\frac{\partial E}{\partial r_1} = \sum_{P_j \in \mathcal{N}(l)} \sum_{v_i \in \mathcal{C}_j} 2\alpha_{ijl} \left(\begin{array}{c} \left(R_j u_{ij} \right)^{\mathrm{T}} \left(R_j u_{ij} \right) \sum\limits_{m_k \in V_j} \alpha_{ijk} r_k \\ + \left(\sum\limits_{m_k \in V_j} \alpha_{ijk} c_k - v_i \right)^{\mathrm{T}} \left(R_j u_{ij} \right) \end{array} \right) \tag{7-36}$$

与第一阶段类似，将 $\frac{\partial Q_j}{\partial c_l}$、$\frac{\partial W_j}{\partial c_l}$ 和 $\frac{\partial E}{\partial r_1}$ 分别代入公式(7-35)中，则公式(7-35)变为一个关于 X 的线性优化问题，它可以被重新写为

$$A_{4N \times 4N} X_{4N \times 1} = b_{4N \times 1} A_{3N \times 3N} X_{3N \times 1} = b_{3N \times 1} \tag{7-37}$$

需要注意的是，对于任意的一个曲面采样点 $v_i \in \mathcal{C}_j$，当中轴体积图元 P_j 是中轴球 m_l 的任意邻接中轴体积图元，并且中轴球 m_l 在中轴体积图元 P_j 上的对应质心坐标 α_{ijl} 满足 $\alpha_{ijl} \equiv 0$，则矩阵 A 是不可逆的。这是因为梯度 $\frac{\partial E}{\partial X}$ 是与中轴球的半径 r_l 线性无关的。这就表示，当曲面上任意一个点在其最近中轴体积图元上的投影球均不与中轴球 m_l 相关时，无法求解该中轴球的半径。为了解决这个问题，将未知量 r_l 从 X 中移除，并且在该循环迭代中保持半径不变，这样则有：$X = \left(c_1^{\mathrm{T}}, r_1, \cdots, c_l^{\mathrm{T}}, c_{l+1}^{\mathrm{T}}, r_{l+1}, \cdots, c_N^{\mathrm{T}}, r_N \right)^{\mathrm{T}} \in \mathbf{R}^{4N-1}$。假设共有 K 个球满足该条件，则有：$X \in \mathbf{R}^{4N-K}$。与第一阶段类似，X 同样可以这样求解：$X = A^{-1} b$。

此外，这一阶段优化得到的半径有可能是负值，因此需要限定半径值为非负值，当半径为负值时，将其设为 0。除此以外，为了避免产生过大的球，还需要限定中轴球半径的上限值。中轴球 m_l 的上限值 $\mathcal{R}_l$ 设为所有落在其相关中轴体积图元 $\mathcal{N}(l)$ 上的投影球的最大半径值，即

$$\mathcal{R}_l = \max_{v_i \in \mathcal{C}_j, P_j \in \mathcal{N}(l)} r_{ij} A_{3N \times 3N} X_{3N \times 1} = b_{3N \times 1} \tag{7-38}$$

其中，r_{ij} 是曲面点 v_i 在中轴体积图元 P_j 上的投影球 m_{ij} 的半径。当在第二阶段中求解出中轴球 $\{m_l\}$ 之后，需要检查所有中轴球的半径，看是否存在负值半径或者超出上限值 $\mathcal{R}_l$。

在优化的第二个阶段，当优化完中轴体积图元的刚性变换 $\{R_j, t_j\}$ 和所有中轴

球 $\{m_l\}$ 之后，在执行下一轮迭代之前，还需要对每一个曲面采样点重新分组和重新投影。在这一阶段，重新分组和重新投影的迭代次数为 N_2。在每一次重投影之后，需要求解 N_3 次中轴体积图元的刚性变换 $\{R_j, t_j\}$ 和中轴球 $\{m_l\}$。设定迭代次数为：$N_1 = 10$，$N_2 = 8$，$N_3 = 5$。

7.6　结果与分析

本章用 C++实现了 DMAT 算法，程序运行在 Windows10 系统下，机器配置是 Intel(R)Core(TM) i7-6700CPU @3.1GHz 和 8GB 内存。采用基于 Voronoi 图方法生成初始中轴网格时，使用 CGAL[17]中提供的"Delaunay Triangulation 3"包计算出采样点的 Delaunay 三角剖分，然后得到对偶的 Voronoi 图，之后保留处于模型内部的 Voronoi 顶点，并根据 Voronoi 顶点的连接性获得初始的中轴。之后，采用 Q-MAT[3]方法对初始的中轴进行简化，以获得参考帧的中轴网格。在简化过程中，简化后的中轴球的对应点被用于计算与该中轴球相邻的中轴体积图元的对应点。然后基于中轴体积图元与分割好的对应点执行两阶段优化策略，进而计算出可变形的中轴网格，用以逼近输入的网格动画序列。

本章中使用双向 Hausdorff 距离来评估提取的 DMAT 的近似精度，标记为 HD。对于每个曲面采样点，它到中轴网格的最小距离是它到其在相关中轴体积图元上的投影球表面的欧氏距离。对于一个中轴网格，分别用 H12 和 M12 来表示从输入的曲面上的顶点到中轴网格包络的最大和平均最小距离。为了计算中轴网格到输入曲面的距离，首先在中轴网格各个中轴体积图元上进行稠密采样，然后剔除被包裹在任意一个中轴体积图元内部的采样点，对余下的采样点逐一计算其到输入曲面的最近距离。分别用 H21 和 M21 来表示中轴网格包络采样点到输入网格的最大最小距离和平均最小距离。双向的 Hausdorff 距离 HD 则定义为：$HD = \max(H12, H21)$。需要注意的是，在本章中的所有实验结果中，H12、M12、H21 和 M21 都相对于曲面包围盒对角线长度进行了归一化。

7.6.1　结果与比较

表 7.1 展示了输入动画曲面的误差，并将 DMAT 算法与 ASM 算法进行比较。对于 ASM 算法，直接采用在作者主页上提供的结果(https://perso.telecom-paristech.fr/boubek/papers/ASM/)。表中"#S"、"#E"和"#T"分别表示中轴球、中轴锥和中轴夹板的数量。对于每一个动态中轴，文字加粗表示较差的结果。表 7.1 表明了 DMAT 算法所提取的动态中轴网格在结构上往往比 ASM 算法的结果更简洁。也就是在使用相同数量的球时，动态中轴网格包含更少的体积图元(中轴锥和

中轴夹板数量总和较小)。此外，DMAT 算法在大部分动画序列中的双向 Hausdorff
误差也比 ASM 算法小。

表 7.1   DMAT 算法与 ASM 算法在逼近精度上的比较

输入动画	DMAT				ASM			
	#S/#E/#T	HD	M12	M21	#S/#E/#T	HD	M12	M21
Hand	34/18/17	3.873	0.304	0.404	34/8/43	**7.393**	**0.534**	**0.565**
Cat poses	85/17/77	2.760	0.231	0.272	85/4/145	**5.430**	**0.368**	**0.666**
Horse-gallop	46/30/13	2.372	0.287	0.286	46/14/51	**2.853**	**0.343**	**0.416**
Flamingo poses	20/21/0	2.637	0.386	0.491	20/8/10	**3.267**	**0.543**	**0.723**
Samba	38/21/16	2.731	0.354	0.338	38/11/40	**5.582**	**0.405**	**0.531**
Jump	10/11/0	8.407	**2.044**	**1.855**	10/6/2	**9.127**	1.774	1.476
Horse-collapse	46/28/14	4.286	0.503	0.699	46/14/51	**6.527**	**0.689**	**1.167**

图 7.8~图 7.11 的结果表明，DMAT 方法能够更好地逼近"体积保持"的动
画，如图中 Hand、Cat poses、Horse-gallop 以及 Samba 动画序列，特别是 Hand
动画中食指和无名指的部分，Cat poses 序列中猫的肚子以及 Horse-gallop 序
列中马的右前腿等。同样地，DMAT 方法适用于带有局部大变形的区域，比如
图 7.11 中 Samba 动画序列中的裙摆部分。DMAT 在 Samba、Hand 和 Cat poses 动
画序列上的重建误差只有 ASM 算法误差的一半左右，这几个序列分别用了 38、
34 和 85 个球。当采用更多的中轴球也就是更多的中轴体积图元用以捕捉 3D 形

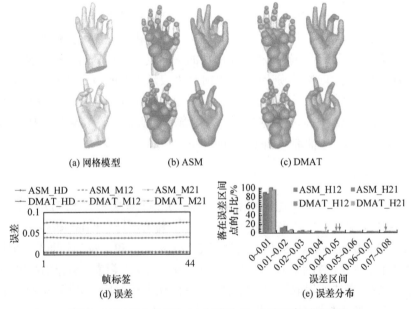

(a) 网格模型   (b) ASM   (c) DMAT

图 7.8   与 ASM 在包含 34 个球的 Hand 动画序列的对比

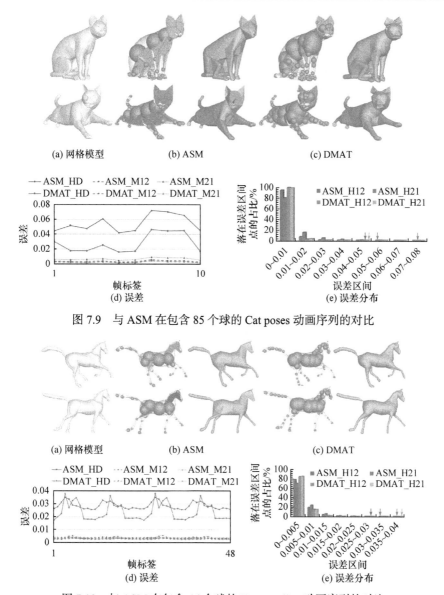

(a) 网格模型　　　　　(b) ASM　　　　　　　(c) DMAT

(d) 误差　　　　　　　　　　　　　　(e) 误差分布

图 7.9　与 ASM 在包含 85 个球的 Cat poses 动画序列的对比

(a) 网格模型　　　　　(b) ASM　　　　　　　(c) DMAT

(d) 误差　　　　　　　　　　　　　　(e) 误差分布

图 7.10　与 ASM 在包含 46 个球的 Horse-gallop 动画序列的对比

状的几何细节时，DMAT 往往会具有较小的 Hausdorff 误差以及较小的平均误差。如图 7.12 所示，当选用一个合适的球数量进行基于 Q-MAT 的参考帧中轴简化之后，DMAT 方法可以在体积保持的 Samba 序列上获得较好的结果，即使这个序列中具有局部的大变形。当球的数量是 38 或者 76 时，动态的中轴网格不仅可以捕捉手部和腿部的结构，还能够捕捉到裙子的细节。然而，当参考帧的中轴只保留 22 个球时，它的结构变得很糟糕，以至于提取的动态中轴不仅不能捕获裙子的细节，还不能捕捉头部的基本结构。同样地，Jump 序列和 Samba 序列一样，由于球数量不够，所提取的动态中轴网格具有很大的重建误差。

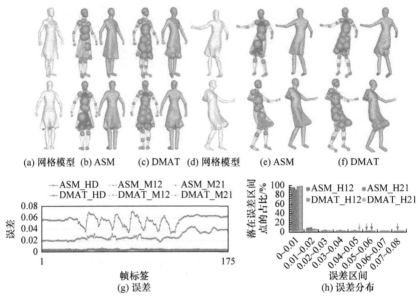

(a) 网格模型　(b) ASM　　(c) DMAT　(d) 网格模型　　(e) ASM　　　(f) DMAT

(g) 误差　　　　　　　　　　　　　(h) 误差分布

图 7.11　与 ASM 在包含 38 个球的 Samba 动画序列的对比

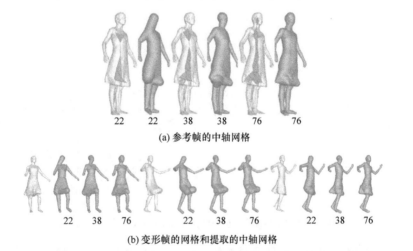

(a) 参考帧的中轴网格

(b) 变形帧的网格和提取的中轴网格

图 7.12　用 22、38 和 76 个球的中轴逼近的 Samba 动画序列

如图 7.13 所示，输入网格曲面的采样密度对于动态中轴的逼近结果是至关重要的。图中左右两列分别为网格(采样点)和对应的初始中轴。上下两行分别表示加密采样前和加密采样后。当加密采样原曲面之后，手腕处凸出去的中轴球被重新挤入曲面内部。网格模型的采样密度按照如下方式进行选择：

(1) 用 Q-MAT 计算参考帧的中轴;

(2) 计算参考帧中每个采样点 v 的误差 ε_v: $\varepsilon_v = \left| d_j(v) \right|$,其中 $d_j(v)$ 是点 v 与其最近的中轴体积图元 P_j 上的投影球的有向距离;

(3) 当 ε_v 大于一个给定的阈值 ζ 时,对输入网格模型的相应区域进行上采样;

(4) 反复执行步骤(1)~(3)直至所有点的误差都小于 ζ。

对于动态中轴网格来说,当采用相同数量的中轴球时,很显然对输入曲面进行上采样能够减小误差。在图 7.13 的例子中,手的中轴网格模型只包含了 34 个中轴球,然而已经能够重建出较为准确的手部表面模型了。

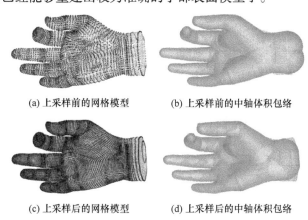

(a) 上采样前的网格模型　　　　　(b) 上采样前的中轴体积包络

(c) 上采样后的网格模型　　　　　(d) 上采样后的中轴体积包络

图 7.13　上采样与初始中轴

此外,本章中还对比了选择不同参考帧进行动态中轴的提取。图 7.14 中显示了选择默认参考帧(图中用"Ref0"表示)以及第 18 帧作为参考帧提取的动态中轴网格的重建误差。实验结果表明重建误差并不受参考帧直接影响,而是和参考帧对应的中轴网格相关。也就是说,选择具有更小的逼近误差的参考帧的中轴网格作为模板并不一定能获得具有更小重建误差的动态中轴网格。

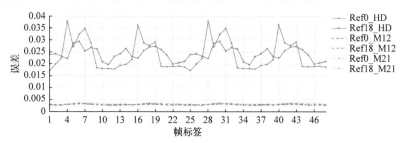

图 7.14　参考帧的选择

图 7.15 和图 7.16 展示了 DMAT 方法可以被用于更稠密的参考中轴网格中,分别用 46、100、200 和 400 个球表示 Flamingo poses 序列,用 85、200、300 和 400 个

球表示 Cat poses 序列的中轴网格。可以看出，当使用更多的中轴球和中轴体积图元时，可以更好地捕捉曲面的细节，并且将会减小在输入曲面的体积保持区域的误差。

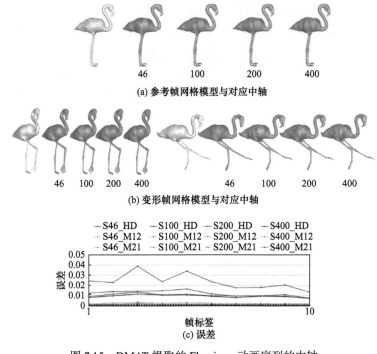

图 7.15　DMAT 提取的 Flamingo 动画序列的中轴

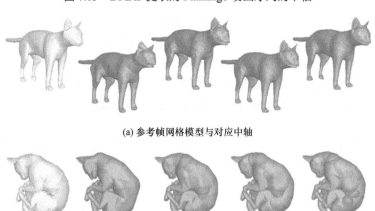

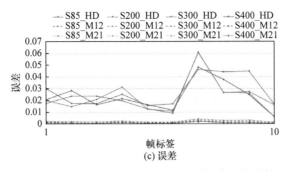

(c) 误差

图 7.16　DMAT 提取的 Cat poses 动画序列的中轴

为了进一步验证第二个优化阶段的有效性，图 7.17 和图 7.18 中比较了第一阶段和第二阶段的结果。图中绘制了两个优化阶段中每个迭代的能量曲线，用以说明本章所使用的能量最小化策略的收敛性。在第一阶段中，迭代优化中轴体积图元的旋转和平移以及中轴球均能够使得能量单调递减。对于第二阶段来说，"re-grouping"是指将曲面点重新根据中轴体积图元进行分组，并且将曲面点重新投影到它们最近的中轴体积图元上，获得其相应的投影球，而"deformation"则是指交替地优化中轴体积图元的刚性变形 $\{R_j, t_j\}$ 和中轴球 $\{m_l\}$。从图中可以看出，第

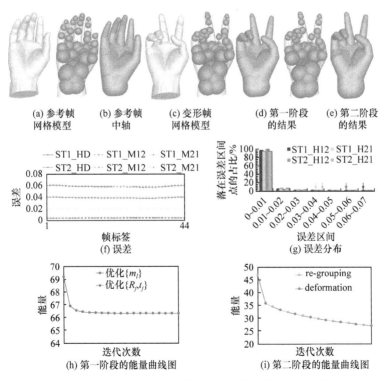

图 7.17　对比在两个优化阶段 Hand 动画序列上的结果

二个优化阶段使得能量进一步单调下降了。对于不同的动画序列而言，不管其球的数量是多少，在第一阶段，往往只需要迭代 5～8 次能量就能趋于稳定，因此，在所有的实验中，将第一个优化阶段的迭代次数设为 10。而第二个优化阶段中的迭代次数也是参考这个思路进行设定。

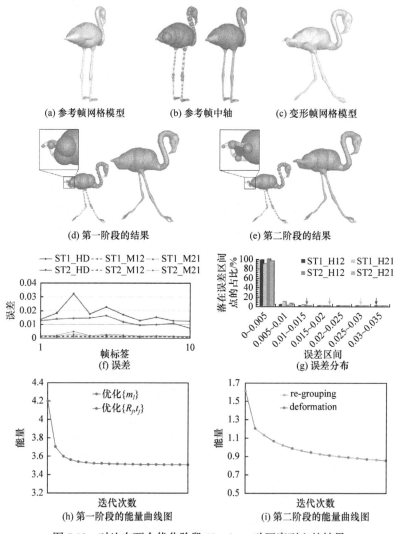

图 7.18　对比在两个优化阶段 Flamingo 动画序列上的结果

表 7.2 列出了 DMAT 算法与 ASM 算法在计算时间上的对比结果，其中"TT"表示总的计算时间(不包括计算参考帧中轴网格的时间)。其中，ASM 的结果是引用论文中的结果，包括初始化的时间和简化球网格模型的时间。从表格中可以看出，DMAT 算法比 ASM 算法要慢很多。

表 7.2　DMAT 算法与 ASM 算法在计算时间上的比较　　（单位：s）

输入动画(#V/#F)	DMAT		ASM	
	#S/#E/#T	TT	#S/#E/#T	TT
Hand(7929/44)	34/18/17	40.70	34/8/43	6.53
Cat poses(28822/10)	85/17/77	43.15	85/4/145	1.77
Horse-gallop(8431/48)	46/30/13	43.16	46/14/51	7.73
Flamingo poses(26398/10)	20/21/0	25.17	20/8/10	7.88
Samba(9971/175)	38/21/16	167.47	38/11/40	24.34
Jump(10002/150)	10/11/0	94.96	10/6/2	22.71
Horse-collapse(8431/48)	46/28/14	40.43	46/14/51	7.47

表 7.3 列出了在各种模型上计算动态中轴网格的时间。其中，"Init."表示初始化动态中轴计算的时间，包括初始化中轴体积图元的旋转和平移时间，不包括计算参考帧中轴网格的时间。而"ST1"和"ST2"表示第一个和第二个优化阶段的时间，"GCT"表示分割中轴体积图元的对应点的时间，"RTT"表示计算中轴体积图元的旋转和平移的时间，而"MST"则表示两个优化阶段中优化中轴球的总时间。假设总的体积图元的数量为 n_p，曲面上采样点的数量为 n_S，则计算中轴体积图元的对应点时，为每一个曲面上的采样点查找一个最近的中轴体积图元，时间复杂度为 $O(n_S \log n_p)$。在优化的第一个阶段，除了对应点分组的时间损耗之外，在优化中轴球的过程中，需要利用 SVD 分解求解一个关于中轴球的问题，当球数量较多时，矩阵的分解将带来很多的花销。很显然，DMAT 算法在第二个阶段要花费更多的时间，而且大多数的时间(超过 80%)花费在对应关系的重新分组和中轴球的优化上，这也导致 DMAT 算法比 ASM[5]算法要慢得多。比如，ASM 中提到用于计算奔跑的马的动画序列的球网格模型只需要花费 7.73s，而计算含有相同数量的中轴球的动态中轴网格时，DMAT 算法则需要用 43.16s。在 DMAT 算法中，重新分组对应关系的时间和球的数量、输入曲面的采样密度以及迭代的次数息息相关，而优化中轴球的时间则与中轴球的数量以及迭代的次数相关。在第二个优化阶段中，增加迭代次数则会减小动态中轴的重建误差，同时会增加计算的时间。因此，在计算动态中轴时，需要通过选择合适的迭代次数等，进而在动态中轴的近似精度和近似效率中找到平衡。

表 7.3　DMAT 逼近算法的计算时间　　（单位：s）

输入动画(#V/#F)	(#S)	Init.	ST1	ST2	GCT	RTT	MST
Samba(9971/175)	34	0.98	13.77	152.72	76.63	11.92	57.43
Jump(10002/150)	10	1.05	10.27	83.64	32.21	10.39	40.59

续表

输入动画(#V/#F)	(#S)	Init.	ST1	ST2	GCT	RTT	MST
Flamingo poses(26398/10)	46	0.22	2.42	22.53	9.40	2.47	9.85
Horse-collapse(8431/48)	46	0.31	2.48	36.64	16.59	3.12	15.82
Horse-gallop(8431/48)	46	0.32	3.99	38.85	15.57	3.63	17.87
Horse-gallop(8431/48)	100	0.37	5.02	62.94	26.27	4.05	28.60
Horse-gallop(8431/48)	200	0.45	6.87	116.68	44.39	4.27	66.31
Horse-gallop(8431/48)	400	0.64	15.53	295.72	74.69	6.39	217.49
Hand(7929/44)	34	0.26	3.41	37.03	18.83	2.84	14.04
Hand(31710/44)	34	1.09	12.63	143.97	77.07	12.35	49.98
Cat poses(28822/10)	85	0.23	3.57	39.35	24.59	2.70	11.16
Cat poses(115282/10)	85	1.00	12.45	149.64	89.81	10.14	43.73

7.6.2　算法局限

与 ASM 算法相比,本章提出的 DMAT 算法可以从体积保持的动画网格序列上提取更为精确,并且结构更为简洁的中轴网格动画。DMAT 算法仍然存在一些局限。首先,DMAT 算法无法从塌陷的网格序列中提取动态中轴。如图 7.19 所示,DMAT 算法无法从 Horse-collapse 的动画序列中提取出合理的动态中轴网格。这是因为,连接性一致的动态中轴网格难以逼近体积发生剧烈变化的曲面动画。此

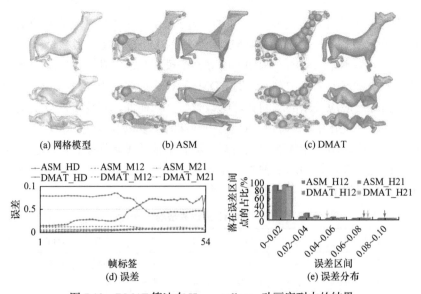

(a) 网格模型　　　　　(b) ASM　　　　　(c) DMAT

(d) 误差　　　　　　　　　　　　(e) 误差分布

图 7.19　DMAT 算法在 Horse-collapse 动画序列中的结果

外，当前的方法需要依赖于中轴体积图元的对应点。一旦输入曲面的拓扑并不是保持不变的，就没有办法采用当前的 ARAP 能量进行动画的逼近。其次，由于采用了两阶段的优化框架，DMAT 算法从动态网格序列中提取动态中轴网格较慢。然而，由于针对每个曲面点计算其最近的中轴体积图元的计算是相互独立的，因此，可以在对应点的分割计算上设计一个基于 GPU 的并行计算方法，用以加快第二个阶段的优化。此外，在求解中轴球的过程中，也可以采用基于 GPU 的迭代求解器用以求解稀疏线性系统，进而加快算法的优化速度。

7.7　本 章 小 结

本章提出了一种基于中轴网格的动画逼近算法——DMAT，用连接性不变的，而球心和半径随时间变化的中轴球所构成的可变形中轴网格逼近动画序列。算法通过提取动画序列采样点与中轴体积图元的映射关系，利用这些映射关系定义了一种 ARAP 变形场，通过求解该变形场获得变形的中轴，以实现变形中轴对动画序列的逼近。与以往的方法比较，本章提出的 DMAT 算法可以从体积保持的动画网格序列上提取更为精确并且结构更为简洁的中轴网格动画。DMAT 算法目前尚无法从塌陷的动画序列中提取动态中轴。未来可能需要优化中轴网格的连接性，而非在优化的过程中保持连接性不变，以更好地重建塌陷的动画。探索其他体积网格用以进行动画的逼近也是值得考虑的方案之一。此外，DMAT 算法的计算框架依赖于动画序列保持不变的拓扑结构。因此，当输入的网格动画的拓扑是变化的时候，需要采用完全不一样的策略进行动态中轴的提取，而这是一个全新的独立的几何逼近问题，在本章中不做详细的讨论。针对本算法比较耗时的问题，未来可以采用 GPU 进行算法的加速。此外由于 DMAT 求解出来的动态中轴是简洁而且精确的，因此，它可以作为碰撞检测、运动建模和运动分析等应用中的体积结构，在这些未来的工作中发挥它的潜力。

参 考 文 献

[1] Blum H. A transformation for extracting new descriptors of shape[J]. Models for the Perception of Speech and Visual Form, 1967, 19(5): 362-380.

[2] Blum H, Nagel R N. Shape description using weighted symmetric axis features [J]. Pattern Recognition, 1978, 10(3): 167-180.

[3] Li P, Wang B, Sun F, et al. Q-MAT: Computing medial axis transform by quadratic error minimization[J]. ACM Transactions on Graphic, 2015, 35(1): 1-16.

[4] Pan Y, Wang B, Guo X, et al. Q-MAT+: An error-controllable and feature-sensitive simplification algorithm for medial axis transform[J]. Computer Aided Geometric Design, 2019, 71: 16-29.

[5] Thiery J M, Guy É, Boubekeur T, et al. Animated mesh approximation with sphere-meshes[J].

ACM Transactions on Graphics, 2016, 35(3): 1-13.

[6] Le B H, Deng Z. Robust and accurate skeletal rigging from mesh sequences [J]. ACM Transactions on Graphics, 2014, 33(4): 84.

[7] Wang K, Razzaq A, Wu Z, et al. Novel correspondence-based approach for consistent human skeleton extraction[J]. Multimedia Tools and Applications, 2015: 1-22.

[8] Kavan L, Collins S, Žára J, et al. Geometric skinning with approximate dual quaternion blending[J]. ACM Transactions on Graphics, 2008, 27(4): 1-23.

[9] Jacobson A, Sorkine O. Stretchable and twistable bones for skeletal shape deformation[C]// Proceedings of the 2011 SIGGRAPH Asia Conference, 2011: 1-8.

[10] Thiery J M, Guy É, Boubekeur T. Sphere-meshes: Shape approximation using spherical quadric error metrics[J]. ACM Transactions on Graphics, 2013, 32(6): 1-12.

[11] Amenta N, Bern M. Surface reconstruction by Voronoi filtering [C]//Proceedings of the Fourteenth Annual Symposium on Computational Geometry, 1998: 39-48.

[12] Garland M, Heckbert P S. Surface simplification using quadric error metrics[C]// Proceedings of the 24th Annual Conference on Computer Graphics and Interactive Techniques, 1997: 209-216.

[13] Lan L, Yao J, Huang P, et al. Medial-axis driven shape deformation with volume preservation[J]. The Visual Computer, 2017, 33(6-8): 789-800.

[14] Sumner R W, Schmid J, Pauly M. Embedded deformation for shape manipulation[C]// International Conference on Computer Graphics and Interactive Techniques, 2007: 80.

[15] Chen S Y, Gao L, Lai Y K, et al. Rigidity controllable as-rigid-as-possible shape deformation[J]. Graphical Models, 2017, 91: 13-21.

[16] Sorkine-Hornung O, Rabinovich M. Least-squares rigid motion using SVD[J]. Computing, 2017, 1(1): 1-5.

[17] CGAL 4.14-Manual[DB/OL]. https://doc.cgal. org/4.14/Manual/packages.html.[2023-12-1].

第 8 章　基于卷积神经网络的稀疏点云的中轴球预测

8.1　引　　言

如前所述，3D 形状的中轴变换，是由物体内局部的最大内接球组成的，是该形状紧凑而完整的表示形式。中轴上的每个 4D 点(中心和半径)，与物体的局部厚度、对称性信息和局部结构相关联，因此，可以从三维物体的中轴变换中重建出其原始形状。由于中轴的紧凑性和表现力，它已经被广泛地应用于包括形状识别、形状编辑、动画处理等在内的众多应用中。在最新的关于中轴的研究中，MAT-Net(medial axis transform-net)[1]证明了中轴，特别是低分辨率的中轴出色的形状识别能力。然而，从表面模型的任意表征中，特别是稀疏点云中计算中轴仍然具有非常大的挑战性，这也限制了中轴在各种应用中的广泛运用。研究人员做了大量的从网格模型中计算中轴的相关工作[2-4]。比如，Q-MAT+[3]需要用稠密采样的闭合流形网格作为中轴计算的输入，而 Power Crust[5]则是从稠密采样的点云中计算中轴。目前尚没有直接从稀疏点云中计算中轴的方法。作为一种基本的形状表示，点云可以作为大多数 3D 形状采集设备的默认输出，轻易地进行采集。从点云直接计算中轴，将能大大提升在实际应用中利用中轴解决各个领域相关问题的可能性。因此，如何从稀疏点云中计算中轴网格，用以逼近点云所描述的形状，将是本章研究的主要内容。

近年来，深度神经网络被广泛地用于学习点云的特征，以进行形状分类和形状分割等任务。最近，提出了深度神经网络来学习点云的特征，以进行形状分类、形状分割任务[6-9]，以及形状变换任务[10]。特别地，P2P-NET(point to point-net)[10]将输入点集转换为具有相同数量的输出点集，如骨架、轮廓、横截面等。受这一工作启发发现，神经网络转换是一种潜在的从稀疏点云计算中轴的方式，通过神经网络将稀疏的点云转换为更紧致的中轴，用以逼近点云所表示的形状。

基于以上背景，本章将着重研究如何利用深度神经网络将稀疏的点云转换为同一形状的中轴球这一问题。如前所述，这是一个具有较大挑战性的问题。本章提出了一个 Point-to-MAT 位移网络，称之为 P2MAT-NET。该网络通过从输入点云中学习到的逐点位移向量，将输入的稀疏点云转化为具有相同数量的输出球，用以逼近该形状的中轴球。此外，本章还基于中轴的定义提出了球边界策略和法向优化策略，用以优化从稀疏点云中预测的中轴球。实验表明，本章中所提出的方法可以从不同分辨率的稀疏点云中预测中轴球。

8.2　点云中轴球预测的卷积神经网络结构

P2P-NET[10]是第一个旨在学习基于点的不同表示之间的几何变换的深度神经网络。受 P2P-NET 的启发，本章通过提出一个监督球与预测球之间的几何损失，采用 P2P-NET 的一个有向分支来学习从点云到近似中轴球的转换。

从点云到中轴球的转换很难明确建模，因此，本章提出了点到 MAT 的位移网络——P2MAT-NET，用以将输入点云 $\mathcal{S}=\{p\}$ 转换为输出的中轴球 $\bar{\mathcal{M}}=\{\bar{m}\}$，其中 $\bar{m}=\{\bar{c},\bar{r}\}$ 包括球心 $\bar{c}$ 和半径 $\bar{r}$。通过对每一个输入的点应用逐点位移向量，用以获得预测球的球心和半径。如此一来，输入和输出就具有相同的数量，也就是 $|\mathcal{S}|=|\bar{\mathcal{M}}|$。

图 8.1 展示了 P2MAT-NET 的网络结构。首先使用 PointNet++[7]的网络层为每个输入的点学习到多尺度特征。如前所述，3D 形状的 MAT 由模型的局部最大内切球组成。然而，嵌入每个点的 k 近邻点的局部特征并不足以捕获局部最大内切球，这是因为为了将曲面点映射成与该点对应的位移向量，进而获得对应的中轴球，至少还应捕获该形状上同时处于相同中轴球上的另外一侧的曲面点。PointNet++ 的抽象操作是由一系列抽象层(在图 8.1 上标记为 A)实现的对输入的点进行下采样，并捕捉不同尺度上的特征。下采样操作通过球查询的方式实现，也就是选择在查找点的半径范围内的所有点，然后将这些点抽象为该尺度下的特征。不同的尺度由不同的半径来定义。与 KNN (k-nearest-neighbor)相比，球查询的局部邻域保证了一个固定的搜索尺度，这就使得局部区域特征在空间上更加泛化。此外，网络还采用了一个层次传播策略，通过一系列的特征传播层(在图 8.1 中标记为 P)获得逐点多尺度特征。该策略以随机概率随机丢弃输入点，以处理具有不同稀疏性的训练集，尽管目前暂时没有数学证据表明所获得的多尺度局部特征与中轴球的定义是一致的。然后，将多尺度特征向量与逐点噪声向量连接在一起。对于每个噪声向量，使用长度为 32 的独立高斯噪声向量，并将其馈入一组完全连接层，

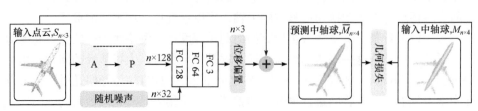

图 8.1　P2MAT-NET 的网络结构

最终为输入点集 $\mathcal{S}$ 中的每一个点 p 输出位移向量，即有：$\mathcal{I}_{\mathcal{S}}=\{I_p\}$。而这些高斯噪声给整个系统增加了位移的自由度，用以解决由于 PointNet++[7]中抽象策略和层次传播策略导致的输入形状上邻近的点会产生相似的位移变量的问题。最终，网络得出预测球的球心 $\overline{c}=p+I_p$，而预测球的半径为位移向量的长度，即：$\overline{r}=\|I_p\|$。

8.3　损失函数的定义

实验所需要的训练集是由从 ModelNet40[11]中的三角形网格计算的中轴球 $\mathcal{M}=\{m\}$ 和从相同网格模型上采样的配对点集 $\mathcal{S}$ 组成。本章将在 8.5 节中讨论数据集采集的相关细节。P2MAT-NET 是在有监督的情况下进行训练的。在训练过程中，将采样的曲面上的点 $p\in\mathcal{S}$ 在训练球集 $\mathcal{M}$ 上的投影球 $\hat{m}=(\hat{c},\hat{r})$ 定义如下：

$$\hat{m}=\underset{m\in\mathcal{M}}{\arg\min}\,\lambda(p,m) \tag{8-1}$$

其中，$\lambda(p,m)$ 表示从曲面点 p 到中轴球 $m=(c,r)$ 表面的有向距离，即

$$\lambda(p,m)=\|p-c\|-r \tag{8-2}$$

为了衡量预测球集 $\overline{\mathcal{M}}$ 和训练集中的目标球集 $\mathcal{M}$ 之间的几何差异，几何损失函数 $L(\overline{\mathcal{M}},\mathcal{M})$ 被用来惩罚预测球集与目标球集之间的不匹配。对于每一个曲面点 p，其所对应的预测球 $\overline{m}$ 和点 p 在训练球集 $\mathcal{M}$ 上的投影球 $\hat{m}\in\mathcal{M}$ 之间的误差 $\delta(\overline{m},\hat{m})$ 定义为

$$\delta(\overline{m},\hat{m})=\sqrt{\|\overline{c}-\hat{c}\|^2+\|\overline{r}-\hat{r}\|^2} \tag{8-3}$$

几何损失函数通过每个输入曲面点 p 搜索其在训练集上的投影球 $\hat{m}$，将其与点 p 对应的预测球 $\overline{m}$ 之间的误差累加计算而来，即

$$L(\overline{\mathcal{M}},\mathcal{M})=\sum_{\overline{m}\in\mathcal{M}}\delta(\overline{m},\hat{m}) \tag{8-4}$$

本章使用 Adam 优化器将几何损失 $L(\overline{\mathcal{M}},\mathcal{M})$ 最小化，将初始学习率设置为 10^{-3}，并在训练期间以离散间隔衰减到 10^{-4}。

8.4　预测球优化

当用 P2MAT-NET 预测出对应于每个曲面采样点的预测球之后，在局部采样过于稀疏的地方，存在部分预测球并不能很好地落在曲面内部。因此，本章提出

了球边界策略和法向优化策略进行预测球的优化。

8.4.1　球边界策略

球边界策略(sphere-bounding strategy)是基于中轴的定义提出的。与前面提到的中轴优化策略类似，假设所有曲面点都不能被任意一个中轴球包裹在内部。对于一个由曲面采样点 p 预测的中轴球 $\bar{m}$，查找被包裹在其内部并且离预测球 $\bar{m}$ 表面最远的采样点 q，然后用点 q 来缩小预测球。当点 p 被包裹在球 $\bar{m}$ 内部时，$\lambda(q,\bar{m})<0$。假设缩小后的预测球为 $\bar{m}'=(\bar{c}',\bar{r}')$，它是通过对预测球 $\bar{m}$ 执行以下球边界策略所得。首先，将球的半径缩小为：$\bar{r}'=\max\left(\bar{r}+\lambda(q,\bar{m})/2,0\right)$，然后用位移向量 I_p 的方向来计算新的球心：$\bar{c}'=p+\dfrac{I_p}{\|I_p\|}\bar{r}'$。

图 8.2 从左到右依次为：(a)表面网格模型，(b)测试点云，(c)P2MAT-NET 的预测球，(d)采用球边界策略优化后的中轴球，(e)同时采用法向优化策略和球边界策略优化后的中轴球，(f)实际的中轴球。

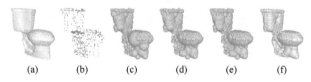

(a)　　　　(b)　　　　(c)　　　　(d)　　　　(e)　　　　(f)

图 8.2　采用球边界策略优化预测球的结果

该模型包含 512 个点。如图 8.2 中所示，图 8.2(c)中出现了局部超出模型边界的球，采用球边界策略可以优化这些凸出形状表面的球，并将它们挤进由采样的曲面点所定义的曲面表面[图 8.2(d)]，以保证中轴球能够在模型内部，用以更好地逼近形状。

8.4.2　法向优化策略

在点云的法向是已知的情况下，可以通过以下法向优化策略(normal-refinement strategy)来优化预测球：首先，当一个预测球 $\bar{m}$ 所对应的曲面采样点 p 的法向和其对应的位移向量 I_p 之间的夹角小于 $\dfrac{\pi}{2}$(将这个条件定义为法向位移条件)时，将预测球 $\bar{m}$ 标记出来。然后，查找曲面采样点 p 的 KNN 曲面采样点集 $\mathcal{N}_p$，从中找出这些点中满足法向位移条件，并且与曲面采样点 p 最近的曲面采样点 q，用点 q 的位移来更新预测球 $\bar{m}$，也就是使得 $I_p=I_q$，并且用新的位移 I_p 来重新计算预测球 $\bar{m}$。当更新后的预测球不满足法向位移条件时，将点 q 从 $\mathcal{N}_p$ 中剔除，重新查找剩余的邻近点集中满足以上条件的曲面采样点，并用它来优化预测球。如图 8.2(d)～(e)所示，采用法向优化策略可以进一步优化中轴球，以更好地逼近由输入点云定义的曲面形状。

由于深度神经网络中存在黑盒问题，且中轴球与物体表面模型之间难以用显式的数学方式进行描述，因此，难以用某种数学证明来推断 P2MAT-NET 与物体的中轴之间的关系。此外，由于训练集中存在的噪声(包括中轴网格与原三角网格表面模型的逼近误差，采集数据时曲面点与中轴球之间存在的非零的有向距离等)、训练时引入的高斯噪声以及数据集较小、数据分布不均等可能存在的问题，对于局部特别稀疏的点云，在该局部所预测出的中轴球往往与实际中轴球有着较大的差距。因此，根据中轴的定义，在任何条件下球边界策略都可以被用来进行 P2MAT-NET 网络的后处理，用以优化预测中轴球。然而，法向优化策略是基于点云法向已知的前提的，当且仅当点云法向是已知的前提下才可以使用该策略对预测中轴球进行进一步的优化。而在实际采集的点云数据中，法向信息并不能从任意的采集设备中直接采集，用各种法向估算方法所预测出来的点云法向也总是存在实际的误差，因此在实际采集的点云数据中往往不能应用法向优化策略。

8.5　准备数据集

实验用 ModelNet40 的网格模型来准备训练和测试的数据集。P2MAT-NET 的输入包括 Q-MAT+算法[3]计算的物体中轴网格的中轴球。对于每个物体，本章计算了四个不同尺度的中轴网格，分别包含 256、512、1024 和 2048 个中轴球。需要注意的是，Q-MAT+需要密集采样的闭合流形网格曲面作为输入，然而 ModelNet40 中的大多数三维模型都不能满足这些要求。因此，本章采用了 MAT-Net[1]文章的作者提供的修复后的网格，并成功地计算了 40 个类别中共 9728 个模型的中轴网格。这些中轴网格占 ModelNet40 数据集的 79.02%，包括 7774 个训练集模型和 1954 个测试集模型。对于 Q-MAT+[3]算法，本章中使用算法的默认设置 $(0.5\sigma$，其中 σ 是 SDF 的平均值)来初始化其中最重要的参数 θ，该算法使用参数 θ 确定模型中较薄的区域，并对该区域进行加密采样后再计算中轴。数据集中有效中轴网格的数量小于 ModelNet40-MAT[1]中的数量，这是由于修复集中存在一部分的非闭合网格，这部分网格是无法用 Q-MAT+算法[3]来计算中轴的。此外，在能算出初始中轴的情况下，也有一部分模型的中轴网格中存在部分中轴球凸出于模型表面甚至有一些在曲面外面且半径很大的中轴球。在训练之前，首先人工剔除那些存在于曲面外面且半径很大中轴球的中轴网格。根据中轴的定义，中轴球是位于模型内部的局部最大球，因此，中轴球不能包裹住任意曲面点。对于那些有部分中轴球凸出于模型表面的中轴网格，采用将凸出的中轴球推入曲面内部的方式进行修复。如图 8.3 所示，虚线表示曲面表面。当可以找到青色球的球心 c 在曲面表面上的最内部投影点 q 时，通过减小青色球的半径，并沿着投影点 q 到球心 c 的方向移动球心，使得球最终与曲面表面相切，图中的灰色球为修复后的球，c' 为修复球的球心。本章方法对所有的模型都采用迭代的方式进行外凸球的修复，迭代次数为 2。图 8.3 展示了一个修复的案例，从左到右依次为：(a)中轴修复示意图，(b)网格曲面，(c)用 Q-MAT+计算的初始中轴球，(d)修复后的中轴球。在本章中，将用 Q-MAT+计算的初始中轴球经以上方法进行修复后的中轴球称为实际的中轴球。而修复后的中轴以及中轴边分别称为实际的中轴和实际的中轴边。

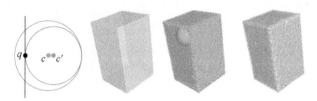

(a) 中轴修复示意图　(b) 网格曲面　(c) 初始中轴球　(d) 修复后的中轴球

图 8.3　中轴修复示例

当从修复的网格模型中计算中轴网格并获得中轴球之后，还需要从同一个网格模型中采集与中轴球一一对应的曲面点集。采集曲面点集的方法如下：对于中轴中的每一个球，使用公式(8-2)中的有向距离，从网格表面中采集与该球体具有最小有向距离的表面顶点，这些被采集的顶点与中轴球一一对应作为成对的点集在实验中使用。然后，将所有中轴球和曲面采样点归一化到一个单位球体内。

为了和 ModelNet40 所表示的网格模型及其所对应的曲面采样点云以及"ModelNet40-MAT"区分开，本章将从选取的 ModelNet40 数据集计算和采集的不同分辨率的成对中轴(分别是 256、512、1024 和 2048 个球)和对应的曲面点所构成的数据集称为"ModelNet40-P2MAT"。

此外，由于部分类别的模型数量较少，本章通过随机旋转模型来增加 ModelNet40 中该类别模型的训练集数量以达到增强数据集的目的。不同类别模型采用不同的数据集增强因子。表 8.1 展示了数据集中每个子集的增强因子。图中的"Fac."表示增强因子。如增强因子为 3 表示对该子集中的每个模型分别随机旋转三次，通过随机旋转将该子集的模型数量变为原来的三倍。

表 8.1　数据集中每个子集的增强因子

Fac.	airplane	bathtub	bed	bench	bottle	bookshelf	bowl	car
1	√		√		√	√		
3								
5				√				√
10		√					√	

续表

Fac.	night	cone	cup	curtain	desk	door	dresser	flower
1								
3								
5					√		√	
10	√	√	√	√		√		√

Fac.	plano	guitar	keyboard	lamp	laptop	mantel	monitor	chair
1							√	√
3	√					√		
5		√	√					
10				√	√			

Fac.	person	glass.	plant	radio	range.	sink	sofa	stairs
1							√	
3								
5		√						
10	√		√	√	√	√		√

Fac.	stool	table	tent	tv.	toilet	vase	wardrobe	xbox
1		√			√			
3				√				
5								
10	√		√			√	√	√

8.6　预测结果与分析

P2MAT-NET 在 Nvidia Titian XP GPU 上用 ModelNet40-P2MAT 中的训练集中的每个数据增强后的子集进行了 200 次训练，每个子集花费了 3~10h 来完成训练过程。训练时间与每个中轴网格中中轴球的数量(也就是预测球的数量)以及训练集中的模型数量相关。较少的中轴球即意味着需要较少的训练时间。需要注意的是，在训练的时候，不同数目的曲面采样点与其相应的中轴球所构成的训练集是分别训练的。而在测试阶段，将曲面采样点集(分别为每个模型包含 256、512、1024 和 2048 个采样点)逐一传递给由相同的点数量所训练的网络，以获得相同大小的预测球体集。为了验证方法的有效性，不仅需要在从网格模型上采集的数据集上进行测试，还需要测试在噪声点云中的结果。

8.6.1　在测试集的结果

本节将展示 P2MAT-NET 在 ModelNet40-P2MAT 中的测试集上的实验结果，

将测试集上用中轴球采样的不同分辨率点云分别馈入网络结构中,并预测出相应的中轴球。图 8.4～图 8.7 展示了 P2MAT-NET 在不同类型的具有不同数量(依次为 256、512、1024 和 2048 个点)的点云模型上的结果。

图 8.4 从左到右依次表示为:(a)表面网格模型,(b)测试点云,(c)同时采用法向策略和球边界策略优化后的中轴球,(d)实际的中轴球。

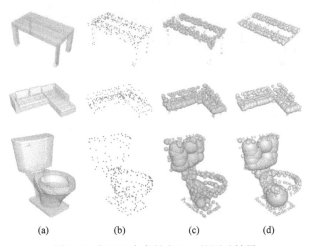

(a)　　　　　(b)　　　　　(c)　　　　　(d)

图 8.4　在 256 个点的点云上的测试结果

图 8.5～图 8.7 从左到右依次表示:(a)表面网格模型,(b)测试点云,(c)P2MAT-NET 的预测球,(d)采用球边界策略优化后的中轴球,(e)同时采用法向策略和球边界策略优化后的中轴球,(f)实际的中轴球。

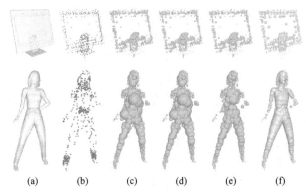

(a)　　　(b)　　　(c)　　　(d)　　　(e)　　　(f)

图 8.5　在 512 个点的点云上的测试结果

从以上结果可以看出,通过网络变换可以捕获这些形状的主要特征。

8.6.2　在噪声点云中的结果

在训练时,曲面采样点和中轴球是从相同形状中采样得到的,并且曲面采样

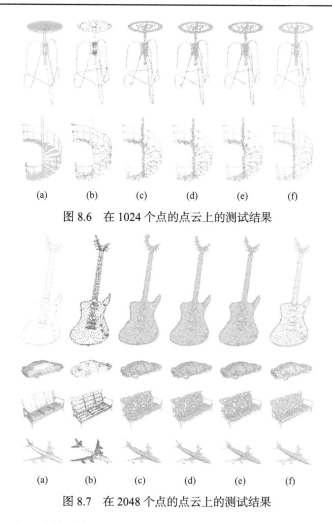

图 8.6　在 1024 个点的点云上的测试结果

图 8.7　在 2048 个点的点云上的测试结果

点都是从曲面表面直接采集的。然而，在实际应用中，从设备中采集的点云往往存在很多噪声，也可能是不完整的点云。然而，由于当前并没有哪一个方法可以有效地从稀疏点云中直接计算中轴网格，一方面，由于 P2MAT-NET 是一个有监督的网络结构，而实际扫描的点云数据的中轴网格的缺失使得该方法并不适用于实际点云；另一方面，真实中轴网格的缺失也使得无法真正地对比实验的结果。因此，为了进一步证明 P2MAT-NET 已经学会了从点云到中轴球转换，本节展示了 P2MAT-NET 在一些非完整的点云、模拟扫描数据采样的点云、添加了噪声的点云以及实际扫描的点云中的结果，进一步展示了 P2MAT-NET 网络的鲁棒性。

图 8.8 展示了从图 8.8(a)和图 8.8(c)中两个不同网格中采样的非完整和非均匀采样点云的测试结果，图 8.8(b)和图 8.8(d)中为相应的预测球。图中的点云是通过在采集时设置点云的边界随机采样出在设定边界范围内的 2048 个曲面点。测试

结果表明 P2MAT-NET 可以在非完整、非均匀的点云数据中获得能够较好地逼近点云形状的中轴球。

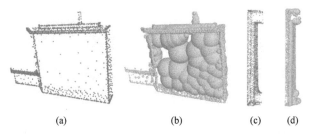

(a)　　　　　　　(b)　　　　　(c)　(d)

图 8.8　在网格模型的局部中采样 2048 个点的点云上的测试结果

前面提到，从扫描设备中获得的实际扫描数据往往带有较大的噪声，并且在指向传感器的方向上往往带有较大的误差。为了证明本章提出的网络也可以处理扫描数据，接下来用 BSR(benchmark for surface reconstruction)[12]这个数据库中所模拟的扫描点云测试了训练好的模型。图 8.9 展示了在 BSR 的模拟扫描数据中采样 2048 个点的点云上的结果。从左到右依次为：(a)BSR 数据库中的模拟扫描数据，(b)从(a)中的模拟扫描数据上采样的测试点云，(c)采用球边界策略优化后的中轴球。需要注意的是，扫描的点云数据可能是不完整的，比如图中锚模型中的孔。图中的例子表明 P2MAT-NET 即使是在非完整的扫描点云中也能有较好的结果。

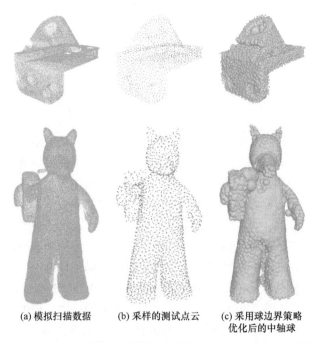

(a) 模拟扫描数据　　　(b) 采样的测试点云　　　(c) 采用球边界策略
优化后的中轴球

图 8.9　在从 BSR 的模拟扫描数据中采样 2048 个点的点云上的结果

　　此外,本章中还测试了网络在噪声点云中的结果。根据实际扫描点云在传感器方向上具有较大误差的特点,用以下方法模拟生成噪声点云:首先,用实际的中轴球在曲面模型上采集 2048 个点,然后,沿着采样点的法向方向随机添加噪声以扰动每一个采样点。实验生成了两种不同尺度的噪声,分别为[0,0.03]和[0,0.06]。也就是说,对于每个采样点,分别生成了介于这两个范围内的随机噪声。图 8.10 展示了训练好的模型在不同尺度噪声上的结果,其中从上到下依次为测试点云、预测的中轴球以及采用球边界优化后的中轴球,从左到右依次为(a)没有噪声,(b)低噪声,(c)高噪声的结果。图 8.11 展示了实际扫描的小猪模型的点云在已经训练好的 person 这个类别的模型上测试的结果。由于 P2MAT-NET 只能接受固定数量的点云数据,因此,采用最远点采样算法(farthest point sampling,FPS)从小猪模型上分别采样 256、512、1024 和 2048 个点,然后分别在对应的已训练好的 person 类别的模型上进行测试。图中分别表示(a)实际扫描的点云,(b)~(e)是采集的 256、512、1024 和 2048 个点和对应的预测球。结果表明,P2MAT-NET 即使在不完整或嘈杂的噪声点云中也能获得较稳定的结果。尽管由于噪声的存在,在测试时,仍然存在少量的中轴球凸出于曲面之外,但是当球数量较多如 2048 时,所获得的中轴球已能较好地逼近原曲面。

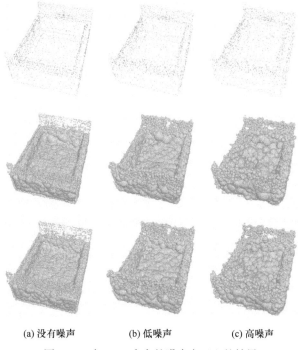

(a) 没有噪声　　　　　(b) 低噪声　　　　　(c) 高噪声

图 8.10　在 2048 个点的噪声点云上的结果

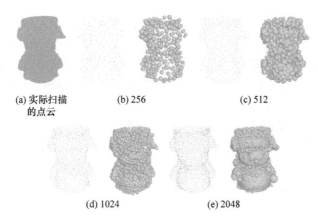

(a) 实际扫描　　　(b) 256　　　　　(c) 512
　　的点云

(d) 1024　　　　　　　(e) 2048

图 8.11　在实际扫描的小猪点云模型上的结果

　　总的说来，P2MAT-NET 不仅可以被用来从网格模型表面采样的稀疏点云中预测对应的中轴球，还能够被用于局部非均匀采样的噪声点云甚至是实际扫描的稀疏点云的中轴球预测。然而，中轴的定义表明了中轴体积包络是位于形状内部的。当点云局部采样特别稀疏时，用这些点难以构造出一个闭合的局部用以拟合该形状。因此，如图 8.9 第二行模型的右肩位置只采样了为数不多的几个点，由这几个点预测的"中轴球"发生了退化，所预测的中轴球并不能很好地拟合该局部结构。

8.7　本 章 小 结

　　本章提出了神经网络 P2MAT-NET，用以将稀疏点云转换为近似于 3D 形状的中轴球。这是第一种可以从稀疏点云(即每个对象只有 256/512/1024/2048 个点)中计算中轴球的方法。P2MAT-NET 可以有效地学习点云的特征，并且即使在不完整点云或者噪声点云中也很稳定。此外，本章还提出了球边界策略和法向优化策略，根据中轴球的定义优化从 P2MAT-NET 网络中预测的中轴球，使其更好地拟合点云物体。尽管 P2MAT-NET 取得了一些结果，然而目前的方法仍存在以下的局限性：中轴是物体的非常紧凑的表示形式，只需要用少量的球和球之间的连接性就可以很好地表示物体，中轴球的数量显然要远远少于网格模型上顶点(采样点)的数量。如 MAT-Net 中所示，具有 256 个球体的中轴网格已经可以为 3D 形状提供非常好的分类精度。因此，如何学习数量小于点云数量的中轴球，而不是通过一对一的位移来学习和预测中轴球，将是未来另一个有趣的话题，将作为未来的一个探索方向。此外，P2MAT-NET 是在有监督的情况下进行训练的。目前尚没有可以直接从稀疏点云中进行中轴计算的方法，本章采用从网格模型中进行曲面点采样的方式获得稀疏点云，并用网格模型计算用于训练的实际中轴网格，因此，如何采用无监督的学习方法从稀疏点云中直接计算中轴网格将是未来的研究工作之一。

参 考 文 献

[1] Hu J, Wang B, Qian L, et al. MAT-Net: Medial axis transform network for 3D object recognition[C]// Proceedings of the 28th International Joint Conference on Artificial Intelligence, 2019: 774-781.

[2] Li P, Wang B, Sun F, et al. Q-MAT: Computing medial axis transform by quadratic error minimization[J]. ACM Transactions on Graphic, 2015, 35(1): 1-16.

[3] Pan Y, Wang B, Guo X, et al. Q-MAT+: An error-controllable and feature-sensitive simplification algorithm for medial axis transform[J]. Computer Aided Geometric Design, 2019, 71: 16-29.

[4] Rebain D , Angles B , Valentin J , et al. LSMAT: Least squares medial axis transform[J]. Computer Graphics Forum, 2019, 38(6): 5-18.

[5] Amenta N, Choi S, Kolluri R K. The power crust[C]//Proceedings of the 6th ACM Symposium on Solid Modeling and Applications, 2001: 249-266.

[6] Qi C R, Su H, Mo K, et al. Pointnet: Deep learning on point sets for 3D classification and segmentation[C]//Proceedings of the IEEE Conference on Computer Vision and Pattern Recognition, 2017: 652-660.

[7] Qi C R, Yi L, Su H, et al. Pointnet++: Deep hierarchical feature learning on point sets in a metric space[J]. Advances in Neural Information Processing Systems, 2017: 5099-5108.

[8] Li J, Chen B M, Hee Lee G. SO-Net: Self-organizing network for point cloud analysis[C]// Proceedings of the IEEE Conference on Computer Vision and Pattern Recognition, 2018: 9397-9406.

[9] Wang Z , Zhang L , Zhang L , et al. A deep neural network with spatial pooling (DNNSP) for 3D point cloud classification[J]. IEEE Transactions on Geoscience & Remote Sensing, 2018, 10: 1-11.

[10] Yin K, Huang H, Cohen-Or D, et al. P2P-Net: Bidirectional point displacement net for shape transform[J]. ACM Transactions on Graphics, 2018, 37(4): 1-13.

[11] Wu Z, Song S, Khosla A, et al. 3D Shapenets: A deep representation for volumetric shapes[C]// Proceedings of the IEEE Conference on Computer Vsion and Pattern Recognition, 2015: 1912-1920.

[12] Berger M, Levine J A, Nonato L G, et al. A benchmark for surface reconstruction[J]. ACM Transactions on Graphics, 2013, 32(2): 1-17.

第 9 章　稀疏点云的中轴网格构建方法与应用

9.1　引　　言

中轴是一种非流形结构，它具有紧致性、对称性等优势。如前所述，中轴网格的体积包络可以很好地逼近物体的表面模型，可以被用于进行曲面重建。中轴连接性的构建，不仅能够更好地从全局形状上理解中轴，带有连接性的中轴网格也能够更好地被其他下游应用所使用。如 MAT-Net[1]中展示的，将中轴网络的边信息用于三维物体的识别，将能够提升识别的准确率，而且能够保持中轴紧致性的优势，只需要用少量的球(256 个)所构成的中轴网格就能够得到最好的识别结果。因此，从稀疏点云中预测中轴球，并利用预测的球集构建中轴网格，具有非常重要的实际意义。

第 8 章中提出了用 P2MAT-NET 进行稀疏点云的中轴球的预测，并且基于中轴的定义提出了球边界策略和法向优化策略，实验结果展示了该网络在三维网格模型采样的点云、非完整的点云、模拟的噪声点云和实际扫描的点云上结果的稳定性。然而，离散的中轴球并不能很好地表示完整的形状信息，难以被应用到形状理解等需要全局信息的实际工作中，在实际的应用中有较大的局限性。因此，本章将首先讨论如何基于第 8 章的工作，利用基于 P2MAT-NET 和两个优化策略计算的稀疏点云中轴球构建中轴网格的连接性，使预测的中轴球连接为带有拓扑结构的中轴网格，进而利用中轴网格的体积包络逼近点云所描述的形状，达到曲面重建的目的。

本章首先介绍中轴网格连接性构建的整体思路和具体方案，通过与相关面向稀疏点云的曲面重建方法比较来评估从第 8 章中预测的中轴球计算中轴的有效性，证明所提出的算法的优点，最后将从稀疏点云计算的中轴网格直接用于形状分类。实验表明用本章的方法所计算的中轴网格相较于其他方法计算的中轴网格具有更高的逼近精度，并且利用从稀疏点云计算的中轴网格进行点云的分类也能获得比现有的直接以采样的稀疏点云为输入的点云分类方法更高的分类精度。

9.2　构建中轴网格连接性

在构建中轴网格的连接性时，不仅要考虑中轴本身的定义，从全局上理解形状，更要关注中轴球和中轴体积图元所隐含的局部特征。因此，在构建中轴网格连接性时，不仅考虑到中轴全局的特征，还可以利用局部特征进行连接性的优化。本章中首先基于中轴的定义，利用 Delaunay 三角剖分构建初始的连接性。由于 Delaunay 三角剖分是完全基于空间位置关系的，并没有很好地考虑物体的局部特征，因此，还需要对构建好初始连接性的中轴网格进行边剔除的操作，以获得最终的中轴网格。

9.2.1　初始连接性的构建

Delaunay 三角剖分基于点之间的位置关系对三维空间进行剖分，是 Voronoi 图的对偶。为了构建中轴的初始连接性，本章选择 CGAL[2]的"Delaunay Triangulation 3"这个包计算所有预测中轴球的球心的 Delaunay 三角剖分，进而产生中轴的初始连接性。然而，构建的初始中轴并不能很好地拟合由稀疏点云所定义的物体空间。这是因为 Delaunay 三角剖分只是基于球心位置对空间进行剖分，将球心所构成的体积包络等价为中轴网格。显然，这样构建的初始中轴网格与实际的中轴还相差甚远，中轴球的球心构造的剖分空间不能等价于点云所构成的包络空间。因此，仍然需要基于其局部特征进行边的剔除，以更好地拟合由点云所定义的物体空间。

9.2.2　边剔除的规则

当初始的中轴连接性构建好之后，将基于以下规则进行非法边的剔除。

(1) 剔除所有满足以下条件的非法边 $\{e_{ij}\}$：

$$\left\| c_i - c_j \right\|^2 - \left(r_i - r_j \right)^2 < 0 \tag{9-1}$$

(2) 边 e_{ij} 连接了中轴球 m_i 和 m_j，计算每一条合法边 e_{ij} 的长度 l_{ij}，也就是如下表示的两个中轴球的公切线长度：

$$l_{ij} = \sqrt{\left\| c_i - c_j \right\|^2 - \left(r_i - r_j \right)^2} \tag{9-2}$$

(3) 计算剩余的所有合法边的平均长度 $\bar{l}$：

$$\bar{l} = \frac{\sum\limits_{e_{ij} \in \mathcal{K}} l_{ij}}{n_e} \tag{9-3}$$

其中，$\mathcal{K}$ 表示剩余的合法边集合；n_e 表示剩余的合法边的数量。

(4) 剔除所有合法边中满足以下条件的边：

$$l_{ij} > \omega_1 \bar{l} \tag{9-4}$$

(5) 迭代执行步骤(3)～(4) n_1 次。

(6) 对于每一个中轴球 m 来说，计算与其相邻的所有剩余的边 $\mathcal{N}(m)$ 的平均长度 d_m。

(7) 剔除所有剩余合法边中满足以下任意一个条件的边：

$$l_{ij} > \omega_2 d_{m_i} \tag{9-5}$$

$$l_{ij} > \omega_2 d_{m_j} \tag{9-6}$$

(8) 迭代执行步骤(6)～(7) n_2 次。

(9) 如果边 e_{ij} 的两个中轴球的度都大于一个给定的最大阈值 ρ，则将中轴球 m_i 和 m_j 的相关边根据它们用公式(9-2)计算的边长进行升序排列，并且将球 m_i 和 m_j 的参考长度 s_i 和 s_j 设为其相关边中的第 ϕ 条，最后剔除所有剩余相关合法边中长度大于 s_i 和 s_j 的边。

在所有的实验中，通过设置以下参数：$\omega_1 = 0.4$，$n_1 = 1$，$\omega_2 = 1.8$，$n_2 = 5$ 以及 $\phi = 8$ 来构建中轴网格的连接性。需要注意的是，在步骤(2)中，使用两个球之间的公切线距离来剔除多余的边，而不是用球之间的 4D 欧氏距离来惩罚预测球与相应曲面点的投影球之间的误差。这是因为中轴是用其体积包络实现对形状的逼近，而用球之间的 4D 欧氏距离并不能描述中轴体积图元(在这里指的是中轴锥)的包络。

9.3　实验结果与对比

由于目前尚没有哪一个方法可以直接从稀疏的点云中计算出中轴网格，因此，本章将结合现有的曲面重建和中轴计算的方法来做相关方法的分析。结合现有的中轴计算方法，目前有以下两大类方法可以被尝试用来从稀疏点云中计算中轴网格。第一种方法是 Power Crust[3]算法。这是一种基于采样的方法，可以将点云作为输入，直接从点云中重建出曲面，并计算出中轴网格。然而，Power Crust 需要输入足够稠密采样的点云。第二种方法则是借助于现有的从三角网格曲面中计算中轴的方法。也就是，首先利用现有的网格重建的方法从点云中重建出三角网格曲面，然后用现有的中轴计算方法从三角网格曲面中算出中轴网格。本章采用了泊松曲面重建方法[4]、Screened 泊松曲面重建方法[5](表示为"SPR")、高斯方程(Gauss formula，表示为"GR")方法[6]和 VIPSS 方法[7]来进行点云的曲面重建。其中，GR 方法[6]基于修改的高斯公式从带有法向信息点云中计算光滑的表面网格模型。VIPSS 方法[7]则是用不带法向信息的点云重建隐式曲面，并从该隐式曲面中重建出三角网格模型。本章首先用实际的中轴在修复好的 ModelNet40 中的三角网格模型上采样与其中轴球一一对应的曲面点，然后用这些曲面重建方法重建出三角网格模型。在重建出三角网格模型之后，采用 Q-MAT+[8]算法计算带有 2048 个球的中轴网格，用以逼近重建曲面。然而，VIPSS 算法[7]并不能从采样的曲面点云中重建出三角网格模型，这是因为其优化过程中的初始化方法并不能保证能够从所有的输入点云中重建出模型来，特别是那些噪声变化较大且复杂的点云[7]。因此，在之后的对比实验中，并不考虑与这一方法的对比。此外，使用 GR 方法重建的网格模型不能被用于使用 Q-MAT+来计算中轴网格。这是因为用这一方法重建出的网格模型并不能保证是封闭的流形网格，不能满足 Q-MAT+对输入网格模型的严格要求。因此，这一类方法中，采用泊松曲面重建方法[5]和 SPR 方法[9]进行点云的网格曲面重建，然后用 Q-MAT+算法[8]计算中轴网格，本章将这两个方法分别称为"Poisson&Q-MAT+"方法与"SPR &Q-MAT+"方法。

对于用 P2MAT-NET 预测球构建稀疏点云中轴的方法，当预测球没有用球边界策略或法向优化策略进行优化时，用"P2MAT-NET"表示。用"P2MAT-NET-S"表示用于构建中轴连接性的预测球是采用球边界策略优化后的 P2MAT-NET 预测球，而"P2MAT-NET-N-S"则表示 P2MAT-NET 网络输出的预测球既采用法向优化策略又采用球边界策略进行优化。

对于 Power Crust 方法[3]，将采样密度常数设置为 0.6，将决定是否将相同标签("内部"或"外部")传播到相邻极点的参数设为 0.4，将乘法算子设为 10^6。实验中使用 VTK 环境中的 Power Crust 方法实现从输入点云计算中轴网格。由于 Power Crust 方法并没有用到输入点云的法向信息，因此，在与 Power Crust 方法对比的实验中，P2MAT-NET 输出的预测球只采用球边界策略进行优化，而不采用法向优化策略。图 9.1 展示了采用球边界策略优化的 P2MAT-NET 的输出预测球，即 P2MAT-NET-S 方法的结果，然后以此构建中轴网格的连接性的结果，并将 P2MAT-NET-S 方法的结果与 Power Crust 方法进行了比较。从左到右依次为：(a)输入点云，(b)实际的中轴球，(c)采用球边界策略优化后的中轴球，(d)采用 Power Crust 方法计算的中轴边，(e)用 Power Crust 方法计算的中轴边，(f)实际的中轴边。值得注意的是，由于点云的稀疏性，由 Power Crust 计算的中轴上存在一些孤立的球，这些球的球心在物体的外部，因此图中仅显示了计算出来的中轴网格的边。为了能够更清楚地说明这个情况，图中还用紫色的点画出了用 Power Crust 方法计算的中轴球的球心。此外，图 9.1(d)中可以看出用 Power Crust 方法计算出的中轴边与实际的中轴边之间存在着很大的误差。例如，通过 Power Crust 方法计算出的花盆的中轴网格只有几条合法的中轴边。

此外，如图 9.2 所示，在吉他模型上的结果可以看出，采用 Power Crust 方法容易产生在曲面外面的球。图中依次为：(a)输入点云，(b)实际的中轴球，用 Power Crust 方法计算的(c)中轴球和(d)中轴球的球心，(e)P2MAT-NET 的预测球采用球边界策略优化后的中轴球，(f)实际的中轴球球心，(g)用 Power Crust 方法计算的部分中轴球的球心，(h)实际的中轴边，(i)用 Power Crust 方法计算的中轴边，(j)采用 P2MAT-NET-S 方法构建的中轴边。为了更清楚地进行两个方法的对比，图 9.2(d) 和图 9.2(g) 都是采用 Power Crust 方法计算的中轴球的球心，只不过一个是显示全部中轴球的球心，另一个则与 P2MAT-NET-S 方法的结果采用同样的视角，只显示出其中部分中轴球的球心。这个问题的产生是因为当点云为稀疏的点云时，算法不能将物体内部和外部的极点区分开。

本章接下来使用双向 Hausdorff 距离评估近似的精度，用 ϵ 来表示。对于实际的中轴网格以及其他方法计算出的中轴网格，采用 3.6 节中的双向 Hausdorff 距离来衡量所计算的中轴的体积包络对原三角网格曲面的近似精度。为了保证比较的公平性，接下来的实验中只统计了 Poisson&Q-MAT+方法和 SPR&Q-MAT+方法都能成功计算的中轴的误差。对于 GR 方法[6]，使用双向 Hausdorff 距离来衡量原三角网格曲面与重建的网格模型之间的误差。

(a)　　(b)　　(c)　　(d)　　(e)　　(f)

图 9.1　与 Power Crust 方法的对比

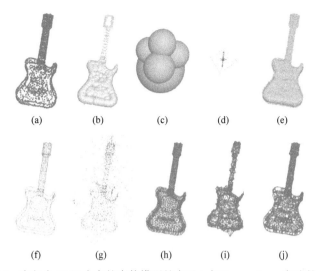

(a)　　　(b)　　　(c)　　　(d)　　　(e)

(f)　　　(g)　　　(h)　　　(i)　　　(j)

图 9.2　在包含 2048 个点的吉他模型的点云上与 Power Crust 方法的对比

对于 Poisson&Q-MAT+方法和 SPR&Q-MAT+方法，分别使用 MeshLab v1.3.2 和 v2016.12 从输入的点云中重建曲面模型。重建时采用软件的默认设置参数。由于部分重建的网格模型无法满足 Q-MAT+[8]对输入的三角网格模型的输入要求，Poisson&Q-MAT+方法和 SPR&Q-MAT+方法无法为重建的网格模型计算中轴网格。此外，这些方法还可能算出不带任何中轴边或中轴面的中轴网格，而这些中轴显然不能被用来拟合原曲面，因此也被标记为非法的中轴，不参与数据的统计。Poisson&Q-MAT+方法最终成功计算了约 85%的中轴，包括 6549 个训练集中的对象和 1693 个测试集中的对象。而 SPR&Q-MAT+方法最终计算了大约 98%的形状的中轴网格，包括 7625 个训练集中的对象和 1909 个测试集中的对象。

本章使用 GR 方法[6]的作者提供的代码从采样好的稀疏点云中重建网格模型。然而，用 GR 方法重建的大多数网格模型都无法采用 Q-MAT+方法[8]计算中轴网格。这是因为大部分用 GR 方法重建的网格模型没有办法保证是闭合的流形，不满足 Q-MAT+对输入的网格模型的严格要求。

表 9.1 对比了不同类型模型的平均 Hausdorff 距离。表中每个类别的最好实验结果用加粗字体表示。结果表明采用本章所提出的方法所产生的 Hausdorff 距离比 Poisson&Q-MAT+方法和 SPR&Q-MAT+方法小得多，即便只是直接用 P2MAT-NET 预测的中轴球计算稀疏点云的中轴网格，而没有用球边界策略或者法向优化策略对预测球进行任何优化。而与 GR 方法[6]相比，只有 person 这个类别会产生较大的误差。需要注意的是，表中 Hausdorff 距离是相对于相应曲面模型的对角线长度进行标准化后的结果，该结果以百分比表示。

表 9.1　在不同类别物体上的平均 Hausdorff 距离的对比

方法	airplane	bathtub	bed	desk	guitar	chair	monitor	person
GR	2.60	11.34	8.43	12.34	1.98	9.13	9.07	2.19
Poisson&Q-MAT+	10.63	15.57	16.27	24.41	5.15	21.84	14.40	14.25
SPR&Q-MAT+	3.50	13.19	12.32	20.85	2.92	12.01	15.22	4.46
P2MAT-NET	1.53	4.69	4.60	4.82	2.52	4.03	3.54	4.74
P2MAT-NET-S	1.28	3.97	3.80	4.67	1.55	2.53	3.26	4.52
P2MAT-NET-N-S	1.23	3.43	3.65	4.40	1.32	2.50	2.67	3.00

图 9.3 对比了测试集中床模型的重建误差分布的情况。横轴为重建的双向 Hausdorff 距离所在的区间,以百分比的形式表示。而纵轴表示在对应误差区间内的模型占测试集模型的比例情况,也是以百分比的形式表示。尽管本章提出的方法的重建误差仍然比实际的中轴网格(由 Q-MAT+直接计算并优化的中轴网格)大很多,但是却比其他方法的误差要小很多。此外,从误差分布上也可以看出来,球边界策略和法向优化策略也能提升中轴网格的重建精度,减小重建误差。

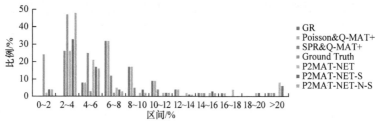

图 9.3　测试集中床模型的重建误差分布情况

分析每个模型的重建结果发现,本章中提出的构建中轴网格的方法可能计算出个别误差特别大的中轴网格,这点从图 9.3 中的误差分布也可以体现出来。产生这个问题的原因之一在于用本章中的方法构建中轴网格的连接性时,当采样点的分布特别不均匀时,容易误删一些中轴边,使得在中轴网格的局部产生大的洞。如图 9.4 所示,从左到右依次是: (a)实际的中轴球, (b) P2MAT-NET 的预测球采用法向优化策略和球边界策略优化后的中轴球, (c)实际的中轴边, (d)用 P2MAT-NET-N-S 方法从(b)中的中轴球重建的中轴边。用 P2MAT-NET 网格从 2048 个点的点云中预测出球之后,利用球边界策略和法向优化策略优化得到的中轴球[图 9.4(b)]已经能够较好地逼近原来的形状了。然而,在构建中轴的连接性时,在床身产生了许多大的洞,正是这些洞引入了较大的重建误差。

对于 Poisson&Q-MAT+方法和 SPR&Q-MAT+方法,如图 9.5 所示,图中依次为: (a)输入点云,(b)泊松重建的网格模型,(c)用 Poisson&Q-MAT+方法计算的中轴网格,(d)采用 SPR 重建的网格模型,(e)用 SPR&Q-MAT+方法计算的中轴网格,

(a) 实际的中轴球　　(b) P2MAT-NET　　(c) 实际的中轴边　　(d) P2MAT-NET-N-S
　　　　　　　　　　方法计算的中轴球　　　　　　　　　　　方法计算的中轴边

图 9.4　P2MAT-NET-N-S 方法计算的中轴产生洞的情况

(f)实际的中轴网格, (g)P2MAT-NET 的预测球经球边界策略和法向优化策略优化后的中轴球, (h)用(g)中的中轴球计算的中轴网格。可以看出, Poisson&Q-MAT+方法和 SPR&Q-MAT+方法产生的较大误差主要是由稀疏的采样点云重建出了质量较差的三角网格模型造成的, 图 9.6 比较了本章提出的方法和 GR 方法[6]的结果, 图中依次为: (a)输入点云, (b)表面网格模型, (c)用 GR 方法重建的网格模型, (d) P2MAT-NET 的预测球经球边界策略优化后的中轴球, (e)用 P2MAT-NET-S 方法计算的中轴网格。由于 GR 方法在重建网格的时候并没有使用点云的法向信息, 因此只对 P2MAT-NET 的预测球应用球边界策略, 然后用优化后的中轴球构建中轴网格连接性, 也就是用 P2MAT-NET-S 方法与其进行对比。结果表明 P2MAT-NET-S 方法在大多数情况下的误差都比 GR 方法的重建误差小。图中第一行中的椅子的误差比 GR 方法的大仍然是因为在构建连接性时会产生局部的洞。

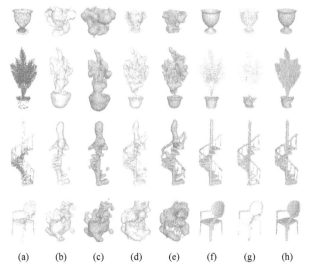

(a)　　(b)　　(c)　　(d)　　(e)　　(f)　　(g)　　(h)

图 9.5　与 Poisson&Q-MAT+方法和 SPR&Q-MAT+方法的对比

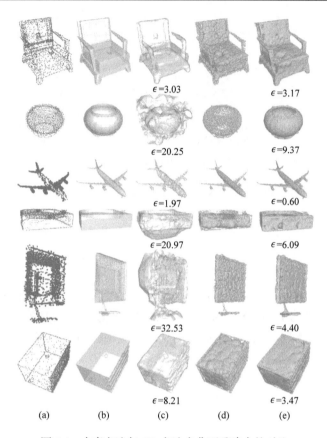

ϵ=3.03 ϵ=3.17

ϵ=20.25 ϵ=9.37

ϵ=1.97 ϵ=0.60

ϵ=20.97 ϵ=6.09

ϵ=32.53 ϵ=4.40

ϵ=8.21 ϵ=3.47

(a)   (b)   (c)   (d)   (e)

图 9.6 本章方法与 GR 方法在曲面重建中的对比

图 9.7 对比了 P2MAT-NET-N-S 方法和 SPR&Q-MAT+方法从不同分辨率的点云数据上的测试结果，点数量从上到下依次为：256、512、1024 和 2048，从左到右依次表示：(a)输入点云，(b)实际的中轴球，(c)同时采用法向优化策略和球边界策略优化后的中轴球，(d)采用 SPR 方法重建的网格模型，(e)用 SPR&Q-MAT+算法从(d)中计算的中轴球。实验结果表明即使在特别稀疏的点云上，P2MAT-NET-N-S 方法也能够获得比 SPR&Q-MAT+方法好的结果。特别地，当点云中点的数量为 256、512 或者 1024 时，SPR&Q-MAT+方法计算出来的中轴质量变得非常差。这是因为当点数量较少时，SPR 方法难以重建出高质量的网格模型。

表 9.2 展示了在不同分辨率下 P2MAT-NET-N-S 方法计算的不同类别物体的中轴网格的平均 Hausdorff 误差。对于每一个分辨率，两行误差分别表示实际中轴网格的误差和 P2MAT-NET-N-S 方法的误差。"#/#"表示"曲面到中轴/中轴到曲面"的误差。实验结果表明 P2MAT-NET-N-S 方法能够从非常稀疏的点云中计算出中轴，用以逼近点云所表征的形状，达到曲面重建的目的。

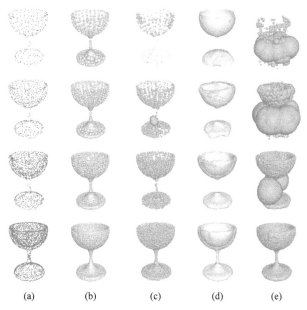

图 9.7　P2MAT-NET-N-S 方法和 SPR&Q-MAT+方法对比从不同分辨率的点云中计算中轴

表 9.2　对比从不同类别不同分辨率点云中计算的中轴的平均 Hausdorff 误差

点数量	airplane	bed	chair	sofa	guitar	monitor	person
256	3.42/1.22	6.25/2.47	4.40.1.84	5.12/2.50	2.16/0.92	4.15/1.73	4.67/2.31
	5.20/4.39	13.06/12.80	11.45/7.26	7.60/6.07	4.00/2.44	10.98/6.24	6.78/5.13
512	2.48/1.03	5.11/2.13	3.38/1.62	4.24/2.16	1.71/0.78	3.19/1.54	3.20/1.94
	3.10/2.85	10.69/5.86	8.92/5.50	6.03/5.75	3.12/2.03	9.28/4.73	4.65/4.90
1024	1.81/0.88	3.99/1.80	2.46/1.31	3.52/1.93	1.28/0.69	2.50/1.42	2.32/1.89
	2.10/1.64	8.04/5.27	5.52/3.74	4.75/4.79	1.86/1.75	5.51/4.17	3.28/4.05
2048	1.07/0.38	2.00/1.14	1.23/0.68	2.52/0.98	0.65/0.34	1.17/0.70	1.74/1.43
	0.98/1.17	2.50/3.61	1.78/2.43	2.49/3.95	1.04/1.29	1.98/2.65	2.05/2.97

　　此外，本章还用 Poisson&Q-MAT+方法和 SPR&Q-MAT+方法从不同分辨率
(256 和 2048 个点)的点云中计算中轴。表 9.3 对比了这两个分辨率下 P2MAT-NET-
N-S 方法与 Poisson&Q-MAT+方法和 SPR&Q-MAT+方法在不同类别物体中的平
均误差。每一个分辨率下的三行结果分别表示 Poisson&Q-MAT+方法、SPR&Q-
MAT+方法和 P2MAT-NET-N-S 方法的误差。每一个类别的最好结果都用加粗的字
体表示。对比结果进一步说明 P2MAT-NET-N-S 方法在稀疏点云中轴的计算中对
网格曲面的逼近精度优于其他方法。

　　需要说明的是，本章并没有对中轴计算的时间进行统计和对比。这是因为，
这些方法分别运行于不同的平台上，难以统计每个步骤执行的时间。对于 P2MAT-
NET 方法，由于采用 PointNet++的网络结构，其中运用了 CUDA 进行采样等的并

行计算，可以快速地实现中轴球的预测。而连接性的构建部分，最耗时的是构建初始连接性部分。在边剔除操作中，每一个操作条件的计算复杂度为 $O(n)$。

表 9.3　对比不同类别两个分辨率点云中计算的中轴的平均 Hausdorff 误差

点数量	airplane	bed	chair	sofa	guitar	monitor
	23.97/7.80	16.95/16.24	28.98/19.11	15.49/10.43	33.15/8.19	19.43/16.52
256	12.83/23.05	13.81/19.26	18.39/27.46	10.37/8.89	5.59/10.86	12.49/23.35
	5.20/4.39	**13.06/12.80**	**11.45/7.26**	**7.60/6.07**	**4.00/2.44**	**10.98/6.24**
	10.49/4.45	11.66/13.27	19.07/11.27	8.53/6.71	4.45/3.98	8.67/12.55
2048	2.95/2.75	6.00/11.78	5.52/10.44	5.13/5.01	2.45/2.21	4.11/15.14
	0.98/1.17	**2.50/3.61**	**1.78/2.43**	**2.49/3.95**	**1.04/1.29**	**1.98/2.65**

9.4　稀疏点云中轴在形状分类中的应用

由于中轴的紧致性和对称性等特点，中轴在形状识别、路径规划、形状分类等领域中有很大的应用前景。因此，从稀疏点云中预测的中轴网格也可以被用作下游应用程序的中间算子。本节使用 MAT-Net 将从 ModelNet40-P2MAT 中的点云模型中计算的中轴网格用于形状分类任务中。用 P2MAT-NET 从训练集和测试集的点云预测出对应的球集，使用球边界策略和法向优化策略优化预测球，然后使用默认参数构建中轴网格的连接性，本节中将这一形状分类方法表示为"Ours w /MAT-Net"。为了比较的公平性，本节的所有实验都在 Nvidia Titian XP GPU 上运行。

为了验证所计算的稀疏点云中轴的优势，下文中将 Ours w / MAT-Net 方法与以下基于神经网络的形状分类方法进行比较：PointNet[10]、PointNet++[11]、PointCNN[12] 和 DGCNN[13]。对于 PointNet、PointNet++、PointCNN 和 DGCNN 来说，使用与 Ours w / MAT-Net 方法相同的点集，也就是从网格曲面采集的与中轴球一一对应的稀疏点云。选择多尺度分组(multi-scale grouping，MSG)作为 PointNet++中的分组方法。PointCNN 采用在模型 ModelNet_x3_l4 中配置的网络结构和超参数。

表 9.4 中比较了不同方法的分类性能。所有方法的形状分类结果都是没有经过投票计算，只执行一次测试的统计结果。其中，除了 O-CNN 中表示叶子节点的分辨率以外，在其他方法中，"#In"表示输入点云中点的数量，"Acc."则表示在测试集上的整体准确率。表中的"MAT-Net(sphere)"表示只使用中轴球作为 MAT-Net[1]网络的输入，"MAT-Net(3 features)"则表示输入不仅包括中轴球，还包括由中轴球的 K-近邻计算的中轴边索引矩阵和中轴边蒙版矩阵，其中，$K=16$。而"xyz"表示点云的坐标，"normal"表示点云的法向，"xyzr"表示中轴球的球心和半径。对于 DGCNN 方法，由于设备显存的限制，无法满足运行 2048 个点

的点云的需求,因此表 9.4 中对应位置的结果为空。从表中可以看到,即使仅使用球体,MAT-Net(sphere)的分类精度也比 PointNet、PointNet++和 DGCNN 更好。需要注意的是,PointNet、PointNet++和 DGCNN 的结果不如相应论文中报告的结果,这可能是由所使用的采样点集是不均匀且稀疏所导致的。当每个形状使用 1024 或者 2048 个中轴球来表示时,与仅使用球体相比,在 MAT-Net 中使用局部的边的特征(由中轴边索引矩阵和中轴边蒙版矩阵表示)并没有提高整体精度。这可能是因为与 MAT-Net 中使用 256 个中轴球的最佳分类效果相比,高分辨率的中轴的拓扑中存在大量的冗余信息[1]。从另一个侧面来说,这也更进一步证实了中轴在形状分类任务上的优势,它可以通过较少的信息获得比其他方法高的分类精度。

表 9.4　对比在 ModelNet40-P2MAT 数据集的分类准确率

分类方法	点表示方法	#In	Acc.	#In	Acc.	#In	Acc.	#In	Acc.
PointNet	xyz	256	86.1	512	86.9	1024	87.8	2048	87.3
PointNet++	xyz	256	86.1	512	87.1	1024	88.3	2048	88.8
	xyz+normal	256	87.1	512	88.9	1024	90.4	2048	90.2
PointCNN	xyz+normal	256	87.8	512	88.3	1024	89.8	2048	**91.3**
DGCNN	xyz+normal	256	87.8	512	88.3	1024	89.9	2048	—
Ours w/ MAT-Net(sphere)	xyzr	256	90.8	512	91.2	1024	**91.0**	2048	91.2
Ours w/ MAT-Net(3 features)	xyzr	256	**91.8**	512	**91.7**	1024	90.9	2048	91.0

表 9.5~表 9.8 报告了使用不同分辨率(分别为 256、512、1024、2048)数据集子集的不同形状类别的平均准确率。这些类别在分类准确率上存在着显著的差异。其中,"Avg.class"表示在测试集所有类别上的平均准确率,而 PointNet++方法展示的是使用点云坐标和法向作为输入的结果。与整体分辨率的结果类似,Ours w / MAT-Net 方法在不同类别上的分类准确率与其他方法中的最好结果相当。

表 9.5　对比在 256 个点/球的数据集上不同形状类别分类准确率

分类方法	Avg.class	bathtub	Ward.	radio	cone	person	dresser	desk
PointNet++	79.2	0.79	0.73	0.55	**0.82**	0.81	**0.80**	0.71
PointCNN	78.0	0.45	0.67	0.55	0.64	0.88	0.76	0.63
DGCNN	79.9	0.76	0.73	0.60	**0.82**	0.88	0.73	**0.81**
Ours w/ MAT-Net(sphere)	85.0	0.86	**0.93**	0.65	0.73	**1.00**	0.74	0.79
Ours w/ MAT-Net(3 features)	**86.5**	**0.90**	0.73	**0.75**	0.73	**1.00**	0.74	**0.81**

表 9.6　对比在 512 个点/球的数据集上不同形状类别分类准确率

分类方法	Avg.class	bathtub	bench	cone	person	stairs	stool	tv.
PointNet++	79.5	0.79	0.75	**0.82**	0.69	0.56	0.75	0.85
PointCNN	81.2	0.55	0.75	0.73	**0.94**	0.88	0.69	0.80
DGCNN	79.3	0.76	0.75	**0.82**	0.88	0.63	**0.81**	0.80
Ours w/ MAT-Net(sphere)	84.9	**0.83**	**0.81**	0.73	0.88	**0.94**	**0.81**	**0.93**
Ours w/ MAT-Net(3 features)	**85.2**	0.76	**0.81**	**0.82**	**0.94**	0.88	**0.81**	0.85

表 9.7　对比在 1024 个点/球的数据集上不同形状类别分类准确率

分类方法	Avg.class	bathtub	bottle	cone	night.	range.	table	stool
PointNet++	**83.9**	**0.90**	0.95	0.64	0.65	0.93	0.86	0.81
PointCNN	83.6	0.62	0.91	0.73	0.78	0.88	0.79	0.75
DGCNN	79.9	0.76	0.95	0.73	0.69	0.91	0.85	0.81
Ours w/ MAT-Net(sphere)	83.1	0.83	0.95	**0.82**	**0.82**	**0.96**	**0.92**	0.75
Ours w/ MAT-Net(3 features)	83.8	0.79	**0.98**	0.73	0.71	0.91	**0.92**	**0.88**

表 9.8　对比在 2048 个点/球的数据集上不同形状类别分类准确率

分类方法	Avg.class	bathtub	bench	cup	night.	person	range.	table
PointNet++	83.8	0.76	**0.81**	0.50	0.59	0.81	0.93	0.86
PointCNN	85.5	0.79	**0.81**	0.50	0.71	**0.94**	0.86	0.81
Ours w/ MAT-Net(sphere)	**85.6**	0.76	0.69	**0.58**	**0.89**	0.81	**0.94**	0.77
Ours w/ MAT-Net(3 features)	83.5	**0.83**	0.56	0.42	0.85	0.88	0.93	**0.87**

　　此外,表 9.9 中还对比了不同分类方法的宏观 F1 值(Macro-F1 Score)。与整体分辨率的结果类似,Ours w / MAT-Net 方法在 256、512 和 1024 个点的点云中的结果优于其他方法,而在 2048 个点的点云中的结果与其他方法相当。

表 9.9　对比在 ModelNet40-P2MAT 数据集分类的宏观 F1 值

分类方法	256	512	1024	2048
PointNet++	0.77	0.81	0.81	0.84
PointCNN	0.79	0.80	0.83	**0.85**
DGCNN	0.80	0.79	0.81	—
Ours w/ MAT-Net(sphere)	**0.85**	0.84	0.83	**0.85**
Ours w/ MAT-Net(3 features)	**0.85**	**0.85**	**0.84**	0.84

9.5　本章小结

本章基于第 8 章的工作提出了从中轴球构建中轴连接性的方法，然后分析了两类基于已有的用点云进行网格重建的方法和从网格模型中计算中轴网格的方法进行稀疏点云的中轴计算，并将基于 P2MAT-NET 的稀疏点云网格计算的方法与这两类方法进行比较，用 P2MAT-NET、P2MAT-NET-S 和 P2MAT-NET-N-S 分别表示直接用 P2MAT-NET 预测的球构建中轴网格，用球边界策略优化中轴球后构建中轴以及用法向优化策略和球边界策略优化中轴球后构建中轴的方法。实验表明 P2MAT-NET、P2MAT-NET-S 和 P2MAT-NET-N-S 方法能够建出比这两类方法质量高的中轴网格。另外，本章还从曲面重建的角度，用中轴的体积包络拟合网格表面模型，基于中轴的曲面重建方法比最新的曲面重建方法的拟合精度高。本章提出的构建中轴网格的方法还有一些局限性，主要表现在：作为第一个从中轴球构造中轴连接性的方法，目前构造中轴连接性的方法只是一个简单的尝试，并没有办法保证所构建的连接结构可以重建并收敛于实际的中轴。这个具有挑战性的几何和拓扑问题将作为未来的研究工作进一步探索。

此外，本章还将从稀疏点云计算出来的中轴网格直接应用于形状分类任务中，相比于其他直接使用不同分辨率的点云作为输入的点云分类方法，本章所提出的方法的分类精度更高。本章将这一方法用 Ours w / MAT-Net 表示。实验结果表明即使所构造的中轴网格在连接性上还有较大的改进空间，Ours w / MAT-Net 在形状分类任务中仍然具有很大的竞争力。特别是当点云中点的数量较少时，Ours w / MAT-Net 要明显优于其他方法。这进一步证明了中轴的紧致性在实际应用中的意义，与中轴相关的研究工作具有很大的探索价值。

参 考 文 献

[1] Hu J, Wang B, Qian L, et al. MAT-Net: Medial axis transform network for 3D object recognition[C]//Proceedings of the 28th International Joint Conference on Artificial Intelligence, 2019: 774-781.

[2] CGAL 4.14-Manual[DB/OL]. https://doc.cgal. org/4.14/Manual/packages.html.[2023-12-1].

[3] Amenta N, Choi S, Kolluri R K. The power crust[C]//Proceedings of the 6th ACM Symposium on Solid Modeling and Applications, 2001: 249-266.

[4] Kazhdan M, Bolitho M, Hoppe H. Poisson surface reconstruction[C]//Proceedings of the Fourth Eurographics Symposium on Geometry Processing, 2006: 1-10.

[5] Kazhdan M, Hoppe H. Screened Poisson surface reconstruction[J]. ACM Transactions on Graphics, 2013, 32(3): 1-13.

[6] Lu W, Shi Z, Sun J, et al. Surface reconstruction based on the modified Gauss formula[J]. ACM

Transactions on Graphics, 2018, 38(1): 1-18.

[7] Huang Z, Carr N, Ju T. Variational implicit point set surfaces[J]. ACM Transactions on Graphics, 2019, 38(4): 1-13.

[8] Pan Y, Wang B, Guo X, et al. Q-MAT+: An error-controllable and feature-sensitive simplification algorithm for medial axis transform[J]. Computer Aided Geometric Design, 2019, 71: 16-29.

[9] Qi C R, Su H, Mo K, et al. Pointnet: Deep learning on point sets for 3D classification and segmentation[C]//Proceedings of the IEEE Conference on Computer Vision and Pattern Recognition, 2017: 652-660.

[10] Qi C R, Yi L, Su H, et al. Pointnet++: Deep hierarchical feature learning on point sets in a metric space[C]//Proceedings of Advances in Neural Information Processing Systems, 2017: 5099-5108.

[11] Li Y, Bu R, Sun M, et al. PointCNN: Convolution on x-transformed points[C]//Proceedings of Advances in Neural Information Processing Systems, 2018: 820-830.

[12] Wang P S, Liu Y, Guo Y X, et al. O-CNN: Octree-based convolutional neural networks for 3D shape analysis[J]. ACM Transactions on Graphics, 2017, 36(4): 1-11.

[13] Wang Y, Sun Y, Liu Z, et al. Dynamic graph CNN for learning on point clouds[J]. ACM Transactions on Graphics, 2019, 38(5): 1-12.

第 10 章　刚体仿真中基于中轴变换的连续碰撞检测

10.1　引　　言

大多数基于物理的模拟都必须准确地处理碰撞问题，以防止几何图元相互穿透或重叠。这些模拟器的保真度和效率在很大程度上取决于选择的碰撞检测算法。通常情况，精确的碰撞检测不仅需要确定两个对象在给定状态上是否相交，而且还需要查询所有重叠的几何图元。如今，具有成千上万甚至数百万个表面三角形的模型无处不在，并且以暴力方式执行成对基本图元相交测试会严重影响模拟效率，是不可接受的。在过去的几十年中，有许多冲突检测算法提出，其核心思路即通过尽可能多地剔除非碰撞的基础片元来加快计算速度。这些算法可分为高级阶段剔除技术，如层次包围结构 (bounding volume hierarchy, BVH)[1,2]、空间细分[3]和低级阶段剔除技术(如法线锥[4,5]、孤集[6]和 Representative Triangles[7,8])。

然而对于大多数实时应用而言，碰撞检测的效率仍然是一个严峻的挑战。为了提高效率，这些应用程序采用离散碰撞检测(discrete collision detection, DCD)。该方法仅检查给定时间步长上的碰撞，忽略时间间隔内的碰撞。相对地，连续碰撞检测[9-11]则是更为精确的选择。其通过插值来近似图元在一个时间间隔内的运动轨迹，并检查沿着该轨迹的首次碰撞[包括首次接触时间(first time-of-contact) 和碰撞位置信息]。在三角形级别的检测中，连续碰撞检测将单个三角形对测试简化到 15 个基元测试，其中包括 6 个点面测试和 9 个边边测试[10,12]。由于这些基元测试需要使用三次多项式根求解器来求解首次接触时间，因此连续碰撞检测比离散碰撞检测更为耗时。此外，除了基于物理的仿真，连续碰撞检测还广泛应用于机器人运动规划[8,13]和力触觉生成算法[14,15]等领域。

本章提出一种新的应用于刚体仿真的连续碰撞检测算法。本章的算法通过直接进行输入模型的中轴变换级别的基元测试代替三角形级别的基元测试来加速 CCD(charge-coupled device)。三维模型的中轴变换由一组中轴球(medial sphere)，即至少与模型边界有两个接触点的最大内切球组成[16]。MAT 在保留三维模型的局部厚度信息的同时能够保留其拓扑和几何特征，因此长期以来，其被视为一种高效的形状近似表示方法[17-19]。中轴网格是中轴变换的简化表达，其由一个非流行的三角网格分段线性地离散化中轴变换。中轴网格上的顶点表示中轴球,连接顶点的边或者面通过线性差值形成体积中轴图元。Lan 等[20]证明了中轴图元能够在离散碰撞检测中作为包围体并通过解析地求解具有二次约束的二次规划问题(quadratically constrained quadratic program, QCQP)来进行成对的图元相交测试。由于简化的中轴网格仅包含适量的(n)的中轴图元,并保持对原始具有大量三角形片元(N)的 3D 模型的高质量近似,因此模拟器只需要 $O(n)$ ($n \ll N$)复杂度的计算就能够剔除更多的无碰撞的三角形对,从而在碰撞丰富的场景中实现对具有高分辨三角形网格的柔性模型的可交互的仿真。本章提出的算法将文献[20]中基于中轴变换的离散碰撞检测扩展到连续碰撞检测。由于刚体的不可变形特性,本章方法直接执行 MAT 级别的检测,而不是将其作为原始三角形网格的包围结构。

受 Lan 等工作的启发,本章提出了一种应用于刚体仿真中基于中轴变换的连续碰撞检测算法。算法仅进行中轴图元级别基元测试,并且通过求解关于给定时间间隔内中轴图元之间的球面距离的二次优化问题以找到全局的首次碰撞时间以及碰撞接触点。本章方法使用交替迭代的方式来求解此优化问题:当时间变量固定为常量时,此问题和文献[20]中提出的 QCQP 问题一致;当最近球对固定时,此问题即转化为一个标准的二次优化问题,本章方法通过计算其导数求解。这种迭代策略可以在刚体仿真中快速收敛。结果表明,本章的算法可以显著提高碰撞检测的效率,且没有任何穿透或隧穿的现象。

由于计算资源有限,碰撞剔除是现有碰撞检测算法的关键过程。层次包围结构是 CCD 和 DCD 的主要采用的是高级阶段剔除算法。各种类型的包围结构如轴对齐包围盒(axis-aligned bounding box,AABB)[1]、方向包围盒(oriented bounding box,OBB)[21]、包围球(bounding sphere)[22,23]、Boxtree、ShellTree 等纷纷出现。对于可变形体仿真而言,这些包围结构则需要每帧更新以适应形状的变化。对此,诸如线性时间调整、选择性重构、并行重构等算法被提出以快速地调整或者重建 BVH。不同于高级阶段剔除算法,大多数低级阶段剔除算法都是通过基于网格连接信息以消除重复的基元测试并多应用于 CCD 中的自碰撞检测。孤集和 Representative Triangles[7,8]是适用于大多数具有自碰撞的 CCD 应用,尤其是布料模拟的低级阶段剔除算法。孤集从相邻碰撞对中预先计算一个孤集,并删除不在孤集中的所有相邻对中的图元。Representative Triangles 将每个图元分配给唯一的三角形,以确保不会进行重复的基元测试。除此之外,许多技术计算与变形相关的边界并将其用于自碰撞的剔除。Barbič 和 James 提出在子空间计算自碰撞剔除参照(subspace self-collision culling certificates)以加速自碰撞检测。Wong 等提出一种基于骨架结构径向视图剔除的技术以提高检测效率,但是该方法的骨架需要预先计算,且对于有拓扑变化的模型计算开销可能很高。

三角形级别的连续碰撞检测中的基元测试本质上是求解由共面条件得出的三次多项式方程的根。这种基元测试通常使用有限精度或浮点运算来实现，并使用误差容限，从而导致易于产生假阴(阳)性的错误。为了避免产生此类错误，研究者提出了许多精确的三次求解器，详细地回顾了关于这个主题的研究。Brochu 等[9]提出通过计算碰撞次数奇偶性的非构造谓词来进行精确的碰撞检测和剔除。Wang[11]通过前向误差分析以检查是否存在精确的点面相交或边边相交，从而减少误报。Tang 等提出了基于精确几何计算范例进行可靠布尔碰撞查询的 CCD 算法。

为了提高碰撞检测的性能，研究人员提出了许多基于 GPU 并行计算进行加速的碰撞检测技术[20]。由于只需要很少数量的中轴图元就能够紧密包围每个 3D 模型，因此本章的算法仅需在 GPU 上并行地进行所有中轴图元对的基元测试而无须对其进行剔除。此外，一些弹塑性接触模型的仿真器利用 CCD 处理具有挑战性的碰撞场景。尽管这些模拟器可以生成高质量的动画，但它们的运行速度远不能达到实时的要求。

10.2　中轴网格表示

初始中轴变换通常是基于 3D 模型形状边界上的一组采样点的 Voronoi 图计算。但是初始中轴中包含许多的"毛刺"从而使得其不适合实际应用。为了获得结构简单且紧凑的中轴，必须通过识别和修剪"毛刺"以简化初始中轴。Li 等提出了一种使用二次误差度量来测量简化中轴的近似误差的中轴简化算法。该算法有效地删除了原始中轴中大量无意义的中轴图元，同时生成紧凑而精确的输入模型的近似。在此之上，稍微扩大中轴球的半径即可以获得原始三角形网格的高质量紧密外壳。

给定中轴网格上的任意中轴顶点 m ，其可由 4D 向量 $m = \{c^{\mathrm{T}}, r\}^{\mathrm{T}}$ 表示，其中 c 是中轴球心， r 是中轴球半径。中轴网格上的每个边和面都与一个体积图元相关联，称为中轴图元，如图 10.1(a)所示。所有的中轴图元组合起来则构成中间网格的包络图元，即对原始 3D 网格的近似，如图 10.1(b)所示。连接顶点 m_i 和 m_j 的边定义为 $\mathcal{C}_{ij} = \{m_i, m_j\}$ 。通过沿着 $\mathcal{C}_{ij}$ 对 2 个中轴球的半径和球心差值得到体积图元中轴锥(medial cone)： $\{m \mid m = \alpha m_i + (1-\alpha) m_j,\ \alpha \in [0,1]\}$ 。类似地，中轴网格上的三角形表示为 $\mathcal{C}_{ijk} = \{m_i, m_j, m_k\}$ ，对应的体积图元为中轴夹板(medial slab)。中轴夹板是通过对三个中轴球的半径和球心线性差值得到，其数学定义为 $\{m \mid m = \beta_i m_i + \beta_j m_j + (1-\beta_i - \beta_j) m_k, \beta_i \in [0,1], \beta_j \in [0, 1-\beta_i]\}$ 。

(a) 中轴图元:　　　　　　　　　　　(b) 中轴网格(左)
中轴锥(上)和中轴夹板(下)　　　　　　包含的图元和原始三维模型(右)

图 10.1　三维模型的中轴网格示意图

对于 3D 模型而言，其中轴网格不仅是内部骨架，而且还使用少量中轴图元表示了模型的体积近似。Lan 等[20]使用中轴图元作为包围体，以剔除弹性体模拟动画中不必要的碰撞(仅离散碰撞检测)。两个中轴图元之间的距离定义为最近中轴球对的带符号的球面距离。显然，如果距离为负则表明两个中轴图元有重叠，否则表明处于分离状态。由于中轴网格仅使用少量的中轴图元即可提供出色的形状近似，因此该方法的剔除效率比其他广泛使用的包围图元和包围球高出至少两个数量级。由于基于中轴的剔除策略不依赖于任何树状的多级数据结构，因此所有中轴图元对的重叠测试均可在 GPU 上并行执行。

本章将生成基于中轴变换的包围体以用于刚体仿真的连续碰撞检测。由于刚性运动没有形变，因此不需要每帧更新中轴球的半径，这意味着静止状态的中轴变化能够保持较高的包围质量，且如果提高中轴网格的分辨率则可以获得更高的碰撞精度。与文献[20]不同的是，本章的算法将直接在中轴变换而不是三角形网格上执行低级级别的碰撞检测。

10.3　基于中轴网格的连续碰撞检测

10.3.1　连续碰撞检测

对于三角形网格上的连续碰撞检测，检测运动中两个三角形之间的碰撞能够简化到执行成对的基元测试。由于一个时间间隔内三角形的运动轨迹通常使用线性差值近似，因此对于任意两个三角形之间的基元测试可通过 6 次点面相交测试和 9 次边边相交测试以得出首次碰撞时间。类似地，两个任意的中间图元之间的检测连续碰撞也可以简化为执行两种类型的成对基元测试：锥锥测试和球夹板测试。两个中轴锥之间的相交测试即为一个锥锥测试；中轴锥和中轴夹板之间的相交测试由 3 个锥锥测试和 2 个球夹板测试构成；对于两个中轴夹板，本章方法则需要执行 9 个锥锥测试和 6 个球夹板测试。在预计算阶段，本章方法将建立一个包括两个中轴网格之间的所有锥锥测试和球夹板测试的碰撞测试列表。在模拟过程中，如果两个模型的中轴网格的包围边界发生相交，则对应列表将在 GPU 上并行执行。

10.3.2　中轴图元对的基元测试

以锥锥测试为例介绍本章的算法。由于问题结构不变，因此它的过程可以很容易地推广到球夹板测试。考虑刚性运动中的两个中轴锥：$C_1 = \{m \mid m = \alpha m_{11} + (1-\alpha)m_{12}, \ \alpha \in [0,1]\}$ 和 $C_2 = \{m \mid m = \beta m_{21} + (1-\beta)m_{22}, \ \beta \in [0,1]\}$。假设 v_{11}，v_{12}，v_{21}，v_{22} 为两个中轴锥端点的中轴球心的速度，且在 $[t_0, t_1]$ 内保持恒定，则在任意时间 $t \in [t_0, t_1]$，这两个中轴锥上的任意中轴球的球心和半径可以定义为

$$\begin{cases} c_1(\alpha, t) = \alpha(c_{11} + v_{11}t) + (1-\alpha)(c_{12} + v_{12}t) \\ r_1(\alpha) = \alpha r_{11} + (1-\alpha)r_{12} \\ c_2(\beta, t) = \beta(c_{21} + v_{21}t) + (1-\beta)(c_{22} + v_{22}t) \\ r_2(\beta) = \beta r_{21} + (1-\beta)r_{22} \end{cases} \tag{10-1}$$

这两个球之间的符号距离定义为

$$\begin{aligned} S(\alpha, \beta, t) &= \| c_1(\alpha, t) - c_2(\beta, t) \| - (r_1(\alpha) + r_2(\beta)) \\ &= \sqrt{P_1(\alpha, \beta)t^2 + P_2(\alpha, \beta)t + P_3(\alpha, \beta)} - R(\alpha, \beta) \end{aligned} \tag{10-2}$$

此处，

$$\begin{aligned} P_1(\alpha, \beta) =&\ \| v_{11} - v_{12} \|^2 \alpha^2 + \| v_{21} - v_{22} \|^2 \beta^2 \\ &- 2(v_{11} - v_{12})^{\mathrm{T}}(v_{21} - v_{22})\alpha\beta \\ &+ 2(v_{11} - v_{12})^{\mathrm{T}}(v_{12} - v_{22})\alpha \\ &- 2(v_{21} - v_{22})^{\mathrm{T}}(v_{12} - v_{22})\beta \\ &+ \| v_{12} - v_{22} \|^2 \end{aligned}$$

$$\begin{aligned} P_2(\alpha, \beta) =&\ 2(v_{11} - v_{12})^{\mathrm{T}}(c_{11} - c_{12})\alpha^2 \\ &+ 2(v_{21} - v_{22})^{\mathrm{T}}(c_{21} - c_{22})\beta^2 \\ &- 2[(v_{11} - v_{12})^{\mathrm{T}}(c_{21} - c_{22}) + (v_{21} - v_{22})^{\mathrm{T}}(c_{11} - c_{12})]\alpha\beta \\ &+ 2[(v_{11} - v_{12})^{\mathrm{T}}(c_{12} - c_{22}) + (v_{12} - v_{22})^{\mathrm{T}}(c_{11} - c_{12})]\alpha \\ &- 2[(v_{21} - v_{22})^{\mathrm{T}}(c_{12} - c_{22}) + (v_{12} - v_{22})^{\mathrm{T}}(c_{21} - c_{22})]\beta \\ &+ 2(v_{12} - v_{22})^{\mathrm{T}}(c_{12} - c_{22}) \end{aligned}$$

$$P_3(\alpha,\beta) = \| c_{11} - c_{12} \|^2 \, \alpha^2 + \| c_{21} - c_{22} \|^2 \, \beta^2$$
$$- 2(c_{11} - c_{12})^{\mathrm{T}}(c_{21} - c_{22})\alpha\beta$$
$$+ 2(c_{11} - c_{12})^{\mathrm{T}}(c_{12} - c_{22})\alpha$$
$$- 2(c_{21} - c_{22})^{\mathrm{T}}(c_{12} - c_{22})\beta$$
$$+ \| c_{12} - c_{22} \|^2$$
$$R(\alpha,\beta) = (r_{11} - r_{12})\alpha + (r_{21} - r_{22})\beta + (r_{12} + r_{22})$$

连续碰撞检测的目标即确定在该时间间隔内是否发生碰撞并获得首次碰撞时间，这相当于求解 $S(\alpha,\beta,t) = 0$ 的最小根。但是由于很难找到 $S(\alpha,\beta,t) = 0$ 的解析解，因此本章方法将其重新构造为以下最小化问题：

$$\min \quad f(\alpha,\beta,t) = S(\alpha,\beta,t)^2$$
$$\text{s.t.} \quad 0 \leqslant \alpha \leqslant 1, \quad 0 \leqslant \beta \leqslant 1, \quad t_0 \leqslant t \leqslant t_1 \tag{10-3}$$

显然，$f(\alpha,\beta,t) = 0$ 时为最小值。如果 C_1 和 C_2 之间的碰撞发生在 $[t_0,t_1]$ 内，则至少有一个根使得 $f(\alpha,\beta,t) = 0$。否则，$f(\alpha,\beta,t) > 0$ 将会在整个时间间隔内恒成立。

本章方法提出以交替迭代的方式最小化 $f(\alpha,\beta,t)$ 并求解 $\{\alpha,\beta\}$ 和 t：①固定时间 t，求解最近球对的线性差值参数 $\{\alpha,\beta\}$；②固定 $\{\alpha,\beta\}$，并求解这对球在整个时间间隔内最接近的时间点 t。本章方法重复这两个步骤，直到确认收敛或无碰撞为止。需要注意的是，在第一步时间固定后，即求解 QCQP[20] 问题之后，第二步中的二次优化问题实际上是在连续的时间域 $[t_0,t_1]$ 中搜索第一步求解的最近球对的最近的时间点。因此，整个迭代求解首次碰撞时间的过程是时间上连续的，与连续碰撞检测的思想相吻合。

从几何角度看，整个迭代过程是首先找到时间 t^j 时的最近球对 $\{\alpha^j,\beta^j\}$（j 表示迭代次数)，之后找到 α^j 和 β^j 在整个时间间隔内首次接触的时间 t^{j+1}（如果无碰撞则是最近的时刻)。本章方法不断更新最近球对 $\{\alpha,\beta\}$ 和最近时刻 t 直到收敛为止，即意味着找到了首次碰撞时间和碰撞球对。

10.3.3　首次碰撞时间

当时间 t 固定时，问题等效于进行中轴变换的离散碰撞检测。最近球对可以通过 Lan 等提出的方法[20] 求解得到。当 $\{\alpha,\beta\}$ 固定时，本章方法令 $f(t)$ 的一阶导数为 0，即

$$\frac{\mathrm{d}f(t)}{\mathrm{d}t} = \frac{\left(\sqrt{P_1t^2 + P_2t + P_3} - R\right)(2P_1t + P_2)}{\sqrt{P_1t^2 + P_2t + P_3}} = 0 \tag{10-4}$$

由于 $\dfrac{1}{\sqrt{P_1 t^2 + P_2 t + P_3}}$ 的存在，当 $P_1 t^2 + P_2 t + P_3 = 0$ 时方程 (10-4) 具有奇点。从几何意义看，当且仅当最近球对 $\{\alpha, \beta\}$ 的球心刚好重合时才会发生，因此在一般情况下可以忽略这个奇点。$\sqrt{P_1 t^2 + P_2 t + P_3} - R = 0$ 在不考虑奇点的情况下等效于抛物线 $P_1 t^2 + P_2 t + P_3 - R^2 = 0$，其具有两个根 $t^{(1)}$，$t^{(2)}$ ($t^{(1)} < t^{(2)}$)。此外，第三个可能的解来自于抛物线的对称轴，即 $2P_1 t + P_2 = 0$：$t^{(3)} = -\dfrac{P_2}{2P_1}$。本章方法使用符号 $t^{(i)}$ 和符号 $t^{(j)}$ 分别表示方程(10-4)的第 i 个根和对方程(10-3)的优化过程中第 j 次迭代的 t。本章方法讨论抛物线的以下两种情况：

情况 1：$t^{(1)}, t^{(2)} \in \mathbf{R}$。这是最常见的情况。如果 $t^{(1)} \geqslant t_0$ 且 $f\left(t^{(1)}\right) = 0$，则 $t^{(1)}$ 是两个当前迭代的中轴球的首次接触时间。之后，两个球会在 $t^{(3)}$ 时穿透最深，并在 $t^{(2)}$ 时刚好接触(即将分开)。这一过程如图 10.2(a)所示。

情况 2：$t^{(1)}, t^{(2)} \notin \mathbf{R}$。如果 $t^{(3)} \in [t_0, t_1]$，$t^{(3)}$ 即是两个中轴球距离最近的时刻，如图 10.2(b)所示。如果满足 $f\left(t^{(3)}\right) = 0$，$t^{(3)}$ 则是两个球的首次接触时间。否则，这对中轴球在整个时间间隔 $[t_0, t_1]$ 内都是无碰撞的。

(a) 情况1　　　　　　　　　　　　　(b) 情况2

图 10.2　情况 1，$t^{(1)} \geqslant t_0$ 且 $f\left(t^{(1)}\right) = 0$ 时，两个球在 $t^{(1)}$ 首次彼此接触，从左到右，红球分别表示其在 t_0，$t^{(1)}$，$t^{(3)}$，$t^{(2)}$ 和 t_1 时刻的位置；情况 2，$t^{(3)}$ 为两个球距离最近的时刻，从左到右，红球分别表示其在 t_0，$t^{(3)}$ 和 t_1 时刻的位置

除这两种情况外，还有一种特殊情况，即抛物线在 $P_1 = P_2 = 0$ 处退化。这一情况表示两个中轴锥之间的相对速度等于零，并且它们在其静止位置接触(在 $[t_0, t_1]$ 相对位置不变并保持接触)。这种情况将使得迭代无法收敛。本章将在 10.4 节中讨论如何处理它。

在实验中，发现迭代的收敛性受初始值的影响。在图 10.3 所示的情况下，最近球对 $\{\alpha^0, \beta^0\}$ 的距离在 $[t_0, t_1]$ 内单调递增。这种情况使得最优的 t 即是 t_0，并且整个迭代过程将变成在 $\{\alpha^0, \beta^0\}$ 和 t_0 之间的无穷循环。为了解决这个问题，观察到 t_1 时刻的最近球对 $\{\alpha^0, \beta^0\}$ 将会随着 t 的变化立即更新，因此采用 t_1 作为迭代的初始值以避免无法收敛的情况。

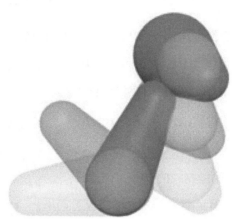

图 10.3　使用 t_0 作为初始值时的非收敛情况。当 t 接近 t_0 时，中轴图元更加透明。白球对表示 t_0 时的最近球对

10.3.4　迭代终止条件

　　显然，最近球对之间的距离为零应该是迭代终止的主要条件。但是仅凭此条件不足以确定碰撞是否会发生。假定第 j 次迭代的结果为 t^j，t^j 时的最近球对为 $\{\alpha^{j+1}, \beta^{j+1}\}$，且在下次迭代中满足 $f\left(\alpha^{j+1}, \beta^{j+1}, t^j\right) = 0$。为了防止假阳性错误，需要再次计算 $f\left(\alpha^{j+1}, \beta^{j+1}, t\right) = 0$ 的三个根 $t^{(1)}, t^{(2)}, t^{(3)}$，再据此检查下一次时间步内中轴锥是碰撞还是分开。终止条件总结如下：

　　条件 1：如果两个图元在 t_0 时刚好接触并在 $[t_0, t_1]$ 内分开。图 10.4(a) 中展示了此情况的示例。在这种情况下，根 $t^{(2)}$ 或 $t^{(3)}$ 等于 t_0，本章方法返回无碰撞并终止迭代。

　　条件 2：如果两个图元在 $[t_0, t_1]$ 有发生相交，但是在 t_1 时刚好接触。此情况的实例如图 10.4(b) 所示。这种情况是由于使用 t_1 作为迭代初值所导致的，属于隧穿现象。在这种情况下，根 $t^{(2)}$ 会等于 t_1，因此应当更新 t 为根 $t^{(1)}$，之后再进行迭代。

　　条件 3：如果在时间步内距离恒大于零，则意味着两个中轴锥不会发生碰撞。t^j 和 t^{j+1} 将作为终止迭代的判断条件。如果 t^j 和 t^{j+1} 相等，则直接返回无碰撞并终止迭代。

　　条件 1 和条件 2 的示意图如图 10.4 所示。由于条件 3 表示所有的一般无碰撞的情况，因此这里不对其进行详细图示说明。

(a) 条件1：两个中轴锥
在 t_0 刚好接触并即将分开

(b) 条件2：两个中轴在穿过
对方之后在 t_1 时刚好接触

图 10.4　两个中轴图元的轨迹(以中轴锥为例)

t 越接近 t_0，中轴锥的透明度越高。白色的球对表示刚好接触的最近球对

10.3.5　碰撞响应

经过碰撞检测后，如果能够得到方程(10-3)的有效解且满足 $f(\alpha,\beta,t)=0$，则可以确认两个刚体发生碰撞。一旦发生碰撞，则需要通过全局最小首次接触时间 (global first time-of-contact) $t_{\min}$ 更新所有刚体，并忽略所有局部接触时间大于 $t_{\min}$ 的最近球对。碰撞响应采用非渗透约束方法。对于碰撞冲量，可以根据全局的最近球对计算出接触点和接触法线，如图 10.5 所示。

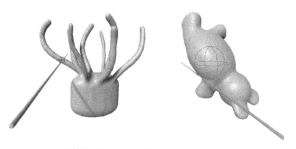

图 10.5　多体场景测试中模型与细柱之间的碰撞球对

本章的算法可以处理这些碰撞并避免穿透或隧穿的现象

10.4　实　验　结　果

本节介绍了实现细节，并突出了算法在几个碰撞丰富场景中的性能。本章算法代码基于 Unity 2019.4.0f1 实现，运行在处理器为 Intel i7 5960X CPU (3.0 GHz)、显卡为 Nvidia RTX 2060 SUPER 的台式机上。本章方法的连续碰撞检测算法在 GPU 上并行运行，具有较高准确性的同时能够达到实时的要求。实验中模型的中轴变换都是使用 Q-MAT 提取并简化的。表 10.1 总结了几个实验场景中三维模型的中轴变换信息。表 10.2 记录了实验中算法每个阶段的耗时和模拟动画的 FPS。图 10.6 记录了活动的基元对(即实际执行的基元测试对)的数量和连续碰撞检测的详细耗时信息。本章方法建立了三个实验场景以展示算法的优势，如图 10.7、图 10.8 和图 10.9 所示。

表 10.1　场景中三维模型的中轴变换的统计信息

实验场景	# Tris.	# MS.	# MPs.	# EPs.
多体场景(Multi-bodies)	276643	5214	2263	8581733
恐龙场景(T-rex)	200004	5878	2472	74755481
多个环下落场景(Falling Rings)	19115	876	433	101192

注：# Tris.是场景三角形面片总数；# MS.和# MPs.分别表示中轴球的总数和中轴网格上中轴图元的总数；# EPs.是场景中基元对的总数。

表 10.2　仿真的运行时间统计

实验场景	Init	CD	CR	Upd	# FPS.
多体场景(Multi-bodies)	13.781	6.30	0.016	1.489	56
恐龙场景(T-rex)	10.343	9.57	0.038	0.829	35
多个环下落场景(Falling Rings)	0.438	3.28	0.035	0.137	75

注：Init 是生成的所有基元对和渲染中轴变换；CD 是平均碰撞检测的耗时(单位：ms)；CR 为平均碰撞相应耗时(单位：ms)；Upd 表示更新刚体的平均耗时(单位：ms)；# FPS.是整个模拟过程的平均帧率。

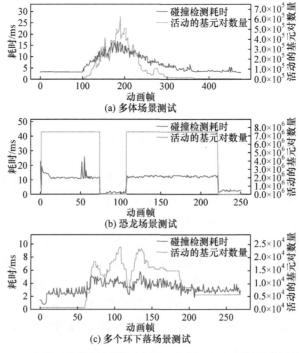

图 10.6　连续碰撞检测的详细耗时和活动的基元对数量的统计信息

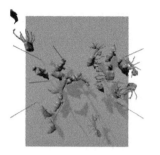

(a) 多个刚性物体之间或与场景
中静态的细柱子之间发生碰撞。
该场景有超过 5.5×10^5 个顶点和
2.7×10^5 个三角形面片

(b) 差值的中轴变换。模型
的中轴变换都能保留其原始
三角形网格的形状特征

图 10.7　多体场景测试

(a) 两个恐龙模型相互碰撞。
此场景有超过 2×10^5 个顶点和
4×10^5 个三角形面片

(b) 差值的中轴变换。每个恐龙模型的
中轴变换都包含 1236 个中轴图元以尽
可能保留更多三角形网格的细节

图 10.8　恐龙场景测试

(a) 原始的三角形网格

(b) 差值的中轴变换。每个环模
型仅需要 27 个中间图元即可精
确地近似原始模型并且不丢失
模型的凹性

图 10.9　多个环下落场景测试

10.4.1　连续碰撞检测的准确性

为了验证算法的准确性，本章测试了多个物体掉落在一些极细的柱子上，如

图 10.7(a)所示。每个柱子只使用一个中轴锥近似。在模拟中，多个形状体积不同的刚体与柱子或彼此之间发生的碰撞都不会丢失。图 10.5 中高亮显示了一些极薄的几何图元上的碰撞。

为了保证较高的包围质量，本章根据 Hausdorff 误差为不同的模型选择适当数量的中轴基元(MPs)，同时保留尽可能多的原始网格的细节，具体的统计信息如表 10.3 所示。除此之外，本章方法也对比了中轴变换和 OBBs、包围球的 Hausdorff 误差。当层次包围结构的叶子节点数和中轴图元数量相同时，中轴变换提供了可见的更为精确的对原始网格的近似(图 10.10)，这也是直接进行中轴级别的碰撞检测的动机。

表 10.3　每个模型不同数量的中轴图元的 Hausdorff 误差(所有模型都被归一化到单位包围盒中)

#MPs.	50	500	1000	2000	5000
Bug	0.05	0.044	0.011	0.01	0.009
Bear	0.055	0.03	0.0136	0.135	0.0083
Dolphin	0.06	0.0233	0.023	0.0132	0.01
Spider	0.065	0.0114	0.008	0.007	0.007
Armadillo	0.138	0.059	0.051	0.0383	0.0279
T-rex	0.121	0.045	0.029	0.020	0.017

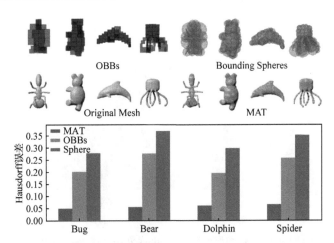

图 10.10　中轴变换，OBBs 和包围球在相同数量 MPs 和叶子节点下的包围质量(Bug：80MPs；Bear：100MPs；Dolphin：114MPs；Spider：69MPs)。中轴变换在提供比 OBBs 和包围球更高的包围质量的同时具有更小的 Hausdorff 误差

为了证明算法的完整性和首次接触时间(TOC)的准确性，本章方法将三角形级别的连续碰撞检测作为基准，在仅执行碰撞检测的场景中进行比较。在此场景中，本章根据不同的线速度和角速度生成一系列运动，以涵盖各种条件下的碰撞

情况。之后，采用高分辨率三角网格上的连续碰撞检测(参照标准)和中轴级别的连续碰撞检测模拟相同的运动轨迹。如图 10.11 所示，不同运动轨迹的首次接触时间的误差都极小，这表明本章的算法能够精确地处理碰撞而不遗漏。

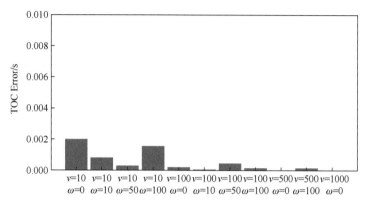

图 10.11　中轴级别碰撞检测与三角形级别的碰撞检测的首次接触时间比较

模拟的时间步长固定为 0.01s，TOC Error 定义为 $|t_{tri} - t_{mat}|$，其中 t_{tri} 和 t_{mat} 分别表示三角形级别和中轴级别的首次接触时间；v 和 ω 分别表示相对线速度和角速度的大小

10.4.2　与层次包围结构对比

为了突出算法的效率，本章将算法与采用 OBB 和包围球作为包围图元的层次包围结构算法进行比较，如图 10.12 所示。分别以 691MPs 和 617MPs 近似恐龙模型和犰狳模型。在这种情况下，总基元测试数量大约在 300 万左右。更重要的是，本章的算法避免了再次执行三角形级别的碰撞检测，而 OBB 和包围球由于包围效果差，仍需要更低级别的碰撞检测。

(a) 差值的中轴变换　　　(b) 采用OBB的层次　　　(c) 采用包围球的层次
　　　　　　　　　　　包围结构　　　　　　　包围结构

图 10.12　中轴变换，OBB 和包围球(仅高亮显示相交的叶级节点的包围盒/球)

因此，本章的算法比使用层次包围结构进行碰撞剔除的连续碰撞检测算法更快。此外，本章还与不同分辨率的三角网格上的 OBB 或包围球进行了对比(低分辨率的三角网格是使用即时场对齐网格划分方法进行重拓扑得到的)，模拟的具体耗时如图 10.13 所示。当三角形网格的顶点数量减少时，OBB 或包围球的性能与本章的算法基本持平。但是中轴变换能够更好地近似原始网格，而使用低分辨率三

角网格将导致更多的视觉伪像，如图 10.14 所示。

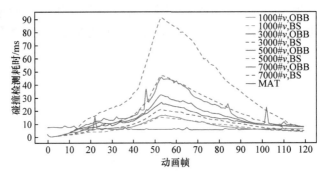

图 10.13　恐龙和犰狳碰撞场景中中轴变换，OBB 和包围球的详细耗时统计数据

#v 是重拓扑后的三角形网格的顶点数。中轴变换的平均碰撞检测时间：6.72ms。从#$v=1000$ 到 #$v=7000$，OBB 的平均碰撞检测时间：7.85ms，12.24ms，14.16ms，18.45ms。包围球的平均碰撞检测时间：7.45ms，9.83ms，18.71ms，36.53ms

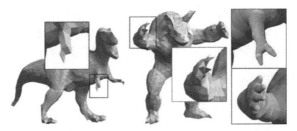

图 10.14　在三角形网格和中轴网格具有相同数量的顶点(1000)的情况下，低分辨率三角形网格在某些尖锐区域中会坍缩，而中轴变换能够保持体积并提供高质量的近似效果

10.4.3　与凸包对比

将本章算法和大多数流行的游戏引擎中集成的凸包算法进行对比。凸包是根据 Quickhull 算法从三角形网格中计算出来的。尽管凸包可以简化对象的形状，但是它将失去三角形网格的凹属性，并导致"ghost collision"的伪影。对比结果如图 10.15 所示。模拟场景为 15 个环模型从蜘蛛模型的上方自由下落。从图中可以看出，使用凸包算法会产生许多"ghost collision"的现象。

在这些基元测试中，由于具有出色的包围能力(图 10.10)，本章方法直接在简化的中轴网格而非原始的三角形网格上计算连续的碰撞检测。由于中轴网格生成的基本元素对要比三角形网格少得多，因此本章的算法可显著提高碰撞检测的性能，同时防止穿透和隧穿效应。

10.4.4　不同质量的中轴变换对比

不同的中轴变换生成方法将产生不同质量的结果，主要体现在中轴网格的顶

(a)　　　　　　　　　　　　(b)

图 10.15　基于凸包的仿真(恐龙模型、环模型和蜘蛛模型的凹性基本丢失)

点数量和对原始网格近似的准确性上。为了说明这些方法对算法的影响，本章方法使用 Q-MAT 生成了一系列质量不同的中轴变换，并在相同运动下进行仿真。仿真结果和详细统计数据如图 10.16 和表 10.4 所示。当中轴网格的分辨率较低时，会出现明显的视觉伪像，例如原始三角形网格的相交或"ghost collision"。尽管高分辨率可以提供更好的近似效果，但也会增加碰撞检测阶段的时间消耗。像三角形级别的碰撞检测一样，必须在模拟质量和速度之间进行权衡。

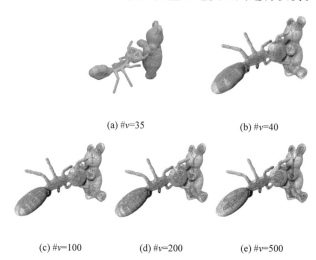

(a) #v=35　　　　　　　　(b) #v=40

(c) #v=100　　　　(d) #v=200　　　　(e) #v=500

图 10.16　不同质量的 MAT 仿真

对内插的 MAT 和原始三角形网格都进行了渲染，以直观地说明结果。中轴网格以蓝色显示，碰撞的球对以绿色显示。#v 是中轴网格的顶点数，两个模型使用相同的#v

表 10.4　不同质量的中轴变换仿真统计数据

不同仿真对应的图号	#EPs.	CD	HE		#v
			Bug	Bear	
图 10.16(a)	1273	0.949	0.168	0.079	20
图 10.16(b)	21801	1.525	0.047	0.056	40

续表

不同仿真对应的图号	#EPs.	CD	HE		#v
			Bug	Bear	
图 10.16(c)	254749	1.837	0.026	0.038	100
图 10.16(d)	1516775	4.003	0.015	0.018	200
图 10.16(e)	21821570	17.814	0.01	0.013	500

注：#EPs.是基元对的数量；CD 是平均碰撞检测时间(ms)；HE 是 Hausdorff 误差；#v 是中轴网格的顶点数。当 #v 很小时，增加#v 将大大降低 Hausdorff 误差,且不会造成很大的性能下降。但是随着#v 的不断增加，其对 Hausdorff 误差的影响减小，并导致效率性能大幅下降。

10.5　本章小结

本章提出了一种用于刚体仿真的基于中轴变换的连续碰撞检测算法。本章算法直接执行中轴图元级别的碰撞检测，而不是使用其作为对三角形网格的碰撞剔除方法[20]。通过使用少量的中轴图元，能够在准确地近似原始网格的同时生成比三角形级别的连续碰撞检测少得多的基元测试。因此算法大大提高了碰撞检测的效率，并且避免了像凸包方法那样损失三维模型的凹性。

但是本章算法也有两个主要的局限性。一方面，由于本章假设三角形的运动是在一个时间间隔内以恒定速度线性插值的，所以旋转运动引起的数值误差对时间步长很敏感(尤其当刚体快速旋转)。这是大多数连续碰撞检测算法都普遍存在的一个问题。另一方面，本章方法的首次碰撞时间没有精确的解析解。在每个基本测试中使用基于迭代的数值计算对于在 GPU 上的并行计算并不友好。未来，除了解决这些局限性，计划将基于中轴变换的连续碰撞检测算法推广到可变形模型仿真。

参 考 文 献

[1] Bergen G. Efficient collision detection of complex deformable models using AABB trees[J]. Journal of Graphics Tools, 1997, 2(4): 1-13.

[2] Hubbard P M. Collision detection for interactive graphics applications[J]. IEEE Transactions on Visualization and Computer Graphics, 1995, 1(3): 218-230.

[3] de Berg M, Comba J, Guibas L J. A segment-tree based kinetic BSP[C]//Proceedings of the Seventeenth Annual Symposium on Computational Geometry, 2001: 134-140.

[4] Volino P, Thalmann N M. Efficient self‐collision detection on smoothly discretized surface animations using geometrical shape regularity[C]//Computer Graphics Forum, 1994: 155-166.

[5] Wang T, Liu Z, Tang M, et al. Efficient and reliable self-collision culling using unprojected normal cones[C]//Computer Graphics Forum, 2017: 487-498.

[6] Tang M, Curtis S, Yoon S E, et al. Interactive continuous collision detection between deformable models using connectivity-based culling[C]//Proceedings of the 2008 ACM Symposium on Solid and Physical Modeling, 2008: 25-36.

[7] Curtis S, Tamstorf R, Manocha D. Fast collision detection for deformable models using representative-triangles[C]//Proceedings of the 2008 Symposium on Interactive 3D Graphics and Games, 2008: 61-69.

[8] Tang M, Manocha D, Yoon S E, et al. VolCCD: Fast continuous collision culling between deforming volume meshes[J]. ACM Transactions on Graphics, 2011, 30(5): 1-15.

[9] Brochu T, Edwards E, Bridson R. Efficient geometrically exact continuous collision detection[J]. ACM Transactions on Graphics, 2012, 31(4): 1-7.

[10] Provot X. Collision and self-collision handling in cloth model dedicated to design garments[C]// Computer Animation and Simulation'97: Proceedings of the Eurographics Workshop in Budapest, 1997: 177-189.

[11] Wang H. Defending continuous collision detection against errors[J]. ACM Transactions on Graphics, 2014, 33(4): 1-10.

[12] Bridson R, Fedkiw R, Anderson J. Robust treatment of collisions, contact and friction for cloth animation[C]//Proceedings of the 29th Annual Conference on Computer Graphics and Interactive Techniques, 2002: 594-603.

[13] Tang M, Kim Y J, Manocha D. CCQ: Efficient local planning using connection collision query[C]//Algorithmic Foundations of Robotics IX: Selected Contributions of the Ninth International Workshop on the Algorithmic Foundations of Robotics, 2011: 229-247.

[14] Ding H, Mitake H, Hasegawa S. Continuous collision detection for virtual proxy haptic rendering of deformable triangular mesh models[J]. IEEE Transactions on Haptics, 2019, 12(4): 624-634.

[15] Xu H, Barbič J. 6-DoF haptic rendering using continuous collision detection between points and signed distance fields[J]. IEEE Transactions on Haptics, 2016, 10(2): 151-161.

[16] Blum H. A transformation for extracting new descriptions of shape[C]//Models for the Perception of Speech and Visual Form, 1967: 362-380.

[17] Faraj N, Thiery J M, Boubekeur T. Progressive medial axis filtration[C]//SIGGRAPH Asia 2013 Technical Briefs, 2013: 1-4.

[18] Stolpner S, Kry P, Siddiqi K. Medial spheres for shape approximation[J]. IEEE Transactions on Pattern Analysis and Machine Intelligence, 2011, 34(6): 1234-1240.

[19] Yang B, Yao J, Guo X. DMAT: Deformable medial axis transform for animated mesh approximation[C]//Computer Graphics Forum, 2018: 301-311.

[20] Lan L, Luo R, Fratarcangeli M, et al. Medial Elastics: Efficient and collision-ready deformation via medial axis transform[J]. ACM Transactions on Graphics, 2020, 39(3): 1-17.

[21] Gottschalk S, Lin M C, Manocha D. OBBTree: A hierarchical structure for rapid interference detection[C]//Proceedings of the 23rd Annual Conference on Computer Graphics and Interactive Techniques, 1996: 171-180.

[22] Hubbard P M. Collision detection for interactive graphics applications[J]. IEEE Transactions on Visualization and Computer Graphics, 1995, 1(3): 218-230.

[23] James D L, Pai D K. BD-Tree: Output-sensitive collision detection for reduced deformable models[C]//ACM SIGGRAPH 2004, 2004: 393-398.

第11章　中轴驱动的皮肤变形方法研究

由前两章的相关介绍可知，皮肤变形方法是应用最广泛的计算机动画技术之一，但仍然存在丢失几何特征、体积损失等诸多导致变形不真实的问题。本章将探索如何使用中轴变换取代传统的骨架结构作为变形的驱动元素，发挥中轴变换能拟合模型形状的优势，以解决这些问题。本章将提出一个中轴驱动的皮肤变形方法，主要包括基于中轴网格的隐式曲面构建、中轴网格"最刚性"变形、模型网格参数化变形、等势面投射、切向松弛和体积保存等方法内容。

11.1　隐式曲面概述

因为本章所描述的方法依赖于隐式曲面建模技术，为了方便后文对方法的阐述，本节首先概述隐式曲面的相关知识，包括隐式曲面的定义、与显式曲面的区别、支撑半径以及组合算子。

11.1.1　隐式曲面的定义

一个隐式曲面被定义为一个顶点的集合，在集合内的顶点都使得函数 f 有相同的函数值 k ，即

$$\Psi = \{ p \in \mathbf{R}^3 \mid f(p) = k \} \tag{11-1}$$

函数 $f : \mathbf{R}^3 \to \mathbf{R}$ 也被称为标量场函数或势能场函数，简称场函数。场函数 f 可以将空间中任意一点 p 映射为一个标量值，且具有相同标量值的顶点集合描述了一个等势面，这个等势面即为场函数 $f(p) = k$ 所表示的隐式曲面。在大多数关于几何形状的隐式曲面建模技术中，通常以某一几何图元(如点、线段、平面等)为中心，把构建空间点到图元的距离场函数用于定义该图元的隐式曲面。举例说明，在欧氏空间中，一个球面的距离场函数可以表示为

$$f(p) = \| p - c \|^2 - r^2 = 0 \tag{11-2}$$

从上述方程可以看出，所有满足 $f(p) = 0$ 的空间点 p ，都位于一个以 $c \in \mathbf{R}^3$ 为球心， $r \in \mathbf{R}$ 为半径的球面上。假如 $f(p) = k(k > 0)$ ，则表示的是球心相同、半径更大的球。

11.1.2　与显式曲面的区别

隐式曲面是三维建模的重要技术手段之一，比较有代表性的方法有元球[1-3]、基于多边形的隐式图元[4]、椭球体隐式图元[5]、卷积曲面[6]和点集曲面[7]等。从模型曲面的表达形式上看，区别于诸如网格或参数曲面等显式曲面，隐式曲面之所以被称为"隐式"，是因为只能够根据场函数值 $f(p)$ 判断一个点是否在对应的曲面上，而无法由 $f(p)$ 计算出曲面顶点的坐标。因此隐式曲面的缺点是不易渲染和控制。而与之相反，例如由参数方程 $h(u,v): \mathbf{R}^2 \to \mathbf{R}^3$ 描述的参数曲面，可以为每个参数值 (u,v) 计算出对应的曲面顶点的位置坐标。然而，从模型体积的表达形式上看，隐式曲面是对模型体积的显式表达。根据场函数值 $f(p)$ 可以直接判断点空间点 p 是在模型的内部还是外部。同理，参数曲面是对模型体积的隐式表达。由此可见，显式曲面和隐式曲面是一种对偶的关系，这意味着显式曲面的优点是隐式曲面的缺点，反之亦然。例如，在曲面渲染效率上，显式曲面比隐式曲面快了几个数量级；但对于判断模型内外部的操作，被执行在隐式曲面上，会比显式曲面更直接。换个角度看，隐式曲面和显式曲面的特点之间具有良好的互补性。

然而，当需要组合若干曲面以构造一个光滑封闭的曲面时，一些显式曲面难以实现光滑组合。因为受限于模型形状的不规则性和复杂性，组合两个参数曲面或网格十分困难，需要处理大量特殊的情况。此外，组合显式曲面还可能存在数值的不稳定性。而隐式曲面的标量场函数对噪声不敏感，并且当需要组合不同的隐式曲面时，只需要简单的交、差、并等集合操作，方便地表示由多个简单结构组合而成的复杂模型。

11.1.3　支撑半径

隐式曲面可以被理解为一种场的形式，而场函数值的变化范围则被称为隐式曲面的支撑半径。根据支撑半径的不同，可以把隐式曲面划分为全局支撑场(global support)和紧凑支撑场(compact support)两种类型，如图 11.1 所示。

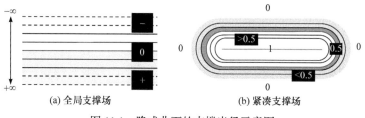

(a) 全局支撑场　　　　(b) 紧凑支撑场

图 11.1　隐式曲面的支撑半径示意图

全局支撑场的支撑半径为全局空间或半全局空间，即允许场值在正方向或负方向上无穷地增加或减少。在全局支撑场中，一般把等势面 $f(p)=0$ 作为拟合目标曲面[图 11.1(a)中红色线段所示]的隐式曲面。当 $f(p)<0$ 时，点 p 在模型内部；当 $f(p)>0$ 时，点 p 在模型外部。而紧凑支撑场的场函数值仅在一个有限的范围内变化，超过支撑半径的场值均作为同一常量处理。在紧凑支撑场中，在中心图元处的场函数值为 1[图 11.1(b)中绿色线段所示]，而远离中心的场函数值将光滑地降低为 0，在支撑半径外部的场函数值则全设为 0。等势面 $f(p)=0.5$ 是紧凑支撑场拟合目标曲面的隐式曲面。$f(p)>0.5$ 则表示模型内部，反之则为模型外部。

支撑半径约束了场值的变化范围，导致全局支撑场和紧凑支撑场会表现出不同的性质。一般情况下，相较于全局支撑场，紧凑支撑场具备两个主要优点：一是因为场值变化被限制在一定范围内，因此标量场可以被保存到一个三维的离散网格中，这极大地加快了场函数值的计算和可视化；二是紧凑支撑场更容易被处理。当组合多个紧凑支撑场时，仅需要处理在不同隐式曲面的局部相交处的场函数值变化情况。全局支撑场和紧凑支撑场之间更全面的比较讨论可以参见文献[8]。

11.1.4　组合算子

隐式曲面建模技术的主要优势来自于它能够直接地在不同的隐式曲面之间执行交、差、并等集合操作，把多个简单的形状组合为一个新的复杂形状，其原理与构造几何实体建模类似，如图 11.2 所示。

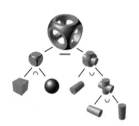

图 11.2　构造几何实体示意图

除了简单的集合操作外，隐式曲面还可以定义一些复杂的标量场函数组合计算机制，通常称之为组合算子。例如，Gourmel 等[9]和 Canezin 等[10]在最近的研究工作中提出的面向紧凑支撑场的基于梯度的组合算子。大多数的组合算子输入是若干个隐式曲面的场函数值，然后返回一个新的场函数值。例如，本章方法所使用的组合算子是由 Ricci 等[11]提出的最大值组合算子 $\max(\cdot)$，这个算子通过计算两个场函数的最大值组合两个隐式曲面，组合效果如图 11.3 所示。

在图 11.3(a)中，f_1 和 f_2 分别表示了两个圆形隐式曲面的紧凑支撑场。在组合

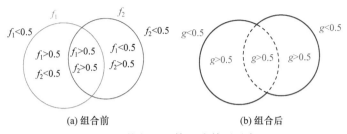

(a) 组合前　　　　　　　　(b) 组合后

图 11.3　执行 $\max(\cdot)$ 组合算子示意图

f_1 和 f_2 之前，在两个圆形内部的未交叠的区域的相同位置，f_1 和 f_2 的场函数存在冲突。在图 11.3(b)中，执行 $\max(\cdot)$ 组合算子之后，新的隐式曲面由红色实线表示。其内部的场函数值均大于 0.5，外部的场函数值均小于 0.5。

11.2　方法总览

为了便于对本项研究内容的理解，在详细介绍中轴驱动的皮肤变形方法细节之前，首先对方法的技术特点和总体流程进行概括。

11.2.1　隐式皮肤变形方法

Vaillant 等[12,13]的研究工作证明了隐式曲面在皮肤变形方法中具有重要的实用价值，他们将此类方法命名为隐式皮肤变形(implicit skinning)方法。该方法的思想是在每一帧中都采用 Hermite 径度基函数(Hermite radial basis function, HRBF)[14,15]为基于骨架驱动变形的角色模型构建紧凑支撑场表示的隐式曲面。然后，通过遍历每个网格顶点，把离开初始等势面的网格顶点，沿着隐式曲面的梯度方向投射回初始等势面上。该方法能够模拟出真实且丰富的变形效果，比如皮肤弹性、肌肉鼓起等，并且能够非常方便地处理皮肤间的碰撞。另外一个相关的工作是将卷积场函数和中轴变换相结合，解决了骨架驱动的皮肤变形方法中出现的体积坍塌等问题，但是该方法并没有直接采用中轴网格作为变形的驱动工具。

本章方法不仅直接使用中轴网格来驱动三维模型的变形，而且还受到隐式皮肤变形方法的启发，采用构造隐式曲面保存几何特征的技术路线。不同的是，本章方法构建的隐式曲面是通过拟合中轴网格的体积包络，间接地实现对模型表面形状的拟合。因为体积包络的表面高度近似于模型表面，并且在体积图元上更容易定义一个精准的距离场。当中轴网格变形时，隐式曲面也会自动地更新，并直接驱动模型变形。

11.2.2　计算流程

中轴驱动的皮肤变形方法的计算流程如图 11.4 所示。

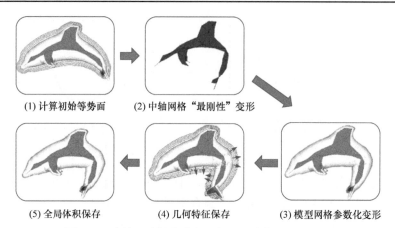

(1) 计算初始等势面　　　　(2) 中轴网格"最刚性"变形

(5) 全局体积保存　　　　(4) 几何特征保存　　　　(3) 模型网格参数化变形

图 11.4　中轴驱动的皮肤变形方法的计算流程示意图

图 11.4 所示的方法的计算流程可描述如下：

(1) 计算初始等势面。在预处理阶段，首先遍历模型网格的顶点，为每个网格顶点在中轴网格上找到一个驻球(footprint sphere)。驻球是一个体积图元上的插值中轴球，定义空间点到这个体积图元表面的最短距离是该点到驻球的球面距离。因为计算驻球只需要判断最短的球面距离，所以球面距离可以被定义为一个非欧氏距离。驻球把网格顶点关联到一个体积图元上，其主要有两点用途：一是用于定义隐式曲面的距离场函数，保存顶点的初始等势面场值；二是用关联体积图元的参数坐标表示网格顶点的位置。这个参数坐标记录下顶点与关联体积图元的相对位置。为了保存模型体积，还需要在预处理阶段计算初始状态下的模型体积。

(2) 中轴网格"最刚性"变形。在变形阶段，本章方法提供给用户操纵中轴网格变形的交互接口，部分中轴网格顶点的位置以硬约束的方式受到用户的直接编辑，剩余的顶点的位置变化遵循"最刚性"的变形。

(3) 模型网格参数化变形。把每个顶点的参数坐标转化为三维空间坐标，将顶点移动到该坐标位置上，完成参数化变形。此时会有大量视觉变形瑕疵出现，部分网格顶点离开初始的等势面。

(4) 几何特征保存。对每个离开初始等势面的网格顶点，交替地执行等势面投射和切向松弛两步操作，将顶点移动回到由当前距离场所支撑的初始等势面上。

(5) 全局体积保存。计算当前变形状态下的模型体积，执行全局体积保存操作。

11.2.3　技术贡献

中轴驱动的皮肤变形方法将中轴变换的皮肤变形作为模型变形的驱动元素，发挥中轴变换拟合模型形状的优势。本项工作的主要技术贡献归纳为如下三点：

(1) 基于体积图元的隐式曲面建模方法。将空间点模型表面的距离场计算近似为在体积包络上寻找驻球的二次优化问题。与包括 HRBF 在内的多数的基于径向基函数的距离场函数比较，点到球面距离的计算更简便。进一步地，基于体积图元的隐式曲面对模型表面的拟合精度基本等同于体积包络对模型表面的拟合精度。而基于径向基函数方法的拟合精度取决于采样点的密度。当采样点过多时，计算效率也更低。最后，与隐式皮肤变形方法不同的是，单个体积图元自动地表示模型的一个子块，并且不需要把模型分割为若干子块，以及处理网格分割界面的隐式曲面的光滑问题。

(2) 基于中轴网格实现全局体积保存的优化方法。体积保存是皮肤变形方法的一个重要问题，在多数现存的方法中都需要复杂的计算实现。对于中轴变换而言，如果能够把模型形状映射到它的中轴变换上，直接控制中轴球半径变换就可以非常方便地对模型体积进行控制。

(3) 中轴网格的"最刚性"变形结合等势面投射策略，非常好地实现了模型形状几何细节的保存。

11.3　中轴网格的隐式曲面

在中轴驱动的皮肤变形方法中，隐式曲面的构建目标是以中轴网格为中心，定义一个紧凑支撑的距离场，使得体积包络的表面恰好处于场函数值为 0.5 的等势面上。本节将详细介绍基于中轴的隐式曲面建模方法，以及网格顶点的参数坐标转化。

11.3.1　距离场定义

在建立体积包络的隐式曲面之前，首先定义一个距离场函数 $d_l(p)$。这个函数度量了空间位置点 $p \in \mathbf{R}^3$ 到单个体积图元的表面的距离。考虑到体积图元是由位于端点处的中轴球经线性插值而得到的无限多个插值中轴球所构成的几何结构，计算点 p 到体积图元的距离，等同于从体积图元上寻找一个中轴球，使得点 p 到该中轴球的球面距离最小。因为距离场函数值只能反映距离远近，为了计算的便利，球面距离可以被定义为非欧氏距离。距离场函数 $d_l(p)$ 被描述为一个二次函数最小化问题 $d_l(p) = \min E_m(m_n)$，其中目标函数 $E_m(m_n)$ 的数学表达式为

$$E_m(m_n) = \|p - c_n\|^2 - r_n^2 \tag{11-3}$$

其中，$m_n = \{c_n, r_n\}$ 表示体积图元上的插值中轴球，而能使 $E_m(m_n)$ 最小化的插值中轴球，被称为驻球，如图 11.5 所示。

定理 11.1 和定理 11.2 分别证明了驻球在中轴锥和中轴夹板上的存在性和唯一性。

定理 11.1　任意给定的一个空间位置点 $p \in \mathbf{R}^3$，在中轴锥 e_{ij} 上有且仅有一个驻球，使得点 p 到 e_{ij} 的曲面的距离最小。

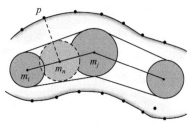

图 11.5　计算驻球示意图

证明　在中轴锥 e_{ij} 上，由线性插值参数 $\alpha \in [0,1]$ 所表示的任意一个插值中轴球 m_n 的圆心和半径分别为 $c_n = \alpha c_i + (1-\alpha) c_j$ 和 $r_n = \alpha r_i + (1-\alpha) r_j$ 。因此函数 $E_m(m_n)$ 可以改写为

$$
\begin{aligned}
E_m(\alpha) &= \left\| p - \left[\alpha c_i + (1-\alpha) c_j \right] \right\|^2 - \left[\alpha r_i + (1-\alpha) r_j \right]^2 \\
&= \left(A_i + A_j - 2A_{ij} \right) \alpha^2 - 2 \left(A_j - A_{ij} \right) \alpha + A_{ij}
\end{aligned}
\tag{11-4}
$$

其中，符号 A_i、A_j 和 A_{ij} 分别表示如下：

$$
\begin{cases}
A_i = (p - c_i)^{\mathrm{T}} (p - c_i) - r_i^2 \\
A_j = (p - c_j)^{\mathrm{T}} (p - c_j) - r_j^2 \\
A_{ij} = (p - c_i)^{\mathrm{T}} (p - c_j) - r_i r_j
\end{cases}
\tag{11-5}
$$

为了证明驻球的存在性和唯一性，只需证明函数 $E_m(\alpha)$ 是一个凹函数，即它的二阶导函数 $H(E_m) > 0$ 恒成立。直接地，二阶导函数 $H(E_m)$ 为

$$
\begin{aligned}
H(E_m) &= 2 \left(A_i + A_j - 2A_{ij} \right) \\
&= 2 \left[(c_i - c_j)^{\mathrm{T}} (c_i - c_j) - (r_i - r_j)^2 \right]
\end{aligned}
\tag{11-6}
$$

通过观察公式 (11-6) 可知，二阶导函数 $H(E_m)$ 的几何意义是表征了中轴球 m_i 和 m_j 的相对位置，如图 11.6 所示。

从图 11.6(a) 和 (b) 可以看出，当 $H(E_m) \leqslant 0$ 时，一个中轴球被完全包含在另外一个中轴球的内部。然而这种情形违背了中轴锥的几何形态，故 $H(E_m) \leqslant 0$ 的情况不会出现，$H(E_m) > 0$ 恒成立。所以函数 $E_m(\alpha)$ 必然是一个凹函数，在定义域 $\alpha \in [0,1]$ 的范围内有且只有一个函数最小值。该最小值所表示的插值中轴球即为驻球。综上所述，定理 11.1 得证。

根据定理 11.1 的证明过程可得，通过求解 $\dfrac{\mathrm{d} E_m(\alpha)}{\mathrm{d}\alpha} = 0$，即可求出表示驻球的插值参数 α。特别地，假若求得的 $\alpha \in [0,1]$，则表示计算最小化函数 $E_m(\alpha)$ 所得

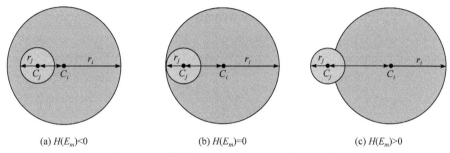

(a) $H(E_m)<0$　　　　　　(b) $H(E_m)=0$　　　　　　(c) $H(E_m)>0$

图 11.6　二阶导函数 $H(E_m)$ 的几何意义示意图

的插值中轴球在 e_{ij} 上，这个插值中轴球即为驻球。否则，驻球一定在 e_{ij} 的端点。即当 $\alpha<0$ 时，令 $\alpha=0$；当 $\alpha>1$ 时，令 $\alpha=1$。相似地，可以证明对于任意给定的一个空间位置点 p 在中轴夹板上的驻球也是存在且唯一的。

定理 11.2　任意给定的一个空间位置点 $p\in\mathbf{R}^3$，在中轴夹板 f_{ijk} 上有且仅有一个驻球，使得点 p 到 f_{ijk} 的距离最小。

证明　在中轴夹板 f_{ijk} 上，由线性插值参数 $\beta_i\in[0,1],\beta_j\in[0,1-\beta_i]$ 所表示的任意一个插值中轴球 m_n 的圆心和半径分别为 $c_n=\beta_ic_i+\beta_jc_j+(1-\beta_i-\beta_j)c_k$ 和 $r_n=\beta_ir_i+\beta_jr_j+(1-\beta_i-\beta_j)r_k$。由此函数 $E_m(m_n)$ 可以改写为

$$
\begin{aligned}
E_m(\beta_i,\beta_j)&=\left\|p-\left[\beta_ic_i+\beta_jc_j+(1-\beta_i-\beta_j)c_k\right]\right\|^2\\
&\quad-\left[\beta_ir_i+\beta_jr_j+(1-\beta_i-\beta_j)r_k\right]^2\\
&=A_i\beta_i^2+A_j\beta_j^2+A_k(1-\beta_i-\beta_j)^2\\
&\quad+2B_{ij}\beta_i\beta_j+2B_{ik}\beta_i(1-\beta_i-\beta_j)\\
&\quad+2B_{jk}\beta_j(1-\beta_i-\beta_j)
\end{aligned}
\tag{11-7}
$$

其中，符号 A_i、A_j、A_k、B_{ij}、B_{ik} 和 B_{jk} 分别表示如下：

$$
\begin{cases}
A_i=(p-c_i)^{\mathrm{T}}(p-c_i)-r_i^2\\
A_j=(p-c_j)^{\mathrm{T}}(p-c_j)-r_j^2\\
A_k=(p-c_k)^{\mathrm{T}}(p-c_k)-r_k^2\\
B_{ij}=(p-c_i)^{\mathrm{T}}(p-c_j)-r_ir_j\\
B_{ik}=(p-c_i)^{\mathrm{T}}(p-c_k)-r_ir_k\\
B_{jk}=(p-c_j)^{\mathrm{T}}(p-c_k)-r_jr_k
\end{cases}
\tag{11-8}
$$

把公式(11-7)的二阶导函数写为 Hessian 矩阵的形式为

$$
\begin{aligned}
H(E_m) &= \begin{bmatrix} \dfrac{\partial^2 E_m}{\partial \beta_i^{\,2}} & \dfrac{\partial^2 E_m}{\partial \beta_i \beta_j} \\[3mm] \dfrac{\partial^2 E_m}{\partial \beta_j \beta_i} & \dfrac{\partial^2 E_m}{\partial \beta_j^{\,2}} \end{bmatrix} \\[3mm]
&= 2\begin{bmatrix} A_i + A_k - 2B_{ik} & A_k + B_{ij} - B_{ik} - B_{jk} \\[2mm] A_k + B_{ij} - B_{ik} - B_{jk} & A_j + A_k - 2B_{jk} \end{bmatrix} \\[3mm]
&= 2\begin{bmatrix} H_{11} & H_{12} \\ H_{12} & H_{22} \end{bmatrix}
\end{aligned} \tag{11-9}
$$

其中，符号 H_{11}、H_{12} 和 H_{22} 展开后分别为

$$
\begin{cases}
H_{11} = (c_i - c_k)^{\mathrm{T}}(c_i - c_k) - (r_i - r_k)^2 \\[2mm]
H_{12} = (c_i - c_k)^{\mathrm{T}}(c_j - c_k) - (r_i - r_k)(r_j - r_k) \\[2mm]
H_{22} = (c_j - c_k)^{\mathrm{T}}(c_j - c_k) - (r_j - r_k)^2
\end{cases} \tag{11-10}
$$

由于两个欧氏向量的乘法符合余弦定理，即

$$
(v - w)^{\mathrm{T}}(v - w) = v^{\mathrm{T}}v + w^{\mathrm{T}}w - 2v^{\mathrm{T}}w \tag{11-11}
$$

所以，可以写出两个在闵可夫斯基空间(Minkowski space)中表示的四维向量 $v_i = \left[(c_i - c_k)^{\mathrm{T}}, (r_i - r_k)\right]^{\mathrm{T}} \in \mathbf{R}^4$ 和 $v_j = \left[(c_j - c_k)^{\mathrm{T}}, (r_j - r_k)\right]^{\mathrm{T}} \in \mathbf{R}^4$。把符号 H_{11}、H_{12} 和 H_{22} 重写为

$$
\begin{cases}
H_{11} = g(v_i, v_i) \\[2mm]
H_{12} = g(v_i, v_j) \\[2mm]
H_{22} = g(v_j, v_j)
\end{cases} \tag{11-12}
$$

其中，$g(\cdot, \cdot)$ 是闵可夫斯基空间的向量内积算子。

由定理 11.1 的证明过程可知，两个中轴球 m_i(或 m_j)和 m_k 不会存在一个球完全包含在另外一个球的内部的情况出现，所以 $H_{11} > 0$ (或 $H_{22} > 0$)恒成立。由柯西-施瓦茨不等式(Cauchy-Schwarz inequality)[16]可得

$$
g(v_i, v_i) g(v_j, v_j) \geqslant g(v_i, v_j)^2 \tag{11-13}
$$

只有当向量 v_i 和 v_j 共线时，公式(11-13)中的等号成立。但中轴夹板的几何形态也不会出现 v_i 和 v_j 共线的情形，故可以证明 Hessian 矩阵的行列式的值恒大于

0，即

$$|H(E_m)| = 2(H_{11}H_{22} - H_{12}^2) > 0 \tag{11-14}$$

因此，函数 $E_m(\beta_i, \beta_j)$ 必然是一个凹函数，在定义域 $\beta_i \in [0,1], \beta_j \in [0, 1-\beta_i]$ 的范围内有且只有一个函数最小值。综上所述，定理 11.2 得证。

与求解中轴锥上的驻球相同，假如求解 $\left(\dfrac{\partial E_m(\beta_i, \beta_j)}{\partial \beta_i}, \dfrac{\partial E_m(\beta_i, \beta_j)}{\partial \beta_j}\right) = (0,0)$ 所得的 β_i 和 β_j 在取值范围内，则所求得的插值中轴球为驻球(出现在 f_{ijk} 的内部或边界上)。否则，驻球一定出现在 f_{ijk} 的边界上，即当 $\beta_i < 0$（或 $\beta_j < 0$）时，令 $\beta_i = 0$（或 $\beta_j = 1$）；当 $\beta_i > 1$（或 $\beta_j > 1$）时，令 $\beta_i = 1$（或 $\beta_j = 1$）。

综上所述，对于每个单独的体积图元，都可以定义一个距离场函数 $d_l(p)$，任意一个空间位置点 p 在 $d_l(p)$ 都有唯一的场函数值。据此，可利用距离场函数 $d_l(p)$ 构建体积包络的隐式曲面。

11.3.2　全局隐式曲面构建

由之前介绍的隐式曲面的特点可知，构建一个复杂模型的隐式曲面，是经由组合算子把多个局部结构的隐式曲面组合实现。简单来说就是可以先为中轴网格上的单个体积图元构建隐式曲面，称为局部隐式曲面。再通过组合算子把所有的局部隐式曲面组合成为整个体积包络的隐式曲面，即全局隐式曲面。

为了便于通过简单的组合算子构建全局隐式曲面，需要把局部隐式曲面的距离场建立为紧凑支撑。而由距离场 $d_l(p)$ 的定义可知，$d_l(p)$ 是一个支撑半径为 $[-r_n^2, +\infty]$ 的全局支撑场，故而需要通过一个映射函数 $t_r(\cdot)$ 把 $d_l(p)$ 映射为一个紧凑支撑场。映射函数 $t_r(\cdot)$ 的表达式如下：

$$t_r(\cdot) = \frac{-3}{16}(\cdot)^5 + \frac{5}{8}(\cdot)^3 - \frac{15}{16}(\cdot) + \frac{1}{2} \tag{11-15}$$

最终的局部隐式曲面的场函数 $f_l(p)$ 的表达式如下：

$$f_l(p) = \begin{cases} 1, & \dfrac{d_l(p)}{r_n} \leqslant -1 \\ 0, & \dfrac{d_l(p)}{r_n} > 1 \\ t_r\left(\dfrac{d_l(p)}{r_n}\right), & \text{否则} \end{cases} \tag{11-16}$$

由式(11-15)和式(11-16)可知，局部隐式曲面的场函数 $f_l(p)$ 是一个支撑半径为 $[0,1]$ 的紧凑支撑场。当 $f_l(p)=0.5$，点 p 恰好处于体积图元的表面上；而当 $f_l(p)\in[0,0.5)$，点 p 在体积图元外部；当 $f_l(p)\in(0.5,1]$，点 p 在体积图元内部。$f_l(p)=0.5$ 的等势面拟合的是体积图元的表面，而不是模型表面。所以模型表面网格顶点的场函数值并不一定精确为 0.5，如图 11.7 所示。

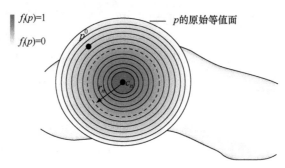

图 11.7　局部隐式曲面示意图

在图 11.7 中，p^0 表示的是模型网格上一点(上标表示当前动画帧数)，红色线条表示 p^0 所处的等势面。黑色虚线表示 $f_l(p)=0.5$ 的等势面。构建各个局部隐式曲面后，全局隐式曲面由 11.1.4 节所介绍的最大值组合算子 $\max(\cdot)$ 组合而得，即全局隐式曲面的场函数为 $f(p)=\max_l\{f_l(p)\}$。

11.3.3　参数坐标

在预处理阶段，为每个网格顶点计算并保存其所对应的全局场函数值 $f(p)$，同时也由驻球把该顶点关联到一个体积图元。除了被用于定义场函数，驻球还被用于参数化网格顶点与关联的体积图元的"相对位置"信息，以便当中轴网格发生变形时，模型网格顶点能够直接变形到"相对位置"所指向的空间位置上。这个"相对位置"也被称为网格顶点 p 在关联的体积图元上的参数坐标。

这个参数坐标被表示为一个扩展的极坐标形式。极坐标系被定义在驻球 $m_n=\{c_n,r_n\}$ 上，驻球球心位置 c_n 即为极坐标系的原点。特别地，每个体积图元都各自有一个局部的笛卡儿坐标系。而在变形过程中，这个极坐标系需要保持与关联的体积图元上的局部坐标系对齐。假如关联的体积图元是中轴锥(或中轴夹板)，则参数坐标表示为 $\delta^c=\{\alpha,\rho,\varphi,\theta\}$ (或 $\delta^s=\{\beta_i,\beta_j,\rho,\varphi,\theta\}$)。其中，α (或 β_i、β_j)为驻球的线性插值参数；ρ 表示的是网格顶点 p 到驻球 m_n 球面的欧氏距离。而坐标 $(\rho+r_n,\varphi,\theta)$ 是网格顶点 p 在极坐标系中的坐标表示。参数坐标系和世界坐标系之间的坐标转化关系如下所示：

$$\begin{cases} x = c_{n,x} + (\rho + r_n)\sin\varphi\cos\theta \\ y = c_{n,y} + (\rho + r_n)\sin\varphi\sin\theta \\ z = c_{n,z} + (\rho + r_n)\cos\theta \end{cases} \tag{11-17}$$

11.4　中轴网格的"最刚性"变形

11.3 节所述的中轴的隐式曲面和参数坐标把模型网格顶点的位置信息保存到了中轴网格的参数空间中。在变形阶段，由中轴网格驱动网格变形要经历两个阶段。首先是中轴网格变形后，先将网格顶点移动到由其参数坐标所指向的"相对位置"上。然后迭代地计算当前网格顶点所处的等势面，把离开初始等势面的网格顶点，沿着当前隐式曲面的梯度方向投射回初始等势面上，并执行切向松弛操作，优化网格顶点分布和避免局部网格的自相交。

用户可以操控若干个中轴球，执行拉拽或约束位置等交互操作。为了能够保存模型网格的形状特征和模型体积，本章方法将采用一种"最刚性"的变形方法，以控制其余中轴球的运动。"最刚性"变形方法的实质是求解一个形状匹配(shape matching)最优化问题[17]。本章方法将优化目标规划为最小化能量函数 E_d，即

$$E_d\left(\{R_j, t_j\}, \{\tilde{c}_i\}\right) = \sum_i \sum_{j \in \aleph(i)}^{n} \left\| R_j c_{ij}^0 + t_j - \tilde{c}_i \right\|^2 \tag{11-18}$$

其中，$\aleph(i)$ 代表拓扑共享中轴球 m_i 的中轴体积图元集合；R_j 和 t_j 分别表示 $\aleph(i)$ 集合中第 j 个中轴体积图元的旋转矩阵和平移向量；$\tilde{c}_i$ 表示中轴球 m_i 变形后的球心位置。中轴球 m_i 对于 $\aleph(i)$ 集合中的每个体积图元都保存有一个初始球心位置的拷贝 c_{ij}^0。如果每个体积图元各自做刚性变形，则每个拷贝的 c_{ij}^0 的位移就各不相同。$\min E_d\left(\{R_j, t_j\}, \{\tilde{c}_i\}\right)$ 的几何意义是找到一组最优的 $\{R_j, t_j\}$ 和 $\{\tilde{c}_i\}$，使得所有 c_{ij}^0 做先旋转后平移的刚性变形后所到达的位置都尽可能地趋近 $\tilde{c}_i$。

回顾 11.3.3 节关于建立参数坐标的介绍，每个体积图元都各自维持一个局部坐标系。局部坐标系的坐标原点就建立在体积图元的中心上，旋转矩阵 R_j 不会改变坐标原点位置。由此可知，每个平移向量可以由变形后的中轴球的位置表示。以中轴边 e_{ij} 为例，其平移向量可表示为 $t_j = \dfrac{1}{2}(\tilde{c}_i + \tilde{c}_j)$。此时，公式(11-18)只包含 $\{R_j\}$ 和 $\{\tilde{c}_i\}$ 两类不同的未知量，采用轮流迭代计算的方式求解方程。例如在一次迭代中，先固定一个 $\{\tilde{c}_i\}$，求解 $\{R_j\}$；然后再固定 $\{R_j\}$，求解 $\{\tilde{c}_i\}$。

在本章的实现中，首先固定的是$\{\tilde{c}_i\}$，求解$\{R_j\}$。未知量求解顺序先后并不影响迭代的收敛。在一次迭代中，对于所有$j \in \mathcal{N}(i)$的体积图元，令$\tilde{c}_{ij} = \tilde{c}_i - t_j$。然后，公式(11-18)可改写为

$$
\begin{aligned}
E_d &= \sum_i \sum_{j \in \mathcal{N}(i)}^n \left\| R_j c_{ij}^0 + t_j - \tilde{c}_i \right\|^2 \\
&= \sum_j \sum_{i \in V(j)} \left\| R_j c_{ij}^0 - \tilde{c}_{ij} \right\|^2 \\
&= \sum_j \sum_{i \in V(j)} \left(c_{ij}^{0\mathrm{T}} c_{ij}^0 - 2 c_{ij}^{0\mathrm{T}} R_j^{\mathrm{T}} \tilde{c}_{ij} + \tilde{c}_{ij}^{\mathrm{T}} \tilde{c}_{ij} \right)
\end{aligned}
\tag{11-19}
$$

其中，$V(j)$表示的是中轴网格上编号为j的体积图元的中轴球集合；因为固定了$\{\tilde{c}_i\}$，所以$c_{ij}^{0\mathrm{T}} c_{ij}^0$和$\tilde{c}_{ij}^{\mathrm{T}} \tilde{c}_{ij}$均当作常量处理。最小化$E_d$，等同于最大化$F_d$，如下所示：

$$
\begin{aligned}
F_d &= \sum_j \sum_{i \in V(j)} \left(c_{ij}^{0\mathrm{T}} R_j^{\mathrm{T}} \tilde{c}_{ij} \right) \\
&= \mathrm{trace}\left(\sum_j \sum_{i \in V(j)} \left(c_{ij}^{0\mathrm{T}} R_j^{\mathrm{T}} \tilde{c}_{ij} \right) \right) \\
&= \sum_j \sum_{i \in V(j)} \mathrm{trace}\left(c_{ij}^{0\mathrm{T}} R_j^{\mathrm{T}} \tilde{c}_{ij} \right) \\
&= \sum_j \sum_{i \in V(j)} \mathrm{trace}\left(R_j^{\mathrm{T}} \tilde{c}_{ij} c_{ij}^{0\mathrm{T}} \right) \\
&= \sum_j \mathrm{trace}\left(R_j^{\mathrm{T}} \sum_{i \in V(j)} \tilde{c}_{ij} c_{ij}^{0\mathrm{T}} \right)
\end{aligned}
\tag{11-20}
$$

其中，$\mathrm{trace}(\cdot)$表示矩阵的迹运算算子。为了方便表示，再令矩阵$A_j = \sum_{i \in V(j)} \tilde{c}_{ij} c_{ij}^{0\mathrm{T}}$和标量$F_d^j = \mathrm{trace}\left(R_j^{\mathrm{T}} A_j \right)$。因为每个旋转矩阵$R_j$是相互独立的，所以最大化$F_d$可以通过分别最大化每个$F_d^j$实现。通过对矩阵$A_j$作奇异值分解得$A_j = U_j D_j V_j^{\mathrm{T}}$，进而$F_d^j$可改写为

$$
\begin{aligned}
F_d^j &= \mathrm{trace}\left(R_j^{\mathrm{T}} U_j D_j V_j^{\mathrm{T}} \right) \\
&= \mathrm{trace}\left(V_j^{\mathrm{T}} R_j^{\mathrm{T}} U_j D_j \right)
\end{aligned}
\tag{11-21}
$$

由奇异值分解原理可知，矩阵D_j为对角矩阵。当矩阵$V_j^{\mathrm{T}} R_j^{\mathrm{T}} U_j$为单位矩阵时，矩阵$F_d^j$的迹取得最大值。故而旋转矩阵$R_j$解出为

$$R_j = U_j V_j^{\mathrm{T}} \tag{11-22}$$

在求出全部的旋转矩阵 $\{R_j\}$ 后，再固定 $\{R_j\}$ 来求解 $\{\tilde{c}_i\}$ 。$\{\tilde{c}_i\}$ 可直接计算如下：

$$\tilde{c}_i = \frac{1}{|\aleph(i)|} \sum_{j \in \aleph(i)}^{n} \left(R_j c_{ij}^0 + t_j \right) \tag{11-23}$$

其中，$|\aleph(i)|$ 表示的是集合 $\aleph(i)$ 中的体积图元数量。最后，平移向量 $\{t_j\}$ 亦可直接由 $\{\tilde{c}_i\}$ 求得。

迭代上述的计算过程，直至能量函数 E_d 的值满足收敛条件。

11.5　模型网格变形

在本章方法中，由中轴驱动的网格变形需要经过参数化变形和特征保存两个变形阶段。参数化变形指的是当中轴网格完成当前帧的变形后，通过公式(11-17)的参数坐标变换公式，将网格顶点移动到参数坐标所指向的世界坐标系中的空间位置上。因为中轴网格采用"最刚性"变形方法，使得模型网格能保持大多数的几何特征。但是，一些精细的几何特征会因为经历较大变形而丢失，同时在发生弯曲变形较严重的区域会出现大量的网格自相交的情况。为了解决这些问题，网格变形需要经过特征保存处理，包括等势面投射、切向松弛和全局体积保存。

11.5.1　等势面投射

因为全局隐式曲面直接随中轴网格的变形发生了变化，参数化变形不能保证全部的网格顶点在当前所处的等势面与初始的等势面相同(即场函数值相同)。把这些离开初始等势面的顶点沿着当前等势面的梯度方向，投射返回到初始的等势面上。这个操作被称为等势面投射，其所起到的作用是将保存在隐式曲面上的几何特征还原到变形的网格上。

全局隐式曲面是由局部隐式曲面组合而得，而局部隐式曲面的场函数值的计算依赖于当前状态下计算出的驻球。如此，等势面投射被设计为一个迭代过程：①计算顶点 p^k 在当前状态下的驻球 $m_n^k = \left\{ c_n^k, r_n^k \right\}$ ；②将顶点沿着梯度方向 $\dfrac{p^k - c_n^k}{\left\| p^k - c_n^k \right\|}$ 前进一定的距离 λ ，到达新位置 p^{k+1} ，再重复①的计算直至到达目标等势面。表达式如下所示：

$$p^{k+1} = c_n^k + \lambda \frac{p^k - c_n^k}{\left\| p^k - c_n^k \right\|} \tag{11-24}$$

其中，符号上标 k 表示当前迭代的次数。前进距离

$$\lambda = \left| \left(r_n^k \right)^2 + r_n^k \frac{\left\| p^0 - c_n^0 \right\|^2 \left(r_n^k \right)^2 - \left(r_n^0 \right)^2}{r_n^0} \right|^{\frac{1}{2}}$$

。值得注意的是，顶点 p 在初始等势面的场

函数值为 $t_r \left(\frac{\left\| p^0 - c_n^0 \right\|^2 \left(r_n^k \right)^2 - \left(r_n^0 \right)^2}{r_n^0} \right)$，同时也是投射的目标等势面的场函数值。而

前进距离 λ 确保了每一个迭代步的操作都能直接把顶点 p 投射到由当前局部隐式曲面距离场所支撑的目标等势面上。所以，一般情况下只需要少量的迭代次数就能够使得迭代收敛。

11.5.2　切向松弛

因为中轴网格采用"最刚性"变形方法，对于部分出现较大的弯曲变形的区域，会因为严重的拉伸或挤压而出现网格顶点分布不均(过度稀疏或聚集)的问题。例如，角色动画的肘关节弯曲，会使较多网格顶点朝着肘关节的内侧移动，而在肘关节的外侧只分布有少量的网格顶点，使得肘关节的外侧形状看起来非常粗糙，甚至消失。同时肘关节内侧会出现大量的网格自相交的情况。为了缓解网格拉伸或挤压的效果，应该沿着网格顶点的切向方向移动顶点，尽量保持初始的网格顶点分布状态，这个操作被称为切向松弛。

切向松弛也被设计为一个迭代过程，如下所示：

$$p^{k+1} = (1 - \mu) p^k + \mu \sum_j \Phi_j \hat{q}_j^k \tag{11-25}$$

其中，参数 $\mu = 0.2$ 为常量；$\hat{q}_j$ 是顶点 p 的第 j 个 1 环领域(1-ring)顶点 q_j 沿着顶点 p 的切平面的法线投射到切平面上的投射点的位置坐标；Φ_j 是 q_j 在顶点 p 的 1 环领域内的重心坐标参数。切向松弛操作的迭代次数由变量 ε 控制，表达式为

$$\varepsilon = \frac{\sum_i \left\| p_i^k - p_i^{k+1} \right\|^2}{n_v} \tag{11-26}$$

其中，n_v 是网格顶点总数。当 $\varepsilon \leqslant 10^{-6}$ 或迭代次数大于 20 次时，终止切向松弛的迭代。

在网格变形的流程中，执行等势面投射后，切向松弛才被执行。因为切向松弛将网格顶点沿着顶点的切平面移动，部分等势面投射的结果被破坏，故而等势面投射操作再被执行一次。执行等势面投射和切向松弛的示意如图 11.8 所示。

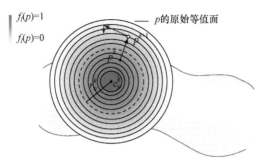

图 11.8　等势面投射和切向松弛示意图

在图 11.8 中，黑色的箭头表示等势面投射操作将顶点 p 投射到红色圆环表示的目标等势面上。两个蓝色的箭头表示切向松弛操作先将顶点 p 沿着切线方向移动，再投射到目标等势面上。

11.5.3　全局体积保存

因为等势面投射的距离步长与驻球的半径相关，统一地调节中轴球的半径变化，就可以轻松地实现全局体积保存的变形效果。在初始状态下，模型的体积 V^0 可表示为

$$V^0 = \frac{1}{6} \sum_{\{i,j,k\} \in \Gamma} p_i \cdot \left(p_j \times p_k \right) \tag{11-27}$$

其中，符号 Γ 表示的是模型网格的三角形集合；p_i、p_j 和 p_k 是对应三角形 $\{i,j,k\}$ 的三个顶点经由等势面投射和切向松弛操作后的位置向量。假如将中轴网格上所有的中轴球的半径统一地改变 Δr，则经过等势面投射后，模型的体积 V 可变为

$$V = \frac{1}{6} \sum_{\{i,j,k\} \in \Gamma} \left(p_i + \Delta r n_i \right) \cdot \left[\left(p_j + \Delta r n_j \right) \times \left(p_k + \Delta r n_k \right) \right] \tag{11-28}$$

其中，n_i、n_j 和 n_k 分别表示顶点 p_i、p_j 和 p_k 的外法线向量。结合式(11-27)和式(11-28)，全局体积保存可被规划为一个二次函数最小化问题，其目标函数为

$$E_v \left(\Delta r \right) = \left(V - V^0 \right)^2 \tag{11-29}$$

采用牛顿迭代法即可解出最优的 Δr。然而，当一些中轴球足够小时，若再减小其半径，可能会出现一些半径为负数的中轴球。因此，对于这种特殊情况，如中轴球 m_i，当 $\Delta r < -\frac{2}{3} r_i$ 时，则忽略对 m_i 半径的修改。当完成中轴球半径的更新后，全局隐式曲面也将发生变化，需要再执行一次等势面投射操作。

11.6　实　验　结　果

在 11.2 节～11.5 节中，介绍了中轴驱动隐式皮肤变形方法的计算流程和详细的技术细节。接下来将介绍相关的实现细节和实验结果。

11.6.1　实现环境

中轴驱动隐式皮肤变形方法被以一种三维模型形状编辑系统的方式呈现。在系统提供的交互编辑模块中，用户可以选择固定一部分中轴网格顶点的位置，然后将另一部分中轴网格顶点"拖拽"到任何位置上。

中轴驱动隐式皮肤变形方法的代码在 Microsoft Visual C++ 2017 开发平台编写。整个方法的计算流程对 GPU 并行计算友好，除了交互操作和体积保存的计算外，其余的计算均采用 GPU 并行计算的方式，在 CUDA Toolkit 9.0 并行计算架构下实现。系统运行的硬件环境包括了 3.0G 主频 Intel I7 5960 CPU 和 16.0G 显存版本的 NVIDIA Titan RTX GPU。输入的中轴网格由 Q-MAT 方法提取与简化。在本节所列举的实验中，所有动画场景的模拟速度均达到 70 帧/s 以上，充分满足实时交互的条件。

为了量化中轴驱动隐式皮肤变形方法在全局体积保存的效果，实验将采用一个体积误差度量 e_v 作为衡量指标：

$$e_v = \frac{\left| V^d - V^0 \right|}{V^0} \times 100\% \tag{11-30}$$

e_v 越小表示变形前后的体积差别越小。

11.6.2　全局体积保存实验

为了验证中轴驱动隐式皮肤变形方法关于全局体积保存的效果，实验模拟了将一个包含由 6448 个顶点和 16241 个三角形的飞机模型变形为一个"飞鸟"的过程。实验结果的示意图如图 11.9 所示。

图 11.9 中展示的是在变形过程中未使用体积保存操作(橙色线条)和使用体积保存操作(蓝色线条)的变形结果之间体积误差的比较。坐标纵轴表示的是体积误差 e_v，横轴表示的是采样的时间节点。可以看出，使用了体积保存操作，模型的体积在整个变形过程中变化非常平缓，达到全局体积保存的效果。例如，在 t_2 节点上扩展了机翼的宽度时，因为采用全局体积保存的缘故，机翼的厚度将会变薄，如图 11.10 比较飞机机翼厚度的变化所示。

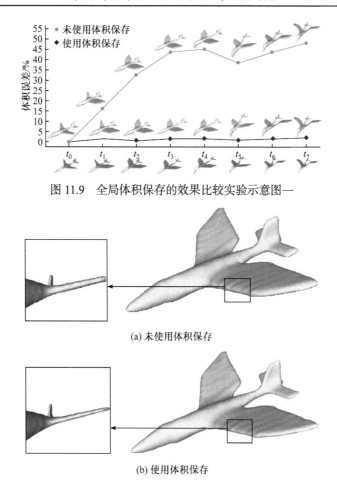

图 11.9 全局体积保存的效果比较实验示意图一

(a) 未使用体积保存

(b) 使用体积保存

图 11.10 全局体积保存的效果比较实验示意图二

11.6.3 特征保存实验

为了进一步验证中轴驱动隐式皮肤变形方法关于模型形状的几何特征的保存效果,实验还模拟了恐龙模型的嘴部经历大旋转变形实现嘴部张开的动作。由图 11.11 可以看出精细的牙齿和舌头的特征能够被较好地保留在变形后的模型中。

11.6.4 弯曲和扭曲实验

实验还验证使用等势面投射操作和切向松弛操作能够解决常见于传统的基于骨架的皮肤变形方法中的两个视觉瑕疵:一是弯曲变形引起的体积坍塌效果;二是扭曲变形引起的"糖纸扭曲"效果。实验结果如图 11.12 所示。

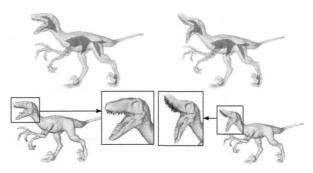

图 11.11　几何特征保存实验示意图

(a) 未使用等势面投射和切向松弛

(b) 使用等势面投射和切向松弛

图 11.12　弯曲和扭曲实验示意图

11.6.5　其他变形结果展示

另外，实验结果还展示了恐龙、海豚、手掌和椅子等四个不同模型形状的变形实验。模型网格参数和计算效率统计如表 11.1 和表 11.2 所示。

表 11.1　中轴驱动的皮肤变形方法实验的模型网格参数表

模型形状	网格顶点数量	网格三角形数量	中轴体积图元数量
恐龙	20876	41592	158
海豚	6191	12378	36
手掌	15100	30196	65
椅子	10500	21008	60

表 11.2　中轴驱动的皮肤变形方法实验的计算效率统计表

模型形状	V^0	V^d	e_v /%	DC/ms	IP/ms	TR/ms	VP/ms
恐龙	0.01945	0.01965	1.0615	3.8	3.4	4.8	1.6

续表

模型形状	V^0	V^d	e_v / %	DC/ms	IP/ms	TR/ms	VP/ms
海豚	0.05328	0.05325	0.4517	2.3	1.5	3.4	0.7
手掌	0.21278	0.21773	0.9025	3.2	2.2	3.9	1.3
椅子	0.12614	0.12725	0.8749	2.9	1.9	3.5	1.1

在表 11.2 中，DC 表示的是中轴网格"最刚性"变形和网格参数化变形的计算时间；IP、TR 和 VP 分别表示等势面投射、切向松弛和体积保存的计算时间。从表 11.2 上可以看出，中轴驱动隐式皮肤变形方法不仅计算速度快，而且能够较好地保存模型的体积。实验的部分变形效果如图 11.13 所示。

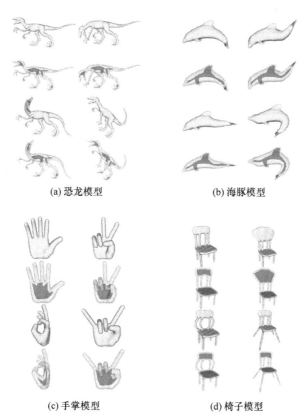

(a) 恐龙模型　　　　　　　(b) 海豚模型

(c) 手掌模型　　　　　　　(d) 椅子模型

图 11.13　中轴驱动皮肤变形方法实验示意图

从上述的实验结果可以得出结论，本章所述的中轴驱动的皮肤变形方法能够运用中轴变换实现模型的皮肤变形，并且因为对中轴网格的变形运用了"最刚性"变形方法以及对网格执行等势面投射、切向松弛和体积保存等操作，使得网格的变形能够很好地保持模型的几何特征和全局体积。此外,因为使用了中轴变换作为变形的驱动元素,该方法能够非常方便且快速地构建模型形状的隐式曲面以及执行体积保存操作。

11.7 本 章 小 结

基于传统骨架驱动的皮肤变形方法经常会出现容易丢失形状特征和损失体积,从而导致大变形效果不佳、视觉瑕疵严重等问题。针对这类问题,本章提出了中轴驱动的皮肤变形方法。它的优点是计算速度快、方便实现几何特征保存和全局体积保存。

本章的主要贡献是,提出了基于中轴体积图元的隐式曲面建模方法。该方法根据中轴体积图元的结构特征,定义一个能够快速计算的距离场函数以构建隐式曲面。实验结果表明,本章提出的中轴驱动的皮肤变形方法能够实现真实且实时的交互变形,并且在几何特征保存和全局体积保存方面达到理想的效果。

参 考 文 献

[1] Bloomenthal J, Lim C. Skeletal methods of shape manipulation[C]// Proceedings of Shape Modeling International, 1999: 44-56.

[2] Bloomenthal J. Medial-based vertex deformation[C]// Proceedings of ACM SIGGRAPH/ Eurographics Symposium on Computer Animation, 2002: 147-151.

[3] Shen J, Thalmann D. Interactive shape design using metaballs and splines[C]// Proceedings of Implicit Surfaces, 1995: 187-196.

[4] Singh K, Parent R, Singh K, et al. Implicit function based deformations of polyhedral objects[C]// Proceedings of Eurographics Workshop on Implicit Surfaces, 1995: 37-46.

[5] Leclercq A, Akkouche S, Galin E. Mixing triangle meshes and implicit surfaces in character animation[C]// Proceedings of Eurographic Workshop on Computer Animation and Simulation, 2001: 37-47.

[6] van Overveld C W A M , van den Broek B C. Using the implicit surface paradigm for smooth animation of triangle meshes[C]// Proceedings of International Conference on Computer Graphics, 1999: 214-223.

[7] Guo X, Hua J, Qin H. Scalar-function-driven editing on point set surfaces[J]. IEEE Computer Graphics and Applications, 2004, 24(4): 43-52.

[8] Gourmel O, Pajot A, Paulin M, et al. Fitted BVH for fast raytracing of metaballs[J]. Computer Graphics Forum, 2010, 29(2): 281-288.

[9] Gourmel O, Barthe L, Cani M P, et al. A gradient-based implicit blend[J]. ACM Transactions on Graphics, 2013, 32(2): 12.

[10] Canezin F, Guennebaud G L, Barthe L C. Adequate inner bound for geometric modeling with

compact field functions[J]. Computers and Graphics, 37(6): 565-573.

[11] Ricci A. A constructive geometry for computer graphics[J]. Computer-Aided Design, 1973, (2): 157-160.

[12] Vaillant R, Barthe L, Guennebaud G, et al. Implicit skinning: Real-time skin deformation with contact modeling[J]. ACM Transactions on Graphics, 2013, 32(4): 96.

[13] Vaillant R, Guennebaud G, Barthe L, et al. Robust ISO-surface tracking for interactive character skinning[J]. ACM Transactions on Graphics, 2014, 33(6): 1-11.

[14] Macedo I, Gois J P, Velho L. Hermite radial basis functions implicits[J]. Computer Graph Forum, 2011, 30(1): 27-42.

[15] Shen C, O'Brien J F, Shewchuk J R. Interpolating and approximating implicit surfaces from polygon soup[J]. ACM Transactions on Graphics, 2004, 23(3): 896-904.

[16] 冯有前. Cauchy-Schwarz 不等式的一些应用[J]. 高等数学研究, 1994, (4): 2830.

[17] Müller M, Heidelberger B, Hennix M, et al. Position based dynamics[J]. Journal of Visual Communication and Image Represent, 2007, 18(2): 109-118.

第 12 章　中轴驱动的弹性体变形方法研究

第 11 章介绍的中轴驱动的皮肤变形方法隶属于几何变形方法范畴，只能产生视觉信服的动画效果，难以表现出动画对象的物理特性。在本章中将介绍一种中轴驱动的弹性体变形方法，其隶属于基于模型简化的物理变形方法。该方法在中轴网格上定义了一组广义坐标以描述三维模型的子空间变形，并将其用于提高投影动态法(projective dynamic)[1]的全局计算的求解速度，形成一种半简化的投影动态法的计算模式。实验结果表明，本研究工作提出的变形方法在协调模拟效果和计算效率上有更佳的表现。该变形方法与第 10 章介绍的碰撞检测方法共同形成了一个基于中轴的三维模型弹性模拟框架，命名为"Medial Elastics"。相应地，这两种方法分别被称为中轴驱动的弹性体变形方法和中轴驱动的碰撞检测方法。为了便于理解这两种方法之间的联系，本章开始先对 Medial Elastics 作总体的介绍和说明。接着再对中轴驱动的弹性体变形方法的计算过程和实验结果作详细的描述与讨论。

12.1　基于中轴的三维模型弹性模拟框架概述

在传统的弹性体模拟框架的设计上，变形计算和碰撞检测被认为是两个相对独立的模块而被分别处理。为了使得物理模拟能达到实时或可交互的效果，变形计算采用模型简化技术，牺牲模拟质量以换取计算效率的提升。而碰撞检测运用层次包围盒技术实现碰撞剔除，大规模减少三角形级别的几何相交测试数量。然而，这两个模块在计算元素上并不完全统一。在变形计算阶段，模型网格顶点的位置完全由一组广义坐标表示；而在碰撞检测阶段却需要直接遍历顶点的新位置，更新或重建层次包围盒，以保持包围盒对变形后的模型是完全包围的效果；最后再作碰撞检测。在这个计算流程中，两个计算模块之间的联系是一种间接的方式。变形计算的效率依赖于由广义坐标所描述的子空间维度，而碰撞检测的效率依赖于模型表面网格的分辨率，即全空间维度。因此，如果把这两个模块统一在相同的广义坐标下作计算，这种直接的联系方式会潜在地提高整个模拟系统的效率。

12.1.1　相关工作介绍

针对上述问题，近年来一些研究者也做了相关的研究工作。James 等[2]探索了使用子空间模态来构建一种包围变形树(bounded deformation tree, BD-tree)，用于快速的碰撞剔除。这个方法还被推广到触觉作用力的渲染上[3]。Barbič 等[4]观察到自碰撞只发生在经历大变形的局部区域，故而在变形子空间中计算了自碰撞 "证书"，用于加速自碰撞剔除。该证书将提供一个标量，仅当这个标量超过规定的阈值时，才被判断为该区域有自碰撞发生。Zheng 等[5]进一步完善了 "证书" 的计算，提出了一种基于变形能量的度量方式。这个能量的定义并不依赖于子空间的广义坐标，可以在全空间下实现快速计算，并且能够很好地与层次包围盒相结合，更高效地做自碰撞的检测。仅从自碰撞检测的角度上看，Zheng 等[5]的方法是最具有普遍应用性的，可以被应用到任意由三角网格表示的模型上，甚至可以在全空间的变形模拟中使用。在基于骨架的简化模型中，Teng 等[6]通过对动画角色模型的铰链型关节结构做变形一致性的约束，有效地处理了关节弯曲时部分网格的自相交问题。

12.1.2　框架的设计原理和目标

不同的模型简化技术对广义坐标的定义有不同的几何或物理解释。任何一个模拟框架都无法将模型简化的变形特点完全地表达出来。Medial Elastics 的设计目标是无缝地把模型简化和碰撞剔除都整合到一组定义在中轴网格上的广义坐标下作计算。从模型简化的观点上看，中轴变换比传统的骨架更能够捕捉大多数重要的模型变形特征，同时允许建立紧凑的和可表达的子空间。直接在子空间中仅花费 $O(n)$ 的时间开销就可以完成体积包络的更新。假设 n 为模拟系统的子空间维度，N 为全空间维度，则 $n \ll N$。而从碰撞检测的观点上看，中轴的体积包络是一个使用线性插值球来近似模型边界的几何结构，轻微地放大中轴球的半径，其体积包络就成为一个能完全地、紧凑地包裹住模型的包围体。即便是在低分辨率的中轴网格上，这个包围体也能提供比普通碰撞包围盒紧密得多的包围效果。把两个体积图元视为包围盒作相交测试，可以精确地计算出两个发生交叠的体积图元的相交最深点的位置坐标，进而判断该位置点可能存在碰撞。如此，把中轴变换作为包围盒应用于碰撞剔除，尽管没有树形层次结构，也仅需要花费 $O(n^2)$ 的时间开销。重要的是，整个计算过程对并行计算友好，可以方便地、完整地在 GPU 上实现。

图 12.1 显示了不同分辨率的中轴网格对 Armadillo 模型的包围紧密程度的比较。

图 12.1 中使用了 Hausdorff 误差作为体积包络对模型包围程度的度量。Hausdorff 误差越小表示体积包络把模型包围得越紧密。Hausdorff 误差的计算方式为模型表面网格和中轴网格之间 Hausdorff 距离除以模型 AABB 包围盒的最大维度。图 12.1 上显示的 Armadillo 模型的表面网格具有 40000 个顶点。图 12.1(a)

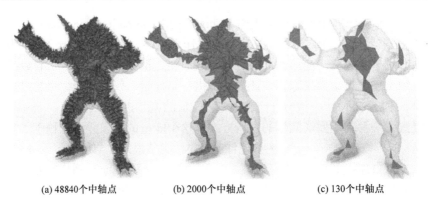

(a) 48840个中轴点　　　　(b) 2000个中轴点　　　　(c) 130个中轴点

图 12.1　Armadillo 模型的不同分辨率中轴网格的 Hausdorff 误差比较示意图

表示的是基于 Voronoi 图方法计算得到的初始中轴网格，具有 48840 个中轴点，Hausdorff 误差为 $7×10^{-7}$。图 12.1(b)和(c)表示的是对初始中轴网格采用 Q-MAT 方法分别简化至 2000 和 130 个中轴点，Hausdorff 误差分别为 $1×10^{-3}$ 和 $5×10^{-3}$。从图 12.1 上的 Hausdorff 误差比较可以看出，当使用 Q-MAT 移除掉初始中轴网格的 99.8% 的中轴点后，Hausdorff 误差仍然小于1%。为了进一步说明中轴变换用于碰撞剔除的优势，图 12.2 比较了 Armadillo 模型的中轴网格与 AABB 层次包围盒、球层次包围盒的 Hausdorff 误差比较。

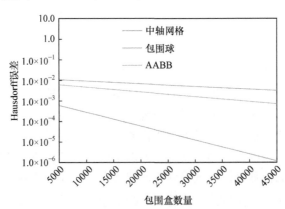

图 12.2　Armadillo 模型的中轴网格与层次包围盒的 Hausdorff 误差比较示意图

图 12.2 的横坐标表示的是体积图元数量或层次包围盒在叶子层的包围盒数量。从图 12.2 可以看出，中轴体积包络对模型的包围能力高出相同数量的 AABB 和球包围盒若干个量级。

考虑到中轴变换在模型简化和碰撞检测方面都具有突出优势，因此 Medial Elastics 的设计目标是将模型简化和碰撞检测都统一到定义在中网格上的广义坐标下进行计算，并且完全使用在 GPU 并行计算的方式实现。整个模拟框架的实现平台和实验环境与 11.6 节所述一致。

12.1.3　技术贡献

Medial Elastics 的技术贡献可以概括为如下四点：

(1) 提出基于中轴变换的模型简化方法，在中轴网格上构造变形子空间以驱动模型变形。中轴网格上的中轴点被指派为子空间变形的控制点。每个控制点都被赋予仿射自由度或二次的非线性自由度，共同组成一组广义坐标来驱动模型网格的变形。中轴网格天然地参数化表示了模型大多数重要的非线性运动的特征。因此，这个子空间能够很好地保存很多高频的局部变形特征。

(2) 将基于中轴的模型简化方法结合到投影动态法上，提升投影动态法全局计算的求解速度。投影动态法采用了一种局部-全局交替迭代求解模式计算三维模型的全空间位移向量。特别地，仅在全局计算中将变形计算映射到低维子空间上，而保持局部求解仍在全空间中计算。这种半简化的投影动态法在加快变形计算的同时，并没有严重地降低动画的真实感，更优化地平衡了计算效率和变形效果。本章和第 5 章的实验结果表明，Medial Elastics 能够生成丰富的变形细节，动画可视效果十分接近全空间计算的效果。

(3) 提出了一种基于中轴驱动的碰撞检测方法。将体积图元作为碰撞包围盒应用于碰撞剔除计算，并且在变形子空间中直接更新中轴网格的包围状态。本章推导出了完备的体积图元相交测试条件，把两个体积图元的相交测试规划为一个 QCQP 问题。而这个问题可以被直接解出解析解，得到两个碰撞的体积图元相交最深的位置点坐标。根据相交最深点的位置信息，结合空间细分网格碰撞剔除方法，直接查找相交最深点附近空间的三角形，输入到底层的碰撞检测计算中。

(4) Medial Elastics 的全部计算过程均对并行计算友好，使用 GPU 并行计算可以对网格分辨率达几十万甚至上百万量级的模型实现可交互的模拟，甚至于实时模拟。

与皮肤变形方法不同，参与弹性体变形计算的是模型的四面体网格，而参与碰撞检测和渲染的是表示模型表面的三角形网格，其可由位于四面体网格边界的三角形网格或更精细的三角形网格组成。为了不产生混淆，需要特别说明的是在下文所述中，"模型网格"指的是模型的四面体网格，"模型表面网格"指的是表示模型表面的三角形网格。另外，本章将采用初始位置向量叠加位移向量的方式描述变形状态。

在 Medial Elastics 中，中轴驱动的弹性体变形方法主要由基于中轴网格的模型简化方法、半简化的投影动态法和基于变形的中轴球半径更新策略共同构成。接下来将分别对上述集中方法做详细的介绍。

12.2　基于中轴网格的模型简化

中轴驱动的弹性体变形方法属于基于模型简化的变形计算方法类。该类方法将高维的全空间变形域映射到一个低维的子空间变形域上。子空间的变形状态由一组广义坐标描述,把广义坐标逆映射到全空间变形域上,即可得到变形后的模型网格。模型简化通常是利用若干个稀疏分布在模型网格内部或表面的控制点来操纵弹性体的非线性变形。这些控制点被赋予一定的变形自由度。而所谓的广义坐标是一组由这些自由度所组成的状态向量 q。据之前的讨论可知,中轴变换天然地被认为是三维形状的骨架,并且比传统的线条型骨架更具有变形的表达能力。在中轴驱动的弹性体变形方法中,控制点被绑定在中轴网格的中轴点上。

假设任意一个模型网格顶点 p,其在变形前的位置向量为 $x = \left[x_1, x_2, x_3 \right]^{\mathrm{T}}$,位移向量为 $u = \left[u_1, u_2, u_3 \right]^{\mathrm{T}}$。在子空间的变换映射中,一个控制点对位移向量 u 的各分量的影响可以使用一个变换函数 T_i 表示,即 $u_i = T_i(x)(i = 1, 2, 3)$。将这个变换函数改写为由控制点的广义坐标 q 表示,即 $u = U(x)q$。$U(x)$ 表示的是顶点 p 的位移向量关于控制点的子空间映射矩阵。

12.2.1　仿射控制点

中轴驱动的弹性体变形方法将大多数控制点的变换函数 T 设置为仿射变换(或刚体变换),因此这些控制点也称为仿射控制点。每一个仿射控制点包含 9 个线性变换自由度和 3 个平移自由度,仿射变换函数的表达式为

$$T_i = a_i \cdot x + t_i \tag{12-1}$$

其中,向量 a_i 是线性变换矩阵 $A_{3\times3} = \left[a_1, a_2, a_3 \right]^{\mathrm{T}}$ 的第 i 行向量;t_i 为平移向量 $t = \left[t_1, t_2, t_3 \right]^{\mathrm{T}}$ 对应的分量。因此,仿射控制点的广义坐标向量形式可写为 $q = \left[t^{\mathrm{T}}, a_1^{\mathrm{T}}, a_2^{\mathrm{T}}, a_3^{\mathrm{T}} \right]^{\mathrm{T}}$,相应的子空间映射矩阵为

$$\begin{aligned} U(x) &= \left[U_t, U_a \right] \\ &= \left[I, I \otimes x^{\mathrm{T}} \right] \in \mathbf{R}^{3\times9} \end{aligned} \tag{12-2}$$

12.2.2　非线性控制点

然而在模型被严重地简化且仅使用仿射或其他线性变换的情况下,在发生弯曲变形时会产生一个剪切锁死(shear locking)的现象。这个现象可简单地解释为理

论上没有发生剪切变形的图元却发生了剪切变形。因为剪切变形是弯曲或扭曲等非线性变形的一阶近似表现，如果简化后的子空间形态完全由一阶线性的自由度采用分段近似表示，则会产生一个很强烈的剪切能量。这个剪切能量会阻止弹性体的弯曲或扭曲变形。剪切锁死的现象如图 12.3 所示。

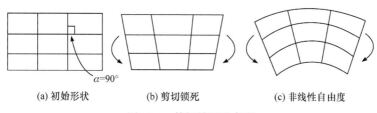

(a) 初始形状　　　　　(b) 剪切锁死　　　　　(c) 非线性自由度

图 12.3　剪切锁死示意图

缓解剪切锁死现象的办法是在子空间中增加一些非线性的自由度[7]。因此除了仿射控制点外，有少量的中轴点被设置为包含有二次自由度的非线性控制点，这些控制点将能够提供变形幅度大的、非线性的局部变形效果。非线性控制点的变换函数被定义为

$$T_i = x^{\mathrm{T}} Q_i x + a_i \cdot x + t_i \tag{12-3}$$

其中，Q_i 是一个二阶对称张量，其元素为各个非线性自由度。一个非线性控制点总共包含有 30 个自由度，除了 12 个表示仿射变换的自由度外，还有 9 个同质自由度 (homogenous freedom) 和 9 个异质自由度 (heterogenous freedom)。同质自由度和异质自由度均为二次非线性自由度。按此顺序排列，其广义坐标的向量形式可表示为

$$q = \left[t^{\mathrm{T}}, a_1^{\mathrm{T}}, a_2^{\mathrm{T}}, a_3^{\mathrm{T}}, \tilde{q}_1^{\mathrm{T}}, \tilde{q}_2^{\mathrm{T}}, \tilde{q}_3^{\mathrm{T}}, \hat{q}_1^{\mathrm{T}}, \hat{q}_2^{\mathrm{T}}, \hat{q}_3^{\mathrm{T}} \right]^{\mathrm{T}} \in \mathbf{R}^{30} \tag{12-4}$$

其中，向量 $\tilde{q}_i^{\mathrm{T}} = \left[(Q_i)_{11}, (Q_i)_{22}, (Q_i)_{33} \right]^{\mathrm{T}}$ 为同质自由度向量；$\hat{q}_i^{\mathrm{T}} = \left[(Q_i)_{12}, (Q_i)_{23}, (Q_i)_{13} \right]^{\mathrm{T}}$ 为异质自由度向量。非线性控制点的子空间映射矩阵为

$$
\begin{aligned}
U(x) &= \left[U_t, U_a, \tilde{U}, \hat{U} \right] \\
&= \left[I, I \otimes x^{\mathrm{T}}, I \otimes \tilde{x}^{\mathrm{T}}, I \otimes \hat{x}^{\mathrm{T}} \right] \in \mathbf{R}^{3 \times 30}
\end{aligned} \tag{12-5}
$$

其中，向量 $\tilde{x} = \left[x_1^2, x_2^2, x_3^2 \right]^{\mathrm{T}}$ 表示的是顶点 p 的二次同质位置向量；向量 $\hat{x} = \left[x_1 x_2, x_2 x_3, x_1 x_3 \right]^{\mathrm{T}}$ 表示的是顶点 p 的二次异质位置向量。

12.2.3　控制点的放置

子空间中同时存在仿射控制点和非线性控制点两种类型，且非线性控制点的自由度数量是仿射控制点自由度数量的两倍还多。若系统中存在过多的非线性自由度时，模型简化策略所带来的计算加速效果会被降低。算法欲将控制点对应地

设置在中轴点上，需要根据中轴网格的拓扑合理地安排控制点的分布。

中轴驱动的弹性体变形方法对一般模型进行处理时，依据如下三种条件自动地放置非线性控制点：一是若一个中轴点的相邻中轴点数量小于 3 个时，表示局部区域的控制点分布得十分离散，则将这个中轴点设置为非线性控制点；二是若一个中轴点所在的体积图元包含的局部模型体积小于模型体积的 $\dfrac{1}{10n}$ 时(n 是控制点数量)，选择体积图元上的一个中轴点为非线性控制点；三是两个非线性控制点在中轴网格上不相邻。这三个条件需要同时被满足。然而，当处理一些形状特别复杂的模型时，可以采用手动的方式对控制点分布进行调整。图 12.4 展示了 Armadillo 模型的控制点自动设置的情况。

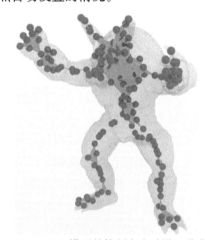

图 12.4　Armadillo 模型的控制点自动设置分布示意图

在图 12.4 中，Armadillo 的中轴网格总共有 130 个中轴点，其中有 104 个仿射控制点(红色小球表示)和 26 个非线性控制点(绿色小球表示)。

12.2.4　子空间的映射变换

式(12-2)和式(12-5)表示的是子空间仅存在一个控制点时的映射矩阵。显然，一般情况下中轴网格上的网格点数量是超过一个的。位移向量 u 要受到多个控制点的自由度共同支配。相似于骨架驱动的皮肤变形方法，中轴驱动的弹性体变形方法也采用了加权混合的方式计算各个控制点对位移向量 u 的贡献。将计算表达式写为矩阵的表示形式如下：

$$u = Uq$$

$$= \left[w^1(x)U^1(x), \cdots, w^n(x)U^n(x) \right] \begin{bmatrix} q^1 \\ \vdots \\ q^n \end{bmatrix} \tag{12-6}$$

其中，符号上标表示的是控制点编号。假设仿射控制点和非线性控制点的数量分别为 n_1 和 n_2，则整个子空间的映射矩阵 U 是一个维度为 $3\times(12n_1+30n_2)$ 的矩阵。其中，$w^j(x)$ 是一个 3×3 的对角矩阵，它的对角线上的元素相同，且表示的是第 j 个控制点在位置 x 处的权重。

中轴驱动的弹性体变形方法采用了双调和权重(biharmonic weight)[8]。权重的计算在预处理阶段完成，且在模拟中作为常量处理。当计算权重时，需要把中轴点插入到模型网格中，将中轴点与嵌入的四面体的顶点相连，得到四个新的四面体网格。以这个新的网格的拓扑计算相应的图拉普拉斯矩阵。另外，还需要对双调和权重施加插值约束条件，即控制点在自身位置处的权重为 1，在其他控制点位置处的权重为 0。这个约束的目的是保证每个控制点的位移仅由自身的广义坐标表示。如果部分网格顶点被固定，则还要对这些网格顶点施加边界约束，使得它们的权重系数为 0。因为双调和权重自身拥有较好的局部特性，因此不需要显式地调整每个控制点的权重影响范围。理论上，如果模型是由非均质材料组合，变形权重的计算方式也可参照 Nesme 等提出的基于材料感知的权重计算方法。

12.3　半简化的投影动态法

在中轴网格上定义的变形子空间将被运用到简化的投影动态法的全局计算中。因为投影动态法将变形计算分解为局部计算和全局计算两个计算过程交替进行，自然地使得简化方案有两种选择。一是同时简化两个计算过程；二是只简化其中一个，而保留另外一个在全空间中计算。前者被称为全简化的投影动态法，而后者被称为半简化的投影动态法。在本节中，先简单介绍投影动态法的计算特点，然后描述本章提出的中轴驱动的弹性体变形方法所采用的简化方式。最后，对两种不同的简化方式进行分析与讨论。

12.3.1　投影动态法概述

投影动态法是一种全空间的变形方法。投影动态法的特点是将基于有限元的变形方法和基于位置的变形方法的优点进行结合。它利用基于位置的变形方法的约束投影思路，把求解有限元问题的规模巨大的非线性系统分解为若干个小规模的局部约束投影问题，而且局部约束的投影计算能够使用并行方式实现。最后再把满足这些局部约束的投影位移作为条件加入到一个全局线性系统中，以寻找一个全局最优的位移向量，使得所有局部约束可以被尽可能地满足。整个计算过程被称为局部-全局的交替迭代计算。在投影动态法中，大部分的局部约束都是直接由连续体变形能量函数导出的非线性约束，所以投影动态法不仅计算速度快，而且模拟效果非常接近于基于有限元的变形方法。另外，每个局部约束的求解都在其局部坐标系的描述下实现，使得局部-全局的交替迭代计算仅需要少数的迭代次数就能达到收敛。而全局的线线性系统是由隐式时间积分方案导出的，因此在稳定性方面，投影动态法可以和隐式时间积分方案相媲美。

投影动态法一经提出就受到了广泛的关注，同时也有很多相关的工作被提出。Weiler 等把投影动态法推广到流体的模拟上。Liu 等揭示了投影动态法的本质是一个使用拟牛顿法(quasi-Newton method)求解由采用隐式时间积分的非线性优化问题。为了加快全局计算的速度，很多 GPU 并行的线性求解器也被提出。在投影动态法与模型简化技术结合方面，Brandt 等提出了全简化的投影动态法(hyper-reduced projective dynamic)，Brandt 等使用一个固定的子空间对投影动态法中的局部计算和全局计算同时作简化，在计算效率上获得了巨大的提升。全简化的投影动态法能够对高分辨率的模型网格进行实时模拟。全简化的投影动态法是目前与本章所述的中轴驱动的弹性体变形方法最相关的技术方法。下文将对两种法方法对投影动态法做模型简化的方式进行分析讨论。在此之前，首先对投影动态法的计算过程进行详细介绍。

由隐式积分方案描述的弹性体变形的平衡方程可重写如下：

$$M\left(u_{t+1} - u_t - h\dot{u}_t\right) = h^2\left(f_{\text{int}}\left(u_{t+1}\right) + f_{\text{ext}}\right) \tag{12-7}$$

其中，矩阵 M 是质量矩阵；f_{ext} 和 f_{int} 分别是模型所受的外力和变形所引起的内力；h 是模拟的时间步长；下标 t 表示当前模拟的帧数。这个平衡方程符合牛顿力学第二定律。投影动态法把公式(12-7)所述的平衡方程解释为一个对未知向量 u_{t+1} 的优化问题：

$$u_{t+1} = \arg\min E(u) \Leftrightarrow E(u) = \frac{1}{2h^2}\left\| M^{\frac{1}{2}}\left(u - u^*\right) \right\|^2 + \sum W(u) \tag{12-8}$$

其中，$u^* = u_t + h\dot{u}_t + h^2 M^{-1} f_{\text{ext}}$ 是一个由上一步的运动状态预测得到的位移向量；$W(u)$ 表示的是约束能量，它度量了当前的形状构型与最近的局部最优构型之间的距离。局部最优构型是指系统中所有的约束都被满足的状态。公式(12-8)包含 u 和 $W(u)$ 两个未知变量，致使优化问题不易通过对位置变量直接求导解出，可以采用轮流迭代计算的方式求解(与第 11 章中"最刚性"变形问题相同)。投影动态法将公式(12-8)的轮流迭代求解步骤分为局部计算和全局计算两个步骤。在局部计算中，求解的目标是为约束 $C_i\left(p_i\right) = 0$ 寻找一个位移向量 p_i，使得约束在当前的系统状态下能被尽量满足。下标 i 表示第 i 个约束。局部计算的数学表达式如下：

$$\min_{p_i} \frac{\omega_i}{2}\left\| A_i S_i u - B_i p_i \right\|^2 \quad \text{s.t.}\, C_i\left(p_i\right) = 0 \tag{12-9}$$

其中，ω_i 是约束 $C_i(p_i)=0$ 的权重。假如 $C_i(p_i)=0$ 是一个四面体的非线性应变约束，则 ω_i 的物理意义是四面体的刚性系数。矩阵 S_i 是一个筛选矩阵，把全空间的位移向量 u 中参与约束 $C_i(p_i)=0$ 计算的元素筛选出来，形成一个新的向量。在这个新的向量中，除了被筛选出的元素外，其余元素均为 0。矩阵 A_i 和矩阵 B_i 是两个常量矩阵，所起的作用是分别将位移向量 u 和 p_i 投影到第 i 个约束 $C_i(p_i)=0$ 描述的约束流形上。向量 $S_i u$ 和 p_i 经过矩阵 A_i 和矩阵 B_i 的投影后，可以被视为是位于第 i 个约束的流形上的两个点。求解公式(12-9)的含义就是在约束 $C_i(p_i)=0$ 的流形上移动 p_i 的投影点，使得 p_i 的投影点尽量地接近 u 的投影点。因为在这个计算过程中，每个约束都被单独求解，没有加入约束之间的互斥性，所以称这个计算过程是局部计算。相应地，这些约束也称为局部约束。

当所有局部约束的位移向量 p 在局部计算中求得后，接下来的计算把这些位移向量 p 固定，转而计算一个新的位移向量 u，使得向量 u 在各个约束的流形上的投影点与 p_i 的投影点的距离是全局最小的。这个计算过程就是全局计算。全局计算的形式是求解一个线性系统，即

$$\left(\frac{M}{h^2}+\sum_i \omega_i S_i^{\mathrm{T}} A_i^{\mathrm{T}} A_i S_i\right)u=\frac{M}{h^2}u^*+\sum_i \omega_i S_i^{\mathrm{T}} A_i^{\mathrm{T}} B_i p_i \tag{12-10}$$

局部计算和全局计算是交替迭代进行的。从上述对投影动态法的描述可知，在局部计算中，各个约束的求解是独立的，因此局部计算能够被完全地并行计算。而全局计算是求解一个大规模的、稀疏的线性系统。如果在变形阶段没有加入新的局部约束(比如碰撞约束等)，则线性系统的矩阵 $\frac{M}{h^2}+\sum_i \omega_i S_i^{\mathrm{T}} A_i^{\mathrm{T}} A_i S_i$ 是一个常量矩阵，可以在预处理阶段进行分解。由于运用了局部-全局的交替求解策略，使得每次迭代都能找到一个局部最优的变形构型。这意味着迭代过程也能够快速收敛，并且系统残差很小。因此，对比于其他全空间的变形方法，投影动态法在模拟效率和稳定性方面表现得非常出众。此外，大部分的局部约束都是由连续体变形能量导出的非线性约束。所以，高频的变形细节得到了很好的保存。最后，投影动态法可以通过使用和组合不同类型的约束实现模拟不同材质类型的模型。

12.3.2　全简化和半简化的分析和比较

模型简化的作用是牺牲部分模拟质量以换取计算效率的提升。一个好的模型简化技术应该是在提升计算效率的同时，尽量减小对模拟质量的破坏。将模型简化技术结合到投影动态法，有全简化和半简化两种方案可以选择。在本章的研究工作中发现，全简化的方案，即全简化的投影动态法所采用的简化方式并不是最有利的选择。

　　下面来分析分别对局部计算和全局计算作简化在效率提升和模拟质量两个方面的效果差别。首先是对效率提升方面的分析。在局部计算中，单个局部约束的问题维度普遍都非常小，约束投影计算的时间开销可以被认为是 $O(1)$。因为局部计算可以采用多核 CPU 或 GPU 并行计算进行，所以局部计算的时间开销相对于约束数量的规模是一个次线性的关系。而在全局计算中，线性系统[参考公式(12-10)]采用一个前后顺序替换的方式求解。尽管全局计算也可以被 GPU 加速，但是时间复杂度仍然是 $O(N^2)$ 的。而诸如一些 GPU 并行的线性求解器，也仅能够应用在系统矩阵是稀疏矩阵的情况下。因为对全局计算作简化，系统矩阵将变成一个非常稠密的矩阵，这些 GPU 加速的方法将失去作用。换句话说，对全局计算作简化可以把时间开销从 $O(N^2)$ 减小至 $O(n^2)$，这个效率提升的意义非常巨大。在 NVIDIA Titan RTX GPU 上执行局部计算和全局计算的效率比较如图 12.5 所示。

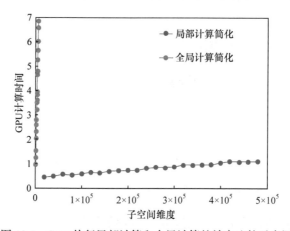

图 12.5　GPU 执行局部计算和全局计算的效率比较示意图

　　从图 12.5 可以看出，全局计算的时间开销对线性系统的规模更加敏感。局部计算利用 GPU 并行求解 50 万个规模的四面体的应变约束所花费的时间也仅为 1.1ms，这个速度已经足够快。因此，对局部计算作简化的意义不大。

　　接着是对模拟质量的影响分析。执行 $u=Uq$ 的子空间映射相当于对全空间的所用可能的变形施加了一个硬约束。即便如此，只要自由度数量和分布适当，子空间依然具备表达丰富的变形效果的能力。对模拟质量影响的关键问题是子空间的变形是否能够达到目标的变形状态。考虑到大多数局部约束的流形是非线性和凸的，假如局部计算被简化，等同于把约束的流形作平滑处理，这导致全部的约束投影都会产生较大的误差。尽管有一部分会被子空间映射过滤掉，但是大部分还是会在模拟过程中逐渐累积。所以，对局部计算作简化会较多地降低模拟质量，丢失变形细节。而假如仅简化全局计算，每一个约束仍然可以找到最优的投影位置，系统的残差被有效地降低。简化全局计算所产生的影响均来自于各自由度到其约束投影的距离度量，即执行完所有局部约束后，通过最优的子空间近似来实现公式(12-8)的最小化。

综上所述，尽管全简化方式在绝对的计算速度上会比仅简化全局计算的半简化方式更快，但是模拟质量也遭受更大的损失。局部计算具有速度优势主要是因为其并行化程度高。相对而言，对局部计算作简化对速度的提升不明显。而仅对全局计算作简化却能够获得显著的速度提升，并且最大化地保持模拟质量。因此，从计算效率和模拟质量权衡的角度上看，仅简化全局计算的半简化方案会比全简化方案更优。后文的实验结果也验证了这个结论。

12.3.3　全局计算的简化

基于以上分析，中轴驱动的弹性体变形方法采用的是仅简化全局计算的半简化方案。直接地，对公式(12-10)执行子空间映射 $u = Uq$，则有

$$U^{\mathrm{T}}\left(\frac{M}{h^2} + \sum_i \omega_i S_i^{\mathrm{T}} A_i^{\mathrm{T}} A_i S_i\right)Uq = U^{\mathrm{T}}\left(\frac{M}{h^2}Uq^* + \sum_i \omega_i S_i^{\mathrm{T}} A_i^{\mathrm{T}} B_i p_i\right) \tag{12-11}$$

值得注意的是，公式(12-11)中的向量 q^* 的计算应该是 $q^* = q_t + h\dot{q}_t + h^2 \cdot \left(U^{\mathrm{T}}MU\right)^{-1}U^{\mathrm{T}}f_{\mathrm{ext}}$，而不是 $q^* = q_t + h\dot{q}_t + h^2U^{\mathrm{T}}M^{-1}f_{\mathrm{ext}}$，这是因为子空间映射矩阵 U 的列向量不是正交的。而如果显式地对矩阵 U 作施密特正交化，定义在中轴点上的广义坐标系的几何意义可能会被消除。

12.4　中轴球半径的调整与更新

为了能够把体积图元作为包围盒用于碰撞剔除中，在预处理阶段需要轻微地扩大部分中轴球的半径，使得体积包络能够完全地包围住模型网格。在变形阶段，中轴驱动的弹性体变形方法还需要一直保证模型网格处于体积包络内部。因此当模型网格发生变形后，中轴球的半径还需要再次进行更新。

由于把广义坐标定义在中轴点上，中轴球的半径更新能够完全地由广义坐标计算，这使得时间开销仅为 $O(n)$。本节将分别介绍基于位移的半径更新策略和基于变形的半径更新策略。尽管两者都可以保证体积图元完全包围模型网格，但是前者的包围效果非常松散，没有实用价值，而后者的包围效果很紧凑。所以，中轴驱动的弹性体变形方法最终采用基于变形的半径更新策略。

12.4.1　中轴球半径的调整

在预处理阶段，中轴驱动的弹性体变形方法需要检测模型网格是否完全被包

围在体积包络内。如果存在部分网格顶点处于体积包络的外部，则适当地增加某些中轴球的半径，使得距离这些网格顶点最近的体积图元能够将网格顶点"侵蚀"到内部。

判断一个空间位置点与一个体积图元的位置关系，可以由驻球的计算得到。然而，公式(3-4)所定义的距离函数并不是欧氏距离，其只能够用于距离远近的比较，而无法用于距离的精准计算。因此，为了能使中轴球恰好地包围外部的网格顶点，首先要计算出网格顶点到体积图元表面的欧氏距离。这类似于计算驻球的思路，世界坐标系中的一个位置点到体积图元表面的欧氏距离的计算也可以被定义为在体积图元上查找一个插值中轴球，使得从这个位置点出发到这个插值球的球面的有符号欧氏距离最小。这个插值球也被简称为该点在体积图元上的最近球。为模型网格的顶点寻找各自在整个体积包络的最近球计算的时间开销是 $O(Nn)$。最近球的计算方法以及相关的证明将在下一章中再做详细介绍，这里先不做展开。

中轴球半径的修正方法可以描述为依次计算每个网格顶点到体积包络表面的有符号距离 d。若距离 d 为正值，则表明该网格顶点在体积图元的外部，把其最近球所在的体积图元的端点中轴球的半径统一地增加到 d 的 1.005 倍的长度，接着再继续下一个网格点的判断。当全部的网格顶点都处于体积包络的内部后，中轴驱动的弹性体变形方法将记录下每个网格顶点的最终最近球的信息(包括体积图元序号和最近球插值参数)，并把最近球视为顶点的固定包围球。在变形过程中，每个体积图元仅需要关心它所包围的网格顶点是否仍然被包围在包围球的内部。

12.4.2 基于位移的半径更新策略

假设任意一个网格顶点 p，它的包围球 m_s 处于中轴锥 $e_{12} = [m_1, m_2]$ 上。m_s 的球心位置向量和半径可分别表示为 $c = \alpha_1 c_1 + \alpha_2 c_2$ 和 $r = \alpha_1 r_1 + \alpha_2 r_2$。$\alpha_1, \alpha_2 \in [0,1]$ 且 $\alpha_1 + \alpha_2 = 1$。因为顶点 p 在 m_s 内部，所以有 $\|x - c\| \leq r$。中轴点 m_1 和 m_2 对应的控制点分别为 H_1、H_2。令向量 $u_1 = T_1(c_1)$ 和向量 $u_2 = T_1(c_2)$ 分别表示球心 c_1、c_2 的位移向量。向量 $\acute{c}$ 表示变形后 m_s 的球心位置向量。则在变形后，顶点 p 到 m_s 的球心的距离可描述为

$$\|x + u - \acute{c}\| = \|x + u - [\alpha_1(c_1 + u_1) + \alpha_2(c_2 + u_2)]\|$$
$$= \|x - c + u - \alpha_1 u_1 - \alpha_2 u_2\| \tag{12-12}$$

首先，假设顶点 p 的位移仅受到控制点 H_1 和 H_2 的影响，有 $u = w_1 T_1(x) + w_2 T_2(x)$。根据三角形不等式，公式(12-12)满足如下不等式：

$$\|x + u - \acute{c}\| = \|x - c + \Delta u_1 + \Delta u_2\| \leq \|x - c\| + \|\Delta u_1\| + \|\Delta u_2\|$$
$$\Leftrightarrow \|x - c + \Delta u_1 + \Delta u_2\| \leq r + \Delta r \tag{12-13}$$

其中，$\Delta r = \|\Delta u_1\| + \|\Delta u_2\|$，$\Delta u_1 = w_1 T_1(x) - t_1 T_1(c_1)$ 和 $\Delta u_2 = w_2 T_2(x) - t_2 T_2(c_2)$。由公式(12-13)可知，$r + \Delta r$ 是顶点 p 到 m_s 的球心距离的一个上限，由向量 Δu_1 和向量 Δu_2 的模长上限共同决定。这里，Δr 即为所要求解出的中轴球半径的变化量。

不失一般性，假设 H_1 和 H_2 均为非线性控制点。进一步地，向量 Δu_1（或向量 Δu_2）可以继续被分解为四个分向量，如下所示：

$$
\begin{aligned}
\Delta u_1 = \big(w_1 U_t(x) - \alpha_1 U_t(c_1)\big)t^1 + \big(w_1 U_a(x) - \alpha_1 U_a(c_1)\big)a^1 \\
+ \big(w_1 \tilde{U}(x) - \alpha_1 \tilde{U}(c_1)\big)\tilde{q}^1 + \big(w_1 \hat{U}(x) - \alpha_1 \hat{U}(c_1)\big)\hat{q}^1
\end{aligned}
\tag{12-14}
$$

其中，四个叠加的分向量依序对应了平移变换分向量、线性变换分向量、同质变换分向量和异质变换分向量(参见 12.2 节)。因此 Δu_1 的模长上限可由这四个分向量的模长上限确定。

根据公式(12-2)可知，$U_t(\cdot)$ 是单位矩阵，因此平移变换分向量的模长上限可计算如下：

$$
\left\|\big(w_1 U_t(x) - \alpha_1 U_t(c_1)\big)t^1\right\| = \left\|(w_1 - \alpha_1)t^1\right\| \leqslant \max\{|w_1 - \alpha_1|\} \cdot \left\|t^1\right\|
\tag{12-15}
$$

换句话说，在每个模拟的时间步内，向量 t^1 的模长是个常量。因此平移分向量的模长上限由 $|w_1 - \alpha_1|$ 的最大值决定。而这个最大值的计算可以直接在预计算阶段完成。

同样根据公式(12-2)可知，$U_a(x)$ 不是一个常量矩阵。把 $U_a(x) = I \otimes x^{\mathrm{T}}$ 代入线性分向量中可得

$$
\begin{aligned}
\big(w_1 U_a(x) - \alpha_1 U_a(c_1)\big)a^1 &= \left[w_1\big(I \otimes x^{\mathrm{T}}\big) - t\alpha_1\big(I \otimes c^{\mathrm{T}}\big)\right]a^1 \\
&= \left[I \otimes (w_1 x - \alpha_1 c)^{\mathrm{T}}\right]a^1
\end{aligned}
\tag{12-16}
$$

进一步推导出线性分向量的模长上限为

$$
\begin{aligned}
\left[I \otimes (w_1 x - \alpha_1 c)^{\mathrm{T}}\right]a^1 &= \left[(w_1 x - \alpha_1 c)^{\mathrm{T}}\big(a_1^1 a_1^{1\mathrm{T}} + a_2^1 a_2^{1\mathrm{T}} + a_3^1 a_3^{1\mathrm{T}}\big)(w_1 x - \alpha_1 c)\right]^{\frac{1}{2}} \\
&\leqslant \max\{\|w_1 x - \alpha_1 c\|\} \cdot \rho^{\frac{1}{2}}\left(\sum_{i=1}^{3} a_i^1 a_i^{1\mathrm{T}}\right)
\end{aligned}
\tag{12-17}
$$

其中，$\rho(\cdot)$ 函数返回的是输入矩阵的谱半径。显然，矩阵 $\sum_{i=1}^{3} a_i^1 a_i^{1\mathrm{T}}$ 是一个对称正定矩阵，因此其特征值全为正数。$\|w_1 x - \alpha_1 c\|$ 的最大值的计算也可以在预计算阶段完成。相同地，同质变换分向量和异质变换分向量的模长上限参照公式(12-17)计算得到。向量 Δu_2 的模长上限的计算遵循式(12-14)~式(12-17)所描述的计算过程。

由公式(12-13)可知在当前变形状态下，一旦中轴球 m_1 和 m_2 的半径被设置为

$r_1 + \Delta r$ 和 $r_2 + \Delta r$，就能够确保原先位于中轴锥 e_{12} 内部的全部网格顶点经历变形后仍然位于中轴锥 e_{12} 的内部。

然而在之前的讨论中，排除了 H_1、H_2 之外的其他控制点的影响。在一般情况下，中轴网格上的其他控制点也会对被包围在中轴锥 e_{12} 内部的网格顶点的位移有作用。此时，顶点 p 的位移向量变为 $u = w_1 T_1(x) + w_2 T_2(x) + w_3 T_3(x)$。$w_3 T_3(x)$ 的上限也采用相同的计算得出。类似地，假如体积图元的类型是中轴夹板，计算过程也仅是需要再多增加一个控制点对位移向量 u 的贡献。而且，由于中轴球会被多个体积图元共享，但每个体积图元都对应一个 Δr，因此最后每个中轴球的半径将是从这些体积图元中找出最大的 Δr 作更新。

12.4.3　基于变形的半径更新策略

尽管上述基于位移的半径更新策略能够确保网格顶点被完全地包围在体积包络内部，但是由于 Δr 是基于世界坐标系中的位移向量作计算得到的，当网格顶点远离变形前的位置时，Δr 的值就会大得极其夸张。体积包络的包围效果变得十分松散的结果是导致后续的碰撞剔除效率严重降低，甚至不起作用。为此，接下来将介绍另外一种中轴球的半径更新策略。该策略对 Δr 的计算是放在体积图元的局部坐标系中进行，能够保持紧凑的包围效果。

一个基本的事实是，模型网格的变形过程可以被描述为刚体运动和局部变形的叠加。可以观察到，假设当模型的变形是纯粹的刚体平移运动或旋转运动时，网格顶点和体积图元之间保持一致的运动状态，中轴球半径并不需要被更新。然而使用基于位移的半径更新策略计算得到 $\Delta r > 0$ [参见公式(12-15)和公式(12-17)]。基于这个观察可以得出结论，要保持紧凑的包围效果，Δr 的计算应该是基于网格顶点和体积图元之间的局部变形的计算，而不是基于全局位移的计算。这就是基于变形的半径更新策略。

为了度量出局部变形，要求在全局位移中完全隐藏掉刚体运动所产生的平移分量和旋转分量。一个最优方案是使用形状匹配方法(参见 3.4 节)。然而，该方法需要花费 $O(N)$ 的时间开销才能计算出对应的平移和旋转，并不符合基于中轴的三维模型弹性模拟框架的设计目标，要求完全使用广义坐标来完成半径的更新计算。由此，刚体运动的平移分量可由体积图元中心点 $\bar{c}$ 的位移向量 $\Delta\bar{c}$ 表示；而旋转分量则通过以中心点 $\bar{c}$ 为旋转中心，对体积图元上的控制点所包含的旋转分量作平均 slerp 球面插值(又称为四元数插值)计算得到，由矩阵 $\bar{R}$ 表示。每个控制点包含的旋转分量是通过对线性变换矩阵 A 作极坐标分解而得。至此，在基于变形的半径更新策略中，网格顶点 p 的局部变形向量 d 表示为

$$d = x + \sum w_j T^j(x) - \left[\bar{R}(x - \bar{c}) + \bar{c} + \Delta\bar{c}\right] \tag{12-18}$$

因为二次非线性自由度分量并不产生刚体运动，因此公式(12-18)中的 $T^j(x)$ 表示平移变换和线性变换。同质变换和异质变换对 Δr 的贡献仍参考公式(12-17)的计算方式。接下来，以体积图元中心点 $\bar{c}$ 为中心，建立一个局部坐标系，且可以被矩阵 $\bar{R}$ 旋转，则世界坐标 x 和对应的局部坐标 x^* 的转化关系为 $x = \bar{R}x^* + \bar{c}$ 。把局部变形向量 d 转换到局部坐标系下表示为

$$
\begin{aligned}
d^* &= \bar{R}^T\left(x + \sum w_j T^j(x) - \left[\bar{R}(x-\bar{c}) + \bar{c} + \Delta\bar{c}\right]\right) \\
&= \bar{R}^T\left(\sum w_j A^j + I\right)x + \bar{R}^T \sum w_j t^j - (x - \bar{c}) - \bar{R}^T(\bar{c} + \Delta\bar{c}) \\
&= \left(\bar{R}^T \sum w_j A^j \bar{R} + I - \bar{R}\right)x^* + \bar{R}^T \sum w_j\left(A^j\bar{c} + t^j\right) - \bar{R}^T\Delta\bar{c}
\end{aligned}
\tag{12-19}
$$

坐标系变换不会改变向量 d 的模长。通过公式(12-19)，可以得到一个局部坐标系下的平移向量 $t^* = \bar{R}^T \sum w_j\left(A^j\bar{c} + t^j\right) - \bar{R}^T\Delta\bar{c}$ 和线性变换矩阵 $A^* = \bar{R}^T \sum w_j A^j \bar{R} + I - \bar{R}$ 。把 t^* 和 A^* 分别代入公式(12-15)和公式(12-17)，计算局部变形向量 d 的模长上限。

与基于位移的半径更新策略比较，基于变形的半径更新策略只是对平移变换和线性变换的分量作了优化处理，其余的计算方法均保持一致。图 12.6 通过弯曲一根底部被固定的仙人掌模型展示了两种方法的效果差异。

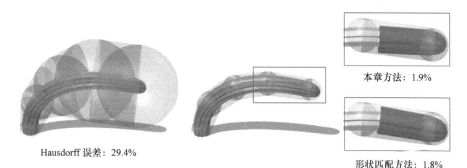

图 12.6　两种半径更新策略比较实验示意图一

在图 12.6(a)和(b)的比较中可以看出，一根仙人掌被包围在由四个中轴锥组成的体积包络内部。仙人掌最顶部的中轴锥包含的局部图元经历了将近90°的大旋转变形。比较局部图元旋转后的形状和初始的形状，两者之间的差别非常微小。然而使用基于位移的半径更新策略得到的新半径非常巨大。另外，在图 12.6(b)中可以看出，采用公式(12-9)计算局部变形所得到的半径更新结果与使用形状匹配变形方法得到的结果十分接近。为了进一步比较两种方法被应用在有更多控制点的模型上的结果，在图 12.7 中展示了一个 Armadillo 模型在手部被固定的情形下，

受到重力作用下垂的变形效果。

(a) 模型表面网格　　　(b) 基于变形的更新　　　(c) 基于位移的更新

图 12.7　两种半径更新策略比较实验示意图二

基于上述对两种半径更新策略的讨论与实验比较，中轴驱动的弹性体变形方法将采用基于变形的半径更新策略来更新变形后的中轴球半径，以保持中轴体积包络的紧凑包围效果，有利于之后的碰撞剔除计算。

12.5　实验结果

为了说明中轴驱动的弹性体变形方法的特点和变形模拟的质量，本节展示几个仅测试变形方法的动画场景。系统运行的硬件环境包括了 3.0G 主频 Intel I7 5960 CPU 和 16.0G 显存版本的 NVIDIA Titan RTX GPU。所参与实验的单个模型的模拟参数如表 12.1 所示。

表 12.1　中轴驱动的弹性体变形方法实验的模拟参数表

实验场景	约束数量(×10⁵)	全空间维度(×10⁵)	子空间维度	全局求解/ms	局部求解/ms
绒毛球	6.11	4.48	15444	2.43	0.62
Armadillo	0.65	0.58	2028	0.32	0.16
枫树	9.32	5.14	21630	2.78	0.91
方盒子	0.09	0.05	186	<0.1	<0.1
Staypuft	2.13	1.47	462	0.12	0.31

12.5.1　与全简化的投影动态法比较实验

因为与本章方法最直接相关的是全简化的投影动态法，因此首先进行两者的对比。这里将展示两组对比实验。第一组实验的模拟场景是一个柔软的绒毛球模型在空中受到重力作用向下掉落，与地板接触后弹起，反复几次后静止在地上。绒毛球模型上包含有很多"触须"，这些尖锐向外的局部形状对使用模型简化技术很不友好。第一组实验比较的结果如图 12.8 所示。

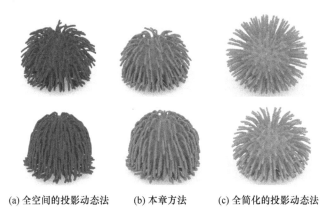

(a) 全空间的投影动态法　　　(b) 本章方法　　　(c) 全简化的投影动态法

图 12.8　与全简化的投影动态法比较实验示意图一

在第一组实验中，依次使用全空间的投影动态法、本章的方法和全简化的投影动态法模拟场景，并且每一种方法都迭代至完全收敛。其中，中轴驱动的弹性体变形方法和全简化的投影动态法都使用了相同的 1286 个控制点构建变形子空间。并且，全简化的投影动态法使用了 10000 个局部约束采样点。可以从图 12.8 顶部的结果图看出，中轴驱动的弹性体变形方法产生了和全空间的投影动态法相似的变形结果。但是，全简化的投影动态法出现了非常僵硬的变形结果，绒毛球模型上的大量"触须"在重力作用下没有形成适当的变形。如图 12.8 顶部的结果图所示，当把绒毛球模型的刚性系数下调使得绒毛球模型变得极度柔软时，全简化的投影动态法才可以使得"触须"稍微下垂。这是因为刚性系数减小有利于减少简化的局部约束计算的残差。即便如此，中轴驱动的弹性体变形方法生成的结果还是要优于全简化的投影动态法，更加接近于全空间的投影动态法。

第二组的实验场景是 Armadillo 模型在空中受到重力作用向下掉落，并在途中与三根静止的玻璃棍子相撞，最后掉落到地板上。第二组实验比较的结果如图 12.9 所示。

在第二组实验中，三种方法同样迭代至完全收敛。中轴驱动的弹性体变形方法和全简化的投影动态法都使用了相同的 130 个控制点构建变形子空间。全简化的投影动态法使用了 1000 个局部约束采样点。从图 12.9 中可以看出，中轴驱动的弹性体变形方法的结果依然接近全空间的投影动态法的结果，但是和全简化的投影动态法所生成的结果比较，视觉上的差异比不上第一组实验那么巨大。这是因为 Armadillo 模型形状比绒毛球模型要光滑许多，这使得全简化的投影动态法求解局部约束的简化时的残差较小。

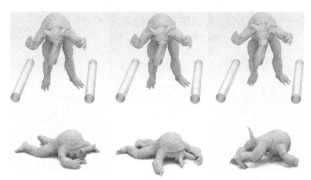

(a) 全空间的投影动态法　　　(b) 本章方法　　　(c) 全简化的投影动态法

图 12.9　与全简化的投影动态法比较实验示意图二

12.5.2　与子结构变形方法比较实验

在中轴驱动的弹性体变形方法所定义的变形子空间中，每个控制点都可以被视为局部变形域，控制点上的自由度完全表达了这个局部子空间的变形。所以，中轴驱动的弹性体变形方法也类似于一些基于多变形域的方法。使用中轴驱动的弹性体变形方法与这类方法中比较具有代表性的子结构变形方法的比较实验结果如图 12.10 所示。

(a) 本章的方法　　　　　　　(b) 子结构变形方法

图 12.10　与子结构变形方法比较实验示意图

在图 12.10 所示的模拟场景中，一个枫树模型受到变化的风力作用产生来回摇摆的运动。在本章的方法中，在模型上放置了 1771 个控制点。相同地，在子结构变形方法中，把模型网格分割为 1771 个子域。从模拟结果可以看出，两种方法都可以产生非常自然、灵活的变形效果。

12.5.3　不同弹性材料模拟实验

中轴驱动的弹性体变形方法实现对不同超弹性材料的模拟。实验设计 5 个 Armadillo 模型从空中受重力作用逐个下落，中途掉落到一个静止的楼梯上，并沿着楼梯滚落到地面上。在此过程中 Armadillo 模型之间相互碰撞。这 5 个 Armadillo 分别被设置为 StVK、Co-rotational、Neo-Hookean、Mooney-Rivlin 和 Arruda-Boyce5 类超弹性材质。参照 Sifakis 等提出的标准模型简化方案，把公式(12-7)映射到公式(12-5)中矩阵 U 的列空间中，这使得全局计算的系统矩阵是一个时变的稠密矩阵，不利于使用 GPU 并行计算。在这个实验中，尽管可以运用 Cubature 方法有效地估算内力向量和刚度矩阵，但是全局计算要在 CPU 上完成，再把结果传递给 GPU 显存。这个实验的 FPS 也仅有 1.2。实验的模拟效果如图 12.11 所示。

图 12.11　模拟不同弹性材料实验示意图

12.5.4　压缩变形实验

上述几个实验验证了本章方法的优点，接下来的这个实验将展示本章方法的不足。尽管中轴驱动的弹性体变形方法在普遍情况下都可以生产令人满意的变形效果，然而当动画中需要做许多压缩的变形效果时，中轴驱动的弹性体变形方法会处理得比较复杂。

压缩变形的实验被设计为一个玻璃板子分别挤压一个方盒子模型和一个 Staypuft 模型。实验的对比方法为基于有限元的变形方法。压缩变形实验如图 12.12 所示。

从图 12.12 可以看出，在压缩方盒子模型的这个例子中，使用中轴驱动的弹性体变形方法做压缩模拟实验时，会出现一些不自然的变形效果。这是因为方盒子模型上仅包含了三个非线性控制点。子空间中没有足够的自由度表达方盒子模

(a) 基于有限元的变形方法

(b) 本章方法

图 12.12 压缩变形实验示意图

型被压缩时的体积鼓起的变形。而在压缩 Staypuft 模型这个实验中，在 Staypuft 模型上设置了多达 21 个仿射控制点和 7 个非线性控制点，才得到一个稍微好点的压缩变形效果。

12.6 本章小结

本章概述基于中轴的三维模型弹性模拟框架——Medial Elastics 的设计理念，分析了把模型变形和碰撞检测统一到同一个广义坐标上进行计算的优势，并总结这个新的模拟框架的主要贡献。本章详细介绍了中轴驱动的弹性体变形方法的子空间的构造方式，并详细地讨论和分析了如何最优地把模型简化方法和投影动态法相结合，使得中轴驱动的弹性体变形方法成为一种半简化的投影动态法。为了确保变形后的体积包络能够被用于碰撞剔除中，本章还分别介绍和比较了两种不同的中轴球半径更新策略。实验结果表明，中轴驱动的弹性体变形方法的模拟效果接近于全空间的投影动态法，能够表现出丰富灵活的变形细节。在本章的实验结果中，并没有过多讨论中轴驱动的弹性体变形方法的计算效率，相关内容将在第 13 章的实验结果中进行详细介绍。

参 考 文 献

[1] Bouaziz S, Martin S, Liu T, et al. Projective dynamics: Fusing constraint projections for fast simulation[J]. ACM Transactions on Graphics, 2014, 33(4): 154.

[2] James D L, Pai D K. BD-tree: Output-sensitive collision detection for reduced deformable models[J]. ACM Transactions on Graphics, 2004, 23(3): 393-398.

[3] Barbič J, James D. Time-critical distributed contact for 6-DoF haptic rendering of adaptively sampled reduced deformable models[C]//Proceedings of ACM SIGGRAPH/Eurographics Symposium on Computer Animation, 2007: 171-180.

[4] Barbič J, James D L. Subspace self-collision culling[J]. ACM Transactions on Graphics, 2010, 29(4): 81.

[5] Zheng C, James D L. Energy-based self-collision culling for arbitrary mesh deformations[J]. ACM

Transactions on Graphics, 2012, 31(4): 98.

[6] Teng Y, Otaduy M A, Kim T. Simulating articulated subspace self-contact[J]. ACM Transactions on Graphics, 2014, 33(4): 106.

[7] Bargteil A W, Cohen E. Animation of deformable bodies with quadratic Bezier finite elements[J]. ACM Transactions on Graphics, 2014, 33(3): 27.

[8] Jacobson A, Baran I, Popović J, et al. Bounded biharmonic weights for real-time deformation[J]. ACM Transactions on Graphics, 2011, 30(4): 7.

第 13 章　中轴驱动的碰撞检测方法研究

第 12 章介绍了中轴驱动的弹性体变形方法，本章介绍中轴驱动的碰撞检测方法。这两种方法共同组成了基于中轴的三维模型弹性模拟框架，即 Medial Elastics。这一章将详细介绍如何利用中轴网格实现高层碰撞剔除和低层碰撞检测计算。最后，实验结果表明了 Medial Elastics 能够模拟出多个具有高网格分辨率的模型在复杂碰撞场景中产生的弹性变形效果，所模拟出的场景动画的视觉效果十分赏心悦目，并且计算高效、数值稳定，可以进行实时交互(15 帧/s 左右)。

13.1　基于中轴网格的高层碰撞剔除

中轴驱动的碰撞检测方法的主要特点是把中轴网格的体积图元用作包围盒，参与碰撞剔除计算。在预处理阶段，首先对中轴球的半径进行调整。在变形阶段，变形计算模块采用了基于变形的半径更新策略，保证了体积包络始终紧密地包裹着模型网格。而在接下来的高层碰撞剔除阶段，碰撞检测模块将通过判断所有体积图元两两之间是否相交，进而判断相交的体积图元内部的三角形片段是否发生相交。因为体积图元的类型不同，体积图元的相交测试对象也不同，主要有三种类型：中轴锥和中轴锥、中轴锥和中轴夹板以及中轴夹板和中轴夹板。

要通过体积图元识别潜在的他碰撞或自碰撞，必须能够计算得到两个信息：一是两个体积图元是否相交；二是如果两个体积图元相交，则定位潜在碰撞发生的位置。这两个信息可以同时从体积图元之间的最小表面距离获取。这个最小表面距离是一个有符号的欧氏距离，当这个距离值为负值或 0 时，表示两个体积图元一定相交。并且度量这个距离的两个表面点，是各自相交进入对方内部的最深点。最深点位置附近的三角形片段也是最有可能发生相交的。

13.1.1　中轴锥之间的相交测试

下面先以中轴锥和中轴锥之间的相交测试为例，介绍中轴驱动的碰撞检测方法关于碰撞剔除的计算，然后再扩展到其他类型的相交测试上。

假设两个中轴锥 $e_1 = \{m_{11}, m_{12}\}$ 和 $e_2 = \{m_{21}, m_{22}\}$，它们上面任意的插值中轴球 m_1 和 m_2 由线性插值参数 t_1 和 t_2 确定，m_1 和 m_2 的球心位置向量和半径表达式则为

$$c_1 = t_1 c_{11} + (1 - t_1) c_{12}, \quad c_2 = t_2 c_{21} + (1 - t_2) c_{22}$$

$$r_1 = t_1 r_{11} + (1-t_1) r_{12}, \quad r_2 = t_2 r_{21} + (1-t_2) r_{22} \tag{13-1}$$

则中轴锥 e_1 和 e_2 之间的最小表面的欧氏距离被定义为

$$d(t_1,t_2) = \min \|x_1 - x_2\|$$

$$\text{s.t.} (x_1-c_1)^T(x_1-c_1) = r_1^2, \quad (x_2-c_2)^T(x_2-c_2) = r_2^2, \quad t_1,t_2 \in [0,1] \tag{13-2}$$

其中，x_1 和 x_2 表示中轴锥 e_1 和 e_2 表面上的任意两个点，同时它们也一定是插值中轴球 m_1 和 m_2 的球面点。显然，公式(13-2)是一个二次约束二次规划问题。由于体积图元的几何对称性和未知数的数量较少，这个问题可以被直接求得解析解，并不需要文献[1]～[3]中求解类似 QCQP 问题时使用的双值查找方法，迭代计算仅得到近似解。类似于 3.3.1 节的距离场定义，求解公式(13-2)等同于在中轴锥 e_1 和 e_2 之间寻找两个球面距离最小的插值中轴球，公式(13-2)可被改写为

$$\min f(t_1,t_2) = \|c_1-c_2\| - (r_1+r_2)$$
$$= \sqrt{S} - (R_1 t_1 + R_2 t_2 + R_3) \tag{13-3}$$

其中，各符号的表达式为

$$\begin{cases} S = At_1^2 + Bt_1t_2 + Ct_2^2 + Dt_1 + Et_2 + F \\ A = (c_{11}-c_{12})^T(c_{11}-c_{12}), \quad B = -2(c_{11}-c_{12})^T(c_{21}-c_{22}) \\ C = (c_{21}-c_{22})^T(c_{21}-c_{22}), \quad D = 2(c_{11}-c_{12})^T(c_{11}-c_{12}) \\ E = -2(c_{21}-c_{22})^T(c_{12}-c_{22}), \quad F = (c_{12}-c_{22})^T(c_{12}-c_{22}) \\ R_1 = r_{11}-r_{12}, \quad R_2 = r_{21}-r_{22}, \quad R_3 = r_{12}-r_{22} \end{cases} \tag{13-4}$$

因为公式(13-3)存在求根计算，所以其计算难以高效。但需要注意的是，当中轴锥 e_1 和 e_2 相交时，在它们的表面一定存在交点(先不讨论一个中轴锥完全进入另外一个中轴锥内部的情形)。换句话说，判断中轴锥 e_1 和 e_2 是否相交，并不依赖于公式(13-3)的值的符号，只需要判断公式 $f(t_1,t_2)=0$ 是否存在实数解。当且仅当 $f(t_1,t_2)=0$ 有至少一个实数解时，表示中轴锥 e_1 和 e_2 相交，再进一步计算出公式(13-3)的值以确定相交最深点位置。

又因为 $\|c_1-c_2\|$ 和 r_1+r_2 是正数，因此判断 $f(t_1,t_2)=0$ 是否存在实根等效于判断 $g(t_1,t_2)=0$ 是否存在实根，有

$$g(t_1,t_2) = \|c_1-c_2\|^2 - (r_1+r_2)^2$$
$$= A't_1^2 + B't_1t_2 + C't_2^2 + D't_1 + E't_2 + F' \tag{13-5}$$

其中，$g(t_1,t_2)$ 是一个二元二次函数；$A' = A - R_1^2$；$B' = B - 2R_1R_2$；$C' = C - R_2^2$；$D' = D - 2R_1R_3$；$E' = E - 2R_2R_3$；$F' = F - R_3^2$。从代数几何的观点来看，公式(13-5)

表示的是一条二次曲线,且一定是椭圆、抛物线、双曲线(仅需考虑实数域)。这条二次曲线把 $g(t_1,t_2)$ 的值域分为 $g(t_1,t_2)>0$ 的正数区间和 $g(t_1,t_2)<0$ 的负数区间。如果把 t_1,t_2 的定义域 $[0,1]$ 视为一个能够在值域空间中滑动的方盒子,则只有当这个方盒子完全位于正数区间范围内时,$g(t_1,t_2)>0$ 恒成立。否则,$g(t_1,t_2)\leqslant 0$ 必然存在满足定义域的实根。所以,判断中轴锥 e_1 和 e_2 是否相交,又等效于判断 $[0,1]$ 表示的方盒区间是否完全处于 $g(t_1,t_2)$ 值域的正数区间中。

这个问题的求解流程及推论如下:

(1) 首先计算将方盒区间的四个角点 $(0,0)$、$(0,1)$、$(1,1)$、$(1,0)$ 代入 $g(t_1,t_2)$,一旦有任意一个角点使得 $g(t_1,t_2)\leqslant 0$,则返回中轴锥 e_1 和 e_2 相交。否则进入步骤(2)。

(2) 依次判断方盒区间的四条边界是否和二次曲线相交,如果有任意一条边界与二次曲线相交,则返回中轴锥 e_1 和 e_2 相交。否则进入步骤(3)。例如,令 $t_2=0$,如果求解 $g(t_1,0)=0$ 时有 $t_1\in[0,1]$,则表示边界和二次曲线相交,这条边界的某些区域一定处于负数区间范围内或和二次曲线重合。

(3) 判断二次曲线的类型是否为椭圆。当且仅当二次曲线是椭圆,且椭圆的中心 (t_x,t_y) 的值 $g(t_x,t_y)<0$,返回中轴锥 e_1 和 e_2 相交,否则不相交。

这里,步骤(3)的判断依据是如果二次曲线是抛物线或双曲线,则意味着正数区间和负数区间都是开放的。又由步骤(2)得知,方盒区间的四条边界都不与二次曲线相交,故而方盒区间一定完全处于正数或负数区间中。再由步骤(1)得知,方盒区间的四个端点都在正数区间上,从而可推知当二次曲线是抛物线或双曲线,中轴锥 e_1 和 e_2 不相交。反之,如果二次曲线是椭圆,则正数区间或负数区间必将完全在椭圆内部。此时,由步骤(1)可知若椭圆内为正数区间,方盒区间必然完全在椭圆内部,所以 $g(t_1,t_2)>0$ 恒成立,中轴锥 e_1 和 e_2 不相交。若椭圆内为负数区间,椭圆必然完全在方盒区间内部,因此必定存在 $g(t_1,t_2)<0$ 的根。所以通过椭圆中心点的值 $g(t_x,t_y)$ 的符号判断椭圆内部是值域的正数区间还是负数区间。

另外,如果一个中轴锥完全进入另外一个中轴锥的内部,$g(t_1,t_2)<0$ 恒成立。这种情形下在步骤(1)中就可以被判定为相交。综上所述,中轴锥和中轴锥之间的相交测试算法的判断条件是完备的。

13.1.2 相交最深点计算

在确定中轴锥 e_1 和 e_2 相交的前提下,接着要找出中轴锥 e_1 和 e_2 各自进入对方内部的最深位置,则需要求解公式(13-3),计算出中轴锥 e_1 和 e_2 表面之间的最小的欧氏距离。特别地,通过对公式(13-3)和公式(13-4)的分析可知,$A>0$、$C>0$ 和 $4AC-B^2\geqslant 0$ 恒成立,中轴锥 e_1 和 e_2 的相交一共有 5 种情形,分别讨论如下:

情形一是当 $4AC-B^2=0$ 时，向量 $c_{11}-c_{12}$ 和向量 $c_{21}-c_{22}$ 互相平行。若把 t_1 或 t_2 中的一个值固定，而在定义域 $[0,1]$ 范围内滑动另外一个值，都可以找到 S 的最小值。换句话说，$\dfrac{\partial S}{\partial t_1}$ 和 $\dfrac{\partial S}{\partial t_2}$ 是相互线性依赖的，从而导致存在无限多个 (t_1,t_2) 使得 S 最小。此时，函数 $f(t_1,t_2)$ 的最小化完全由 R_1 和 R_2，还有定义域 $[0,1]$ 方盒区间的四个角点共同决定，S 将不会对函数 $f(t_1,t_2)$ 的最小化起到任何作用。

而当 $4AC-B^2>0$ 时。令公式(13-3)的一阶偏导数为 0，有

$$\begin{cases} \dfrac{\partial f(t_1,t_2)}{\partial t_1}=\dfrac{1}{2\sqrt{S}}(2At_1+Bt_2+D)-R_1=0 \\ \dfrac{\partial f(t_1,t_2)}{\partial t_2}=\dfrac{1}{2\sqrt{S}}(Bt_1+2Ct_2+E)-R_2=0 \end{cases} \tag{13-6}$$

显然，$\sqrt{S}$ 存在一个奇异点 (t_1^*,t_2^*) 使得 $S=0$，此时两条中轴边所表示的直线相交。若 $(t_1^*,t_2^*)\in[0,1]$，则 (t_1^*,t_2^*) 使得函数 $f(t_1,t_2)$ 最小。否则，通过求解公式(13-6)找到函数 $f(t_1,t_2)$ 的最小值。这个求解过程需要进一步讨论 R_1 和 R_2 的值的情况，并且在多数情形下，公式(13-6)都可以改写为如下一个关于 t_1 或 t_2 的一元二次方程的形式：

$$X_1t_1^2+X_2t_1+X_3=0 \text{ 或 } Y_1t_2^2+Y_2t_2+Y_3=0 \tag{13-7}$$

情形二是当 $R_1=0$ 和 $R_2=0$ 时，公式(13-6)变为一组二元一次方程，可以直接解出 $t_1=\dfrac{BE-2CD}{4AC-B^2}$ 和 $t_2=\dfrac{BD-2AE}{4AC-B^2}$。

情形三是当 $R_1=0$ 和 $R_2\neq0$ 时，有 $t_1=H_1t_2+K_1$、$H_1=\dfrac{-B}{2A}$ 和 $K_1=\dfrac{-D}{2A}$。进一步把如下系数代入公式(13-7)以求出 t_2：

$$\begin{cases} Y_1=(2C+BH_1)^2-4R_2^2(AH_1^2+BH_1+C) \\ Y_2=2(2C+BH_1)(BK_1+E)-4R_2^2(2AH_1K_1+BK_1+DH_1+E) \\ Y_3=(BK_1+E)^2-4R_2^2(AK_1^2+DK_1+F) \end{cases}$$

情形四是 $R_1\neq0$ 和 $R_2=0$ 时，与情形三的代数形式是对称的，有 $t_2=H_2t_1+K_2$、$H_2=\dfrac{-B}{2C}$ 和 $K_2=\dfrac{-E}{2C}$。进一步把如下系数代入公式(13-7)以求出 t_1：

$$\begin{cases} X_1=(2A+BH_2)^2-4R_1^2(A+BH_2+CH_2^2) \\ X_2=2(2A+BH_2)(BK_2+D)-4R_1^2(BK_2+2CH_2K_2+D+EH_2) \\ X_3=(BK_2+D)^2-4R_1^2(CK_2^2+EK_2+F) \end{cases}$$

情形五是当 $R_1 \neq 0$ 和 $R_2 \neq 0$ 时，这是最一般的中轴锥相交的情况。直接求解公式(13-6)有

$$\frac{2At_1 + Bt_2 + D}{t_1 + 2Ct_2 + E} = \frac{2R_1\sqrt{S}}{2R_2\sqrt{S}} = \frac{R_1}{R_2}$$

$$\Rightarrow \left(2AR_2 - BR_1\right)t_1 = \left(2CR_1 - BR_2\right)t_2 + \left(ER_1 - DR_2\right)$$

$$\Rightarrow L_1t_1 = L_2t_2 + L_3$$

进一步地分别讨论 L_1 或 L_2 是否为 0 的情况，然后代入公式(13-7)则可以解出 t_1 和 t_2 的值。

在上述讨论的五种情形中，假如所求得的 $t_1 < 0$ ，则令 $t_1 = 0$ 。假如 $t_1 > 1$ ，则令 $t_1 = 1$ 。同理，对 t_2 也作相同处理。中轴锥之间相交的五种情形的几何表现如图 13.1 所示。

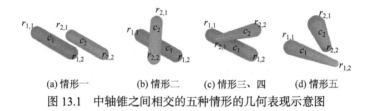

(a) 情形一　　　(b) 情形二　　　(c) 情形三、四　　　(d) 情形五

图 13.1　中轴锥之间相交的五种情形的几何表现示意图

通过上述的讨论，可以计算得到中轴锥 e_1 和 e_2 的表面最小距离 $d\left(t_1,t_2\right)$ ，以及 t_1 和 t_2 对应的两个插值中轴球 m_1 和 m_2 ，则中轴锥 e_1 和 e_2 各自进入对方内部的最深点 p_1^e 和 p_2^e 分别为

$$\begin{cases} p_1^e = r_1\left(c_2 - c_1\right) + c_1 \\ p_2^e = c_2 - r_2\left(c_2 - c_1\right) \end{cases} \tag{13-8}$$

13.1.3　不同类型体积图元间的碰撞剔除

经过分析可知，不同类型的碰撞剔除的问题结构都是一致的。只是对于另外两个类型作相交测试时，函数 $g = 0$ 将表示的是一个二次曲面或超曲面。即便如此，这个问题的计算结构并没有发生变化，可以将关于二次曲面或超曲面的问题逐步降维，直至变为多个关于二次曲线的问题。例如，以判断定义域的角点(3D 点或 4D 点)处对应的函数 g 的值是否为负数开始，接着依次固定某个或多个未知量，判断二次曲面或超曲面是否相交于定义域的边界平面或边界曲面(降维求解问题)。如果前两个条件都不能确定体积图元是否相交，最后再判断二次曲面或超曲面是否是一个椭球体或超椭球体，以及其中心位置对应的函数 g 的值是否为负数。至此，完成两个体积图元的相交测试。

而对于相交最深点计算的计算问题，从上述的讨论过程可知，除了中轴线的

平行外，所有的讨论都是围绕在各自中轴锥的端点中轴球半径是否相同展开的。因此，对于两个中轴锥的讨论就有 4 种情形。参照这个方式，关于中轴锥和中轴夹板的讨论将有 8 种情形，而关于中轴夹板之间的讨论有 16 种情形。然而，有很多情形的问题在代数形式上不是独立的，而是对称的。例如，中轴锥之间的情形三和情形四。因此，为了避免在方法实现时出现冗余的计算，可以把相交最深点的计算过程抽象化。

假设存在组成体积图元的任意一个中轴锥 ε_k 以及相应的插值系数 t_k，令二进制数 $B_k = 0$ 或 1，端点中轴球半径相同或不同。当 $B_k = 0$ 时，$\dfrac{\partial f}{\partial t_k}$ 是一个二元一次线性方程；当 $B_k = 1$ 时，$\dfrac{\partial f}{\partial t_k}$ 是一个二元二次方程。据此可知，对于中轴锥之间相交的情形二到情形五，可以被编码为 00、01、10、11。因为 01 和 10 的代数表达式是对称的，实现时可以把这两种情况统一在同一个代数形式上计算。所以除了两条中轴边平行的情况外，在中轴锥之间的相交最深点计算只需要讨论三种独立的情形。类似地，对于中轴锥和中轴夹板之间的相交最深点的计算，因为一共包含有三个独立的中轴锥，除了中轴边和中轴三角面平行的情况外，只需要讨论 000、001、011 和 111 共四种独立情形。而对于中轴锥之间的计算，除了两个中轴面平行的情况外，只需要讨论 0000、0001、0011、0111 和 1111 共五种独立情形。

由于未知数的数量有限，所以最深点的计算尽管比 AABB 或球包围盒复杂，但是依然高效。除了全部的 $B_k = 1$ 的情形外，其余独立情形的计算过程，都把二次方程转化为一个线性方程。而对于全部的 $B_k = 1$ 的情形，共有 2^K 个可能的解，其中 $K = \{2,3,4\}$ 表示的是每种相交测试类型的独立中轴锥个数。

13.1.4　空间点到体积图元的最近球

在 12.4 节中提到为每个模型网格顶点在体积图元上寻找一个最近球。显然，这个最近球的计算过程是对公式(13-2)的简化，即把公式(13-2)中的一个未知向量 x_1 或 x_2 替换为一个已知的网格顶点位置向量进行求解。整个计算问题的结构保持不变。

13.1.5　实现细节

在碰撞剔除的实现设计中，在预处理阶段要建立一个相交测试列表。在这个列表中，分别保存了所有可能的体积图元对组合，同时包括有他碰撞和自碰撞。特别地，考虑到中轴网格的拓扑性，在收集检测自碰撞的体积图元对时，将排除那些共享相同中轴球的体积图元对。假设在共享中轴球内部附近的三角形网格不会发生自碰撞，这个假设是合理的，因为中轴驱动的弹性体变形方法没有对局部计算中的四面体应变约束作简化，其所产生的变形效果将趋向于"最刚性"。整个碰撞剔除计算的时间开销为 $O(n^2)$，n 表示的是模拟场景中总体积图元个数。

在碰撞剔除阶段，整个相交测试列表中记录的体积图元在 GPU 上并行地进行相交测试，获取发生相交的体积图元对的最近球的插值参数，进而计算相交最深点位置。

13.2　低层碰撞检测与响应

通过上述的高层碰撞剔除过程，可以得到一个保存有全部相交最深点位置的列表。在低层的碰撞检测中，需要从各个相交最深点的位置附近，收集到所有潜在发生碰撞的三角形对，进行精确的三角形相交测试。最后，再通过碰撞响应把相交的三角形分离开。

13.2.1　潜在碰撞三角形对列表生成

为了能够把模型表面网格的三角形和相交最深点的位置关联起来，中轴驱动的碰撞检测方法采用了空间细分[4]的方法，把整个模拟场景的空间进行剖分，表示为体素化网格。因此，每个体素都涵盖了一小块空间。中轴驱动的碰撞检测方法将遍历所有的三角形，假如三角形的中心点在一个体素内，则分配给这个三角形一个体素索引。体素的尺寸被设置为场景中模型网格中最长的三角形的边，这样能保证每个三角形能跨越的体素最少。具有相同体素索引的三角形将组成一个集合，假如对应体素包含有相交最深点，则集合内的三角形将一一组合为碰撞检测对，加入到待检测三角形对列表中。最后，并行计算列表中的所有三角形对是否真正地发生相交。

13.2.2　碰撞响应

Medial Elastics 的碰撞响应提供了两种方式，一种是惩罚力的方式[5,6]；另一种是局部约束的方式。在投影动态法中，碰撞也被认为是一种约束类型。然而，与其他类型约束不同的是，碰撞约束并不是一个固定的约束，而是在模拟过程中不停地产生变化。在全局计算中加入碰撞约束将会导致系统矩阵不再是一个常量矩阵，因而不能够被预分解。然而，这个局限将不会出现在 Medial Elastics 中。通过分析可知，碰撞约束的加入并不会使子空间映射矩阵发生改变，因此 Medial Elastics 为所有的网格顶点都施加了一个虚拟的碰撞约束。如果一个网格顶点没有发生碰撞，碰撞约束的投影目标可以保持和任意一个与之关联的非线性应变约束的投影目标一致。而当这个网格顶点发生碰撞时，把碰撞约束的投影目标设置到最近的无碰撞位置上(沿着碰撞三角形外法线移出该点)。这个碰撞约束相当于在所有网格顶点上都施加了一根虚拟弹簧。当碰撞发生时，这根虚拟弹簧才会起作用。局部约束的方式会比惩罚力的方式所带来的视觉效果更真实，但是当模型在一个时间步中出现大量的碰撞事件时，迭代计算的收敛性会大受影响，导致需要更多的迭代次数，从而降低计算效率。类似的问题在 Komaritzan 等[7]的工作中也有讨论。

13.3　实　验　结　果

为了展示 Medial Elastics 将变形计算和碰撞检测统一到相同坐标下进行计算而获得的优势，本节将设计三个碰撞变形场景的模拟实验，在这三个场景中，所使用的模型网格分辨率达到几十万甚至百万量级，碰撞也都包含了他碰撞和自碰撞。这三个场景依次是恐龙和仙人掌簇碰撞变形实验、多个 Staypuft 和仙人掌簇碰撞变形实验、海盗船碰撞变形实验。整个模拟框架完全采用了 GPU 并行计算方式实现，实现平台和实验环境与 12.5 节所述一致。实验结果表明，本章提出的模拟框架不仅能够表现出精致的模拟效果，而且所有场景在复杂的碰撞环境下，模拟效率依然能够达到可交互级别。参与实验的单个模型的模拟参数如表 13.1 所示。实验模拟的三个场景的计算效率的详细统计如表 13.2 所示。在表 13.2 中，全局求解和局部求解均统计的是在一个迭代步骤中的时间开销；变形计算统计的是整个迭代过程的时间开销；碰撞剔除包括了体积图元相交测试和生成潜在碰撞的三角形对列表所需的时间；碰撞检测统计的时间为作三角形相交测试的时间；FPS 为整个模拟过程的平均动画帧率。

表 13.1　**Medial Elastics 模拟实验的模型参数表**

模型	约束数量($\times 10^5$)	表面三角面($\times 10^5$)	全空间维度($\times 10^5$)	子空间维度	全局求解/ms	局部求解/ms
恐龙	1.94	1.14	1.71	1404	0.24	0.28
仙人掌 1	2.32	1.39	1.89	5076	0.49	0.33
仙人掌 2	2.44	1.15	1.94	4812	0.46	0.39
仙人掌 3	0.95	0.58	0.63	288	0.11	0.19
仙人掌 4	0.34	0.13	0.26	372	0.12	0.14
仙人掌 5	0.47	0.24	0.37	540	0.13	0.14

续表

模型	约束数量(×10⁵)	表面三角面(×10⁵)	全空间维度(×10⁵)	子空间维度	全局求解/ms	局部求解/ms
仙人掌6	0.38	0.12	0.28	336	0.1	0.13
仙人掌7	0.27	0.06	0.19	312	0.1	0.12
仙人掌8	0.13	0.03	0.10	240	<0.1	<0.1
Staypuft	2.13	0.37	1.47	462	0.12	0.31
海盗船	4.82	2.36	2.36	2526	0.4	0.52

表 13.2　Medial Elastics 模拟实验的计算效率统计表

场景	全局求解/ms	局部求解/ms	变形计算/ms	碰撞剔除/ms	碰撞检测/ms	帧速/(帧/s)
场景一	2.2	0.9	39.3	9.6	4.4	18.6
场景二	2.4	1.7	43.2	14.5	3.7	16.4
场景三	0.4	0.52	43.8	13.8	4.7	16

13.3.1　与层次包围盒方法比较实验

第一个模拟场景是恐龙和仙人掌簇碰撞变形实验。在这个场景中，一个在空中带有初速度的恐龙模型在重力作用下撞进由 8 根仙人掌模型组成的仙人掌簇中，因为碰撞引起恐龙和仙人掌的运动变形。在这个过程中频繁地出现恐龙与仙人掌之间、仙人掌与其他仙人掌的他碰撞，还有仙人掌的自碰撞。

将体积图元用作包围盒处理的好处是通过少量的体积图元就可以达到紧凑的包围效果。尽管没有层次结构的组织，使用 GPU 进行暴力检测的时间复杂度也仅为 $O(n^2)$。为了把中轴驱动的碰撞检测方法和传统的层次包围盒方法作全面的比较，同时对相同的动画序列采用了 AABB 层次包围盒和球层次包围盒方法进行比较。比较的情况有两种：一是层次包围盒方法在叶子层的包围盒数量和体积图元数量是相同数量级；二是层次包围盒方法在叶子层包围的 Hausdorff 误差和体积包络的 Hausdorff 误差是相同数量级。为了能够显示不同方法之间的视觉差别，对检测到的体积图元最深碰撞点所在的空间体素网格进行高亮显示(红色表示他碰撞，绿色表示自碰撞)，同时把在叶子层发生碰撞的 AABB 包围盒和球包围盒渲染出来。实验结果如图 13.2 所示。

从图 13.2 所示的实验结果可以看出，当层次包围盒方法在叶子层的包围盒数量和体积图元数量基本一致时，叶子层的包围效果非常松散。这时层次树的层次较少，不能够对模型做细致的分割。尽管遍历这样的层次树结构能非常快速地

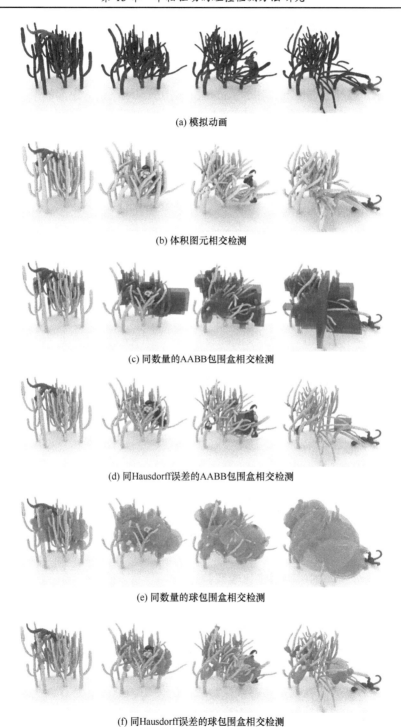

(a) 模拟动画

(b) 体积图元相交检测

(c) 同数量的AABB包围盒相交检测

(d) 同Hausdorff误差的AABB包围盒相交检测

(e) 同数量的球包围盒相交检测

(f) 同Hausdorff误差的球包围盒相交检测

图 13.2　与层次包围盒方法比较实验示意图

到达叶子层，但是叶子层的包围盒的体积过于巨大，几乎所有的包围盒都处于相交状态，并且每个包围盒内又包含了数量众多的三角形面片，这样的包围盒几乎起不到碰撞剔除的作用。

反过来，另外一种情况，叶子层也提供和体积包络一致的包围效果。从图 13.2 中可以看出，叶子层包围盒的体积变小许多，相应的叶子层的碰撞事件也随之减少。尽管如此，这种情况下叶子层包围盒的碰撞剔除效率也不如中轴驱动的碰撞检测方法。这里，碰撞剔除效率被计算为碰撞剔除后，需要检测的三角形对数量除以采用暴力计算方式需要检测的三角形对数量。碰撞剔除效率数值越低，表示碰撞剔除效果越好。恐龙和仙人掌簇碰撞变形实验的碰撞剔除效率对比示意图如图 13.3 所示。

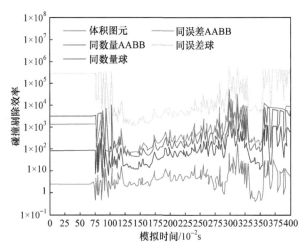

图 13.3　与层次包围盒方法比较实验的碰撞剔除效率示意图

另外，因为模型表面网格的分辨率很高，每次模型变形完成后都需要遍历所有的三角形以更新层次包围盒，这个过程是沉重的计算负担。综上所述，中轴驱动的碰撞检测方法优于传统的层次包围盒结构。

13.3.2　不同分辨率的中轴网格比较实验

Medial Elastics 利用了中轴网格作为工具将变形计算和碰撞检测的计算元素进行统一，因此，中轴网格的分辨率同时制约着变形质量和模拟效率。为了验证中轴分辨率对模拟质量和碰撞剔除效率的影响，在恐龙和仙人掌簇碰撞变形实验中分别采用低、中、高三种不同分辨率的中轴网格，并分别与 4.4 节介绍的两种中轴球半径更新方法作不同组合的比较实验。因为中轴网格的分辨率不同，导致了控制点数量的差别和对模型包围效果的差别。控制点数量由低到高有 133 个、266 个和 532 个。对比实验结果如图 13.4 所示。

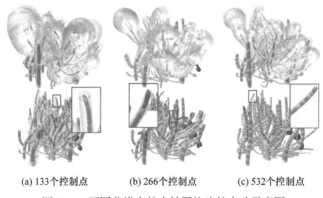

(a) 133个控制点　　　(b) 266个控制点　　　(c) 532个控制点

图 13.4　不同分辨率的中轴网格比较实验示意图

在图 13.4 中，第一行采用的是基于位移的半径更新方法，第二行采用的是基于变形的半径更新方法。从实验结果可以得出另外一个结论，当模型被严重简化时，如图 13.4(a)所示，更新变形后体积图元所提供的包围效果也严重降低，变形也显得更僵硬。反之，模型控制点数量越多越密集，如图 13.4(c)所示，基于变形的半径更新方法几乎保持了初始状态的包围效果，但同时也会导致碰撞检测的计算大量增加。适当分辨率的中轴网格，如图 13.4(b)所示，已经能够捕捉足够丰富的变形和提供紧凑的包围效果。不同分辨率的中轴网格的比较实验的 Hausdorff 误差对比结果如图 13.5 所示。

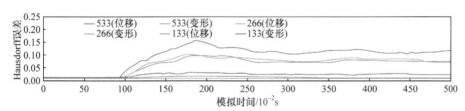

图 13.5　不同分辨率的中轴网格比较实验的 Hausdorff 误差示意图

从图 13.5 可以看出，无论采用哪种半径更新方法，中轴网格分辨率越高，在模拟过程中体积包络的包围效果越佳。

13.3.3　其他高分辨率模型的碰撞变形实验

第二个模拟场景是多个 Staypuft 和仙人掌簇碰撞变形实验。这个场景和第一个场景类似，但是增加了更多的模拟对象。4 个 Staypuft 模型以不同的速度依次飞进仙人掌簇中。Staypuft 模型与仙人掌模型碰撞后，仙人掌模型上的"尖刺"根据检测到的碰撞路径刺入 Staypuft 模型中。因为整个模拟计算的过程能够完全在GPU 上实现，因此模拟对象的增加并不会引起计算效率的显著下降(表 13.2)。实验结果如图 13.6 所示。

图 13.6　多个 Staypuft 和仙人掌簇碰撞变形实验示意图

　　第三个模拟场景是海盗船碰撞变形实验。场景可描述为在空中的海盗船模型受到重力作用向下掉落，途中与由若干根静止在空中的玻璃棒组成的阶梯发生碰撞，并产生丰富的局部变形特征，最后沿着阶梯滑落到地面上。海盗船模型具有大量的形状细节和不同的材质，比如细长的船桨、桅杆，还有材质类似于布料的船帆等。在模拟过程中，海盗船模型两侧的船桨与玻璃棒频繁地相互碰撞。船桨的几何图元非常细小狭长，中轴驱动的碰撞检测方法也能够精确识别出所有碰撞事件，并且真实地表现出了船桨"撞击"玻璃棒的变形细节。实验结果如图 13.7所示。

　　综上所述,因为将变形计算和碰撞检测的计算元素在中轴变换上实现了统一,基于中轴的三维模型弹性模拟框架比传统的模拟框架在计算效率和模拟质量上实现了更好的平衡。并且整个模拟框架的计算过程对 GPU 并行计算十分友好，能够快速且充分模拟出高分辨率模型在复杂的碰撞环境中所产生的变形特征。另外，将中轴网格的体积图元作为碰撞剔除的包围盒，并提供了条件完备的相交测试算法和相交最深点算法也是本章的重要贡献。

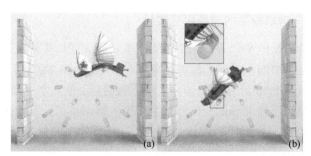

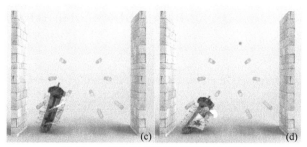

图 13.7　海盗船碰撞变形实验示意图

13.4　本 章 小 结

本章详细地介绍了中轴驱动的碰撞检测方法的技术理论和实现细节。在高层碰撞剔除阶段，使用体积图元作为碰撞包围盒，首先讨论了中轴锥之间的相交测试和相交最深点的计算问题，然后将问题解法推广到不同类型的体积图元之间的相交测试上，提出了条件完备的相交测试算法和相交最深点算法。在底层碰撞检测阶段，利用空间细分技术结合体积图元相交最深点的信息，收集到所有潜在发生碰撞的三角形对作精确检测。实验结果展示了三个包含有高分辨率模型的复杂碰撞变形场景的模拟效果，同时还与层次包围盒方法，以及不同分辨率的中轴网格之间在碰撞剔除效率方面进行了全面的比较。实验结果表明，无论是在同等包围盒数量，还是在同等包围质量上比较，本章方法的碰撞剔除效率都优于层次包围盒方法。另外，本章方法在处理复杂且大规模的碰撞场景时，数值计算能够保持稳定且高效，达到实时可交互模拟要求。

参 考 文 献

[1] Chen X D, Yong J H, Zheng G Q, et al. Computing minimum distance between two implicit algebraic surfaces[J]. Computer-Aided Design, 2006, 38(10): 1053-1061.

[2] Angles B, Rebain D, Macklin M, et al. VIPER: Volume invariant position-based elastic rods[C]// Proceedings of the ACM on Computer Graphics and Interactive Techniques, 2019: 19.

[3] Antoniou A, Lu W S. Practical Optimization: Algorithms and Engineering Applications[M]. Berlin: Springer, 2007.

[4] Pabst S, Koch A, Straer W. Fast and scalable CPU/GPU collision detection for rigid and deformable surfaces[J]. Computer Graphics Forum, 2010, 29(5): 1605-1612.

[5] Baraff D. Fast contact force computation for nonpenetrating rigid bodies[C]// Proceedings of Computer Graphics and Interactive Techniques, 1994: 23-34.

[6] Moore M, Wilhelms J. Collision detection and response for computer animation[J]. ACM SIGGRAPH Computer Graphics, 1988, 22(4): 289-298.

[7] Komaritzan M, Botsch M. Projective skinning[C]// Proceedings of Computer Graphics and Interactive Techniques, 2018: 12.